U0323296

"十三五"国家重点图书出版规划项目

城市安全风险管理丛书

编委会主任：王德学　　总主编：钟志华　　执行总主编：孙建平

国家出版基金项目
NATIONAL PUBLICATION FOUNDATION

城市气象灾害风险防控

Risk Prevention and Reduction of Meteorological Disasters in Urban Areas

陈振林 主 编　　杨修群 王 强 副主编

同济大学出版社
TONGJI UNIVERSITY PRESS

图书在版编目(CIP)数据

城市气象灾害风险防控/陈振林主编.—上海:同
济大学出版社,2019.12
(城市安全风险管理丛书)
"十三五"国家重点图书出版规划项目
ISBN 978-7-5608-8455-4

Ⅰ.①城… Ⅱ.①陈… Ⅲ.①城市-气象灾害-灾害
防治-研究 Ⅳ.①P429

中国版本图书馆 CIP 数据核字(2019)第 297150 号

"十三五"国家重点图书出版规划项目
城市安全风险管理丛书

城市气象灾害风险防控

陈振林 主编 杨修群 王 强 副主编

出 品 人: 华春荣
策划编辑: 高晓辉 吕 炜 马继兰
责任编辑: 高晓辉 宋 立
责任校对: 徐春莲
装帧设计: 唐思雯

出版发行 同济大学出版社 www.tongjipress.com.cn
(地址:上海市四平路 1239 号 邮编:200092 电话:021-65985622)
经 销 全国各地新华书店、建筑书店、网络书店
排版制作 南京文脉图文设计制作有限公司
印 刷 上海安枫印务有限公司
开 本 787mm×1092mm 1/16
印 张 14
字 数 349 000
版 次 2019 年 12 月第 1 版 2019 年 12 月第 1 次印刷
书 号 ISBN 978-7-5608-8455-4
定 价 88.00 元

内容简介

　　本书在科学总结典型城市气象灾害特点及影响的基础上,重点提炼了城市化和气候变化的演变趋势及其对城市气象灾害的影响,并对未来城市化和气候变化叠加的背景下城市气象灾害的演变和可能的风险管理措施进行了阐述。以此为基础,从应对城市气象灾害的非工程性措施角度介绍了城市气象灾害影响预报和风险预警体系,包括城市气象灾害风险普查和气象灾害预警信息发布机制等。进一步从城市气象灾害防御工程性措施的角度,介绍了国内外弹性城市、海绵城市、城市气象灾害巨灾保险等应对方案,并提供了多个城市的气象灾害应对案例。

　　本书立足上海,借鉴参考国内外其他大城市的先进做法,数据翔实可靠,结论具体明确,具有较好参考应用价值,可为政府、企业和公众对城市气象灾害演变和可能的影响提供权威参考。本书是城市决策者、管理者及相关技术人员了解、学习和掌握风险管控知识的必备读物,尤其为城市气象行业的管理与相关从业人员提供理论与技术指导。

作者简介

陈振林

　　男,理学博士,长期在气象系统从事国际合作、气象服务和综合管理工作,2009 年起任中国气象局应急减灾与公共服务司司长,中国气象局新闻发言人。2014 年起任上海市气象局党组书记、局长。2018 年起任中国气象局办公室主任兼中国气象局应急管理办公室主任,中国气象局新闻发言人。曾参与联合国气候变化国际谈判、全国公共气象服务和气象防灾减灾体系建设的组织管理工作;探索并推进气象灾害影响预报和风险预警业务,推进国家突发公共事件预警信息发布系统建设,推动建立了常态化气象灾害防御部际联系会议制度;参与组织北京奥运会、上海世博会等重大活动气象保障,多次代表中国气象局参加世界气象组织(WMO)、联合国政府间气候变化专门委员会(IPCC)、联合国国际减灾战略(ISDR)等国际组织的活动。

"城市安全风险管理丛书"编委会

编委会主任　王德学

总　主　编　钟志华

编委会副主任　徐祖远　周延礼　李逸平　方守恩　沈　骏　李东序
　　　　　　　陈兰华　吴慧娟　王晋中

执行总主编　孙建平

编委会成员

丁　辉	于福林	马　骏	马坚泓	王文杰	王以中
王安石	白廷辉	乔延军	伍爱群	任纪善	刘　军
刘　坚	刘　斌	刘铁民	江小龙	李　垣	李　超
李寿祥	杨　韬	杨引明	杨晓东	吴　兵	何品伟
张永刚	张燕平	陆文军	陈　辰	陈丽蓉	陈振林
武　浩	武景林	范　军	金福安	周　淮	周　嵘
单耀晓	胡芳亮	侯建设	祝单宏	秦宝华	顾　越
柴志坤	徐　斌	凌建明	高　欣	郭海鹏	涂辉招
黄　涛	崔明华	盖博华	鲍荣清	赫　磊	蔡义鸿

《城市气象灾害风险防控》编撰人员

主　　编　陈振林

副主编　杨修群　王　强

编　　撰　（按姓氏笔画排序）

方哲卿　田　展　刘校辰　李明财　张　晖

吴　蔚　杨　辰　杨　捷　杨　智　杨引明

杨晓君　候依玲　胡恒智　徐艺扬　梁卓然

韩志惠　傅新姝　裴顺强　穆海振　魏　华

总序

浩荡 40 载,悠悠城市梦。一部改革开放砥砺奋进的历史,一段中国波澜壮阔的城市化历程。40 年风雨兼程,40 载沧桑巨变,中国城镇化率从 1978 年的 17.9% 提高到 2017 年的 58.52%,城市数量由 193 个增加到 661 个(截至 2017 年年末),城镇人口增长近 4 倍,目前户籍人口超过 100 万的城市已经超过 150 个,大型、特大型城市的数量仍在不断增加,正加速形成的城市群、都市圈成为带动中国经济快速增长和参与国际经济合作与竞争的主要平台。但城市风险与城市化相伴而生,城市规模的不断扩大、人口数量的不断增长使得越来越多的城市已经或者正在成为一个庞大且复杂的运行系统,城市问题或城市危机逐渐演变成了城市风险。特别是我国用 40 年时间完成了西方发达国家一二百年的城市化进程,史上规模最大、速度最快的城市化基本特征,决定了我国城市安全风险更大、更集聚,一系列安全事故令人触目惊心,北京大兴区西红门镇的大火、天津港的"8·12"爆炸事故、上海"12·31"外滩踩踏事故、深圳"12·20"滑坡灾害事故,等等,昭示着我们国家面临着从安全管理 1.0 向应急管理 2.0 及至城市风险管理 3.0 的方向迈进的时代选择,有效防控城市中的安全风险已经成为城市发展的重要任务。

为此,党的十九大报告提出,要"坚持总体国家安全观"的基本方略,强调"统筹发展和安全,增强忧患意识,做到居安思危,是我们党治国理政的一个重大原则",要"更加自觉地防范各种风险,坚决战胜一切在政治、经济、文化、社会等领域和自然界出现的困难和挑战"。中共中央办公厅、国务院办公厅印发的《关于推进城市安全发展的意见》,明确了城市安全发展总目标的时间表:到 2020 年,城市安全发展取得明显进展,建成一批与全面建成小康社会目标相适应的安全发展示范城市;在深入推进示范创建的基础上,到 2035 年,城市安全发展体系更加完善,安全文明程度显著提升,建成与基本实现社会主义现代化相适应的安全发展城市。

然而,受制于一直以来的习惯性思维,当前我国城市公共安全管理的重点还停留在发生事故的应急处置上,突出表现为"重应急、轻预防",对风险防控的重要性认识不足,没有从城市公共安全管理战略高度对城市风险防控进行统一谋划和系统化设计。新时代要有新思路,城市安全管理迫切需要由"强化安全生产管理和监督,有效遏制重特大安全事故,完善突发事件应急管理体制"向"健全公共安全体系,完善安全生产责任制,坚决遏制重特大安全事故,提升防灾减灾救灾能力"转变,城市风险管理已经成为城市快速转型阶段的新课题、新挑战。

理论指导实践,"城市安全风险管理丛书"(以下简称"丛书")应运而生。"丛书"结合城市安全管理应急救援与城市风险管理的具体实践，重点围绕城市运行中的传统和非传统风险等热点、痛点，对城市风险管理理论与实践进行系统化阐述，涉及城市风险管理的各个领域，涵盖城市建设、城市水资源、城市生态环境、城市地下空间、城市社会风险、城市地下管线、城市气象灾害以及城市高铁运营与维护等各个方面。"丛书"提出了城市管理新思路、新举措，虽然还未能穷尽城市风险的所有方面，但比较重要的领域基本上都有所涵盖，相信能够满足城市风险管理人士之所需，对城市风险管理实践工作也具有重要的指南指引与参考借鉴作用。

"丛书"编撰汇集了行业内一批长期从事风险管理、应急救援、安全管理等领域工作或研究的业界专家、高校学者，依托同济大学丰富的教学和科研资源，完成了若干以此为指南的课题研究和实践探索。"丛书"已获批"十三五"国家重点图书出版规划项目并入选上海市文教结合"高校服务国家重大战略出版工程"项目，是一部拥有完整理论体系的教科书和有技术性、操作性的工具书。"丛书"的出版填补了城市风险管理作为新兴学科、交叉学科在系统教材上的空白，对提高城市管理理论研究、丰富城市管理内容，对提升城市风险管理水平和推进国家治理体系建设均有着重要意义。

中国工程院院士

2018 年 9 月

序言

　　城市是人类文明的象征和社会发展的产物，20世纪中期以来，全球城市化进程加快，城市人口大幅增长，城市化水平明显提升。目前，世界上约有60％的人生活在城市里。在城市化进程明显加快的背景下，城市气象灾害的内涵和外延也随之不断扩展，城市气象灾害呈现出复合多元性、连带衍生效应和灾害放大效应的特征，一些普通天气现象就可能导致严重城市衍生和次生灾害。世界气象组织（WMO）提供的数据表明，气象灾害占了各种自然灾害的60％以上，而有近90％的灾害与气象灾害有关。因此，气象灾害防控能力的高低已经成为衡量城市危机管理能力的重要指标。

　　党的十九大报告提出，要"坚持总体国家安全观"的基本方略，强调"统筹发展和安全，增强忧患意识，做到居安思危，是我们党治国理政的一个重大原则"，要"更加自觉地防范各种风险，坚决战胜一切在政治、经济、文化、社会等领域和自然界出现的困难和挑战"。2018年，习近平总书记在中央财经委员会第三次会议上关于自然灾害防治工作的重要讲话，与"两个坚持""三个转变"重要论述和国家防灾减灾救灾体制机制改革精神一脉相承，明确了提高自然灾害防治能力的总体要求、基本原则和重点工程，为进一步做好城市气象灾害风险防控指明了方向。

　　正是在这样的背景下，《城市气象灾害风险防控》一书经过长期酝酿而付诸实施。该书的编写团队长期在上海、天津、重庆等大城市从事气象灾害科研和管理工作，基于一线的研究和工作实践，从城市气象灾害防灾减灾自应急管理向风险管理转变的根本要求出发，详尽阐述了城市化和全球气候变化导致城市下垫面及局部大气热力、动力条件的改变，从而呈现出城市高温热浪、暴雨、雾霾等灾害增多，登陆台风强度增强等变化特征，提出了城市气象灾害对城市生命线系统运行、人居环境质量和居民生命财产安全构成的潜在风险。编写团队还从面向实际应用的角度，介绍了城市气象灾害影响预报和风险预警业务的内涵和实践，搜集国内外气象部门在应对城市气象灾害风险的成功案例，旨在通过分析近年来国内外气象部门在气象灾害风险防控全过程管理方面的经验，为进一步降低各类城市气象灾害风险提供有益的指导。

　　随着经济社会的快速发展，特别是工业化、城市化进程的加快，城市气象灾害的承载环境将变得愈加复杂，气象灾害的影响也将一直伴随着人类社会的发展而变化。加强气象灾害风险防控管理，预防灾害的发生并有效控制其发展，保障社会和经济可持续发展，是一项长期而艰巨的任务。从这个意义上说，本书的付梓问世，既是近年来气象部门应对城市气象灾害风险工作的一个小结，又提出了未来进一步降低城市气象灾害风险所面临的机遇和挑战。

希望本书的出版能为今后的相关业务和研究工作提供一些参考，也希望更多的专家学者和高校师生关注气象，关注气象灾害风险，共同为城市可持续发展保驾护航。

刘雅鸣

中国气象局局长

2019 年 11 月

前言

在全球气候变化背景下,气象灾害已经成为人类社会可持续发展面临的重大挑战,影响着人类的生存环境并制约着人类社会经济发展,逐渐成为政府和学术界关注的焦点之一。气象灾害的加剧与气候变化、人类活动和城市化进程有着直接而密切的联系,城市中人口的密集和下垫面的快速变化又会导致城市环境的脆弱性潜势不断增加。随着当前经济的快速发展和城市化进程的加快,城市气象灾害及其影响越来越突出,并且呈现出与传统气象灾害不同的特征及演变规律。开展行之有效的城市气象灾害风险防控是预防气象灾害、降低因灾损失的重要途径。然而,城市气象灾害风险防控还有很多工作要做,研究城市气象灾害的产生机理、探索其与城市环境的内在联系、制定合理可行的风险防控措施,对城市气象灾害防控的学科建设及公众科普宣传,政府部门制定防灾减灾政策等都具有十分重要的意义。

我国地域辽阔,气候复杂多样,多种气象灾害频发,尤其是干旱、洪涝、台风、寒潮以及冰雹、龙卷风、高温酷暑、低温冷害等,对国民经济和人民生命财产安全均会造成严重危害,所带来的损失约占所有自然灾害的70%,随着经济不断发展,对气象灾害的敏感性逐年提升,气象灾害所造成损失的绝对值越来越大。20世纪90年代全球重大气象灾害造成的损失比50年代高出10倍,我国每年因气象灾害造成的经济损失占GDP的3%～6%。面对气象灾害带来的如此重大的影响,单纯进行灾情评估及灾后分析是远远不够的,要转向重视灾害风险管理和灾害风险政策的灾前研究,这就需要对灾害形成的机理及气象因素的影响,进行细致缜密的分析,及时发布预警信息并制定防治措施,形成一套成熟的业务服务体系,为国家应对气候变化及减轻气象灾害损失提供科学依据。

国际上关于城市气象灾害的研究始于20世纪20年代,从早期的致灾因子论发展到人类对致灾因子的响应机制的模式研究。至80年代,学术界逐步重视人类社会自身存在的脆弱性及其在灾害形成中所起的作用。联合国政府间气候变化专门委员会(IPCC)第五次评估报告揭示近百年来全球持续增温,极端气候和气象事件频发,城市对极端气候事件敏感性和脆弱性较高,近年来极端气象灾害呈增加趋势。因此,很多国家高度重视城市气象灾害的研究,特别是发达国家,涉及领域包括全球角度的评估、极端天气的影响、气象灾害中城市的脆弱性、洪水灾害的影响、气象干旱的影响等方面。我国对于城市气象灾害的早期研究可追溯到20世纪20年代,仅是针对历史时期气候演变和极端气象灾害问题予以关注。进入30年代,已有学者对东亚寒潮及台风开展了细致的研究。在此基础上，50年代末，有学者针对东亚寒潮进行了系统分析，指出了东亚寒潮侵入中国的路径和主要发生类型。近年来，随着信息化时代的到来，国内针对城市气象灾害的研究已经发展到气象灾害预警信息发布和风险评价以及灾损分析的阶段，取得了许多重要成果。不仅如此，各国政府也十分关注气象灾害影响及风险评估问题。早在1994年召开的第一次世界减灾大会上，就指出灾害风险和脆弱性评估研究是防灾备灾减灾的基础。与此同时，联合国开始鼓励各国将自然灾害风险的全面评估纳入国家发展计划。我国政府历来也高度重视灾害风险管理工作，在2015年召开的第三届世界减灾大会上，提出了中国在综合减灾方面将采取的四项举措：一是继续推动实施综合减灾战略，将减轻灾害风险和适应气候变化纳入国家和地方可持续发展过程；二是根据中国国情和灾害风险，制定实施中国综合防灾减灾"十三五"规划；三是充分发挥专家学者的智库作用，加强防灾减灾领域的科技攻关，推动科研成果转化应用；四是加强重大减灾工程建设，进一步提升基础设施设防水平，大幅提升全民防灾减灾意识。为此，本书在分析城市气象灾害发生机理的基础上，结合国内外灾害风险管理风险评估典型案例，提出了城市气象灾害风险防控措施。希望本书能为国家在制定实施综合减灾规划、健全防灾减灾救灾法制体制机制、完善灾害监测预警体系、大力建设减灾基础设施、提升全民防灾减灾意识、深化国际交流与合作等方面作出贡献。

全书共分为7章。第1章为城市气象灾害风险概述，系统详细地介绍了城市气象灾害风险的相关概念以及灾害的类型、特点和影响；第2章通过介绍中国典型城市群发展过程，阐述城市化与气象灾害之间的相互作用；第3章以上海为例，分析了气候变化对社会各行业发展的影响风险；第4章至第5章介绍了气象部门在灾害预警发布及灾害风险管理方面开展的气象服务、制作的业务产品以及建设的灾害风险信息化智慧平台；第6章针对当前形势，提出了城市气象灾害风险防控措施；第7章介绍了国内外城市气象灾害风险全过程管理的典型案例。书中内容以编著团队近年来在城市气象灾害风险领域研究的成果以及开展的业务服务工作为基础，期望能为今后的相关研究工作提供一些参考。

受研究范围、研究时间和作者水平所限，全书虽经仔细核对，但难免有不详与错误之处，诚请读者批评指正。

编　者

2019年10月

目录

1 城市气象灾害风险概述

1.1 城市风险管理概念

城市发展需要快,更需要好。中央城市工作会议指出:要把安全放在第一位,把住安全关、质量关,并把安全工作落实到城市工作和城市发展各个环节和各个领域中去,这具有极其重要的现实意义。"无急可应""天下无事"是公共安全管理的最高境界,风险管理是达到这种境界最经济也最有效的公共安全管理方法。在城市人口高密集、高流动、交通拥堵、事故隐患等不确定风险源无处不在以及安全运行风险剧增的背景下,全面构筑具有前瞻性的城市风险管理体系十分必要,以降低各类突发事件发生的可能性,提高城市的安全度。

1.1.1 风险的一般概念

风险,通常是指在既定条件下的一定时间段内,某些随机因素可能引发的实际情况与预定目标之间产生的偏离。其中包括两方面内容:一是风险意味着损失;二是损失出现与否是一种随机现象,无法判断是否一定会出现,只能用概率表示出现的可能性大小,其一般数学表达式可写作式(1-1)。

$$R = P \times C \tag{1-1}$$

式中　R——该行动中,风险的数值度量;
　　　P——该行动中,风险事件发生的概率;
　　　C——该行动中,风险事件发生造成的损失(负面影响)。

目前,各国学者对风险的含义和内涵尚未有统一的认识。由于对风险的理解和认识程度或研究的角度不同,不同的学者对风险有着不同的理解,其中具有代表性的观点主要有:风险是损失发生的不确定性;风险是事件未来可能产生结果的不确定性;风险是指可能发生损失的损害程度的大小;风险是实际结果与预期结果的偏差;风险是一种可能导致损失的条件;风险是指损失的大小和发生的可能性;风险是未来结果的变动性;等等。这些观点出于不同的目的,从不同角度和侧面对风险进行了定义和描述。从更一般的风险管理的角度描述风险的本质,风险被定义为在实现某一目标的过程中,由于行为主体对客观事物认识的不确定性,导致一系列具有一定概率的后果的产生。显而易见,风险是针对不确定事件而言的。在许多情形下,灾害就是不确定事件。

城市的问题或事故可分为四大类：自然灾害、事故灾难、公共卫生、社会安全。本书所研究的城市气象灾害风险即属于自然灾害。国内外灾害风险研究机构和学者提出了一系列关于自然灾害风险的概念及表达式。灾害风险，是在灾情或灾害产生之前，由风险源、风险载体和人类社会的防灾减灾措施三方面因素相互作用而产生的，人们不能确切把握且不愿接受的一种不确定性态势。灾害风险是与致灾因子相关的潜在损失，可以定义为灾害预期的发生概率或频率以及所造成的后果。

风险分析通常概括为相互联系的三个环节：风险辨识、风险估算和风险评价。风险辨识着重描述可能产生的问题对系统的负作用或影响；而风险估算则着眼于定量地描述处于风险中的人口分布，阐明事件的成因、发生的概率、对应于不同强度的后果，并将这些强度事件的概率统计作为风险的定量结果。

1.1.2　城市风险管理的提出

风险管理作为一门学科出现，是在 20 世纪 60 年代中期。1963 年，梅尔和赫奇斯的《企业的风险管理》和 1964 年威廉姆斯和汉斯的《风险管理与保险》出版，标志着风险管理理论正式登上了历史的舞台。他们认为风险管理不仅仅是一门技术、一种方法或是一种管理过程，而且是一门新兴的管理科学。从此风险管理迅速发展，成为企业经营和管理中必不可少的重要组成部分，拉开了传统风险管理理论的帷幕。这个阶段风险管理理论的重要成就是实现了与主流经济、管理学科的融合。风险管理与现代管理学中的复杂组织系统模型相结合，为风险管理学科的发展提供了更为主流的理论来源；风险管理与传统的企业理论相结合，运用现代经济学的分析方法来确定风险管理的最优策略，从而使风险管理融入金融市场理论中，成为金融学的一个重要领域。

上海城市风险管理这一理念的提出源于上海市政府对于曾经发生过的一件影响较大的工程事故的处理经历。事后在对包括专门课题在内的一系列回顾与思考中都不可避免地涉及一个相对于部分建设管理者来说可能还不是很熟悉的问题，这就是保险——工程保险——在事故处理中的作用。尽管工程建设领域有不少保险险种，在实践中也有相当数量的项目或专业都曾投保。但是在政府系统中，除了驾轻就熟的行政措施和行政手段之外，可能并没有利用保险辅助行政管理的意识，保险只是企业之间的事，至多是一些经济赔偿。然而此次事故善后工作对于保险工作的启发，有着重要的认识和发展意义。从传统而简单的事后被动进行事故处理，到虽有进步、有了部分的事前主动考虑应急处置，再到如何在此基础上提升，如何进一步的思考，从此风险管理以及后继的城市风险管理的观点和概念应运而生。简单地说，就是把城市的建设和运行的安全管理与风险管理进行整合创新，并给这个概念以一个全新的名称——城市风险管理。

1.1.3　城市风险管理理念

城市风险是客观存在的,虽具有不确定性,但可以预测。总结以往经验教训,我们发现了一个铁的规律:除了自然灾害等不可避免的问题外,几乎所有风险都是可预防、可控制的,关键在于是否有足够的风险意识。风险意识是构建风险管理体系的首要条件。首先,要加强相关领导和部门的风险意识,加强风险管理理论的教育和普及,使其工作思路从应急管理转向风险管理,工作重心从"以事件为中心"转向"以风险为中心",从单纯"事后应急"转向"事前预警、事中防控",从根本上解决认识问题、筑牢底线思维。其次,要加强社会风险管理责任的宣传和公众安全风险知识的科普,形成全社会的风险共识,让人们知道要想安居乐业,必须居安思危,只有居安思危,才能化险为夷。

1. 两个平台——共享互通,统筹风险管理

一是搭建综合预警平台。构建集风险管理规划、识别、分析、应对、监测和控制的全生命周期的风险评估系统,在统一规范的标准基础上,加强各行业与政府间的安全数据库建设,整合各领域已建风险预警系统,构建覆盖全面、反应灵敏、能级较高的风险预警信息网络,形成城市运行风险预警指数实时发布机制。

二是健全综合管理平台。在风险综合预警平台基础上,强化城市管理各相关部门的风险管理职能,完善城市管理各部门内部运行的风险控制机制,建立跨行业、跨部门、跨职能的"互联网＋"风险管理大平台,并以平台为核心引导相关职能部门和运营企业进行常态化风险管理工作。

2. 三个关键机制——多元共治,完善风险体系

一是三位一体,构建风险共治机制。充分发挥政府、市场、社会在城市风险管理中的优势,构建政府主导、市场主体、社会主动的城市风险长效管理机制。政府主导城市风险管理,做好公共安全统筹规划、搭建风险综合管理平台、主动引导舆情等工作,同时对相关社会组织进行统一领导和综合协调,加大培育扶持力度,积极推进风险防控专业人员队伍的建设;运营企业规范行业生产行为,提供专业技术和信息资源,充分发挥市场在资源配置方面的优势,以形成均衡的风险分散、分担机制;社会公众主动参与,鼓励社会组织、基层社区和市民群众充分参与,如加强社区综合风险防范能力的建设,在已有的社区风险评估和社区风险地图绘制试点基础上,进一步推广和完善社区风险管理模式,真正实现风险管理社会化。

二是精细管理,完善风险防控机制。实现风险的精细化管理,其一要完善城市风险源发现机制,通过多元化的社会参与途径,结合移动互联等时代背景,应对城市风险动态化带来的管制难点;其二要促进低影响开发、智能物联网、人工智能等先进技术的推广应用,形成系统的、适用的"互联网＋"风险防控成套技术体系;其三要提升各领域的安全标准,建立统一规范的风险防控标准体系,为综合风险管理奠定基础。

三是多管齐下,健全风险保障机制。一方面完善法律法规保障机制,借鉴国内外城市安全管理经验,根据城市运行发展的新形势、新情况、新特点,加强顶层设计和整体布局,提高政策法规的时效性和系统性,建立高效的反馈机制,简化流程、提高效率,进一步完善城市建设、运行及生产安全的防范措施和管理办法。另一方面引入第三方保险机制,创新保险联动举措,促进保险公司主动介入投保方的风险管理当中,防灾止损,控制风险,并通过保险费率浮动机制等市场化手段,形成监控结果与保费挂钩的制度,倒逼企业和个人进行行业规范和行为约束,从而建立起以事故预防为导向的保险新机制,达到政府、保险公司、投保方"三赢"的效果。

3. 五个转变

做好城市安全管理工作的核心理念是工作思路要从应急管理转向风险管理,工作重心从"以事件为中心"转向"以风险为中心",从单纯"事后应急"转向"事前预警、事中防控",应切实做到五个"转变"。

(1)转变管理观念,从以事件为中心,转向以风险为中心。

(2)转变应对原则,从习惯"亡羊补牢"转向自觉"未雨绸缪"。

(3)转变工作重心,从单纯"事后应急"转向"事前预警、事中防控"。

(4)转变工作主体,从行政单方主导转向发挥市场作用、鼓励社会参与。

(5)转变政社关系,从被动危机公关转向主动引导公众。一旦发生危机事件,城市管理者的重要任务是第一时间告知真相、引导舆论。

1.1.4 搭建城市风险管理体系

超大型城市的安全问题是国家安全的重要组成部分,总体国家安全观为超大型城市风险防控指明了方向,提供了遵循的基础。对超大型城市的风险防控,重在机制建设,可从三个维度入手:一是培育风险意识。风险意识是城市风险防控的重要保障,正确的风险意识能显著地抑制和避免城市安全事件的发生,对城市风险防控有正向作用。目前,社会公众的危机意识、风险防范意识相对比较淡薄,自救互救知识掌握较缺乏,主动参与程度较低。因此,我们要把总体国家安全观融入城市建设与发展管理的各方面,并转化为全体市民的情感认同和行为习惯。党员干部更要带头,全面落实"全员参与、以防为主、防抗救相结合"的机制。二是完善责任机制。十九大报告中强调,各级党委和政府要"树立安全发展理念,弘扬生命至上、安全第一的思想,完善安全生产责任制,坚决遏制重特大安全事故"。这迫切需要我们对城市风险的发展趋势有更为前瞻性的把握,集成风险防控智慧。必须建构以政府管控为主导、多元力量参与的各司其职、各负其责的全覆盖式新责任体系。三是加强能力建设。从理论维度看,风险防控体系的理论实力相对较弱,这倒逼我们必须尽快健全具有中国特色的公共安全体系。从制度维度看,需要增强风险防控体系的回应能力和提高风险治理的制度化能力;从现实维度看,要不断加强风险防控综合能力建设。

现代城市风险管理要着力构筑以公共安全为核心的城市风险管理体系,要从"亡羊补牢"转变为"未雨绸缪",要从"事后应急"转变为"事前预警、事中防控",要从习惯行政推动转变为更多地发挥市场作用的机制创设。在社会参与上,要从被动危机公关转变为主动引导公众。新时代的安全管理应该有工作评价、事故问责、民众安全感等新要求。就完善上海城市风险管理体系建设而言,应着力于一个理念、两个平台和三个机制的建设。一个理念指的是居安思危,强化风险意识;两个平台是指搭建综合预警平台和健全综合管理平台;三个机制是指通过健全风险共治机制、创新精细化风险防控机制和构建多重保障机制来实现多元共治。

1.2 城市气象灾害风险

城市气象灾害是气象灾害中按照发生地域或受影响范围而划分出的一类,指发生在城市区域,由于气象要素或其组合的异常,对城市居民的生命与健康,对城市建筑与设施、城市各行各业生产与社会活动以及城市资源与生态环境造成损害的各类事件。有时由于城市系统的脆弱性,并不明显的气象要素异常也可能造成比较严重的经济损失或较大的社会影响,所以只要是由气象因素对城市造成的损害,都应列为城市气象灾害。

1.2.1 城市气象灾害风险理论

随着全球气候变化,城市面临的气象灾害风险加剧。极端天气气候事件可引发各种灾害,但是灾害风险不仅受物理性危害的影响,更受其他更多因素的影响。灾害风险源于天气或气候事件与(承灾体)暴露度和脆弱性的相互作用,前者属于灾害风险的物理贡献因子,而后者属于灾害风险的人为贡献因子。由于创伤性后果、罕见程度、人类以及物理决定因素的结合,使得对灾害的研究成为一个难题。根据联合国政府间气候变化专门委员会(Intergovernment Panel on Climate Change,IPCC)发布的《管理极端事件和灾害风险推进气候变化适应特别报告——决策者摘要》,气象灾害风险指的是在某个特定时期由于危害性自然事件造成某个社区或社会的正常运行出现剧烈改变的可能性,这些事件与各种脆弱的社会条件相互作用,最终导致人员、物质、经济或环境产生大范围不利的影响,需要立即作出应急响应,以满足危急中的人员需要,而且可能需要外部援助方可恢复。极端天气气候事件影响的特征和严重性不仅取决于极端天气气候本身,而且还取决于(承灾体的)暴露度和脆弱性。当不利影响造成大范围破坏并导致社区或社会的正常运行出现严重改变时,这些影响则被视为灾害。极端气候、暴露度和脆弱性均受到各种因素的影响,其中包括人为气候变化、自然气候变率和社会经济发展。虽然无法完全消除各种风险,但灾害风险管理和适应气候变化的重点是降低暴露度和脆弱性,并提高对各种极端天气气候事件潜在不利影响的应变能力,而且适应和减缓能够形成互补,二者相结合能够大大降低极端天气气候事件带来的各种风险(图1-1、图1-2)。

城市气象灾害风险涉及一些核心的概念,包括气候变化、极端气候、暴露度、脆弱性、灾害、灾害风险、灾害风险管理,其定义如下。

气候变化:能够识别的(如采用统计检验)气候状态的变化,即平均值变化和/或各种特性的

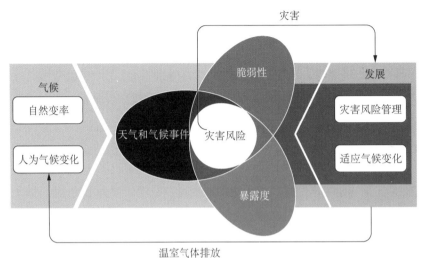

图 1-1 IPCC 灾害风险核心概念图

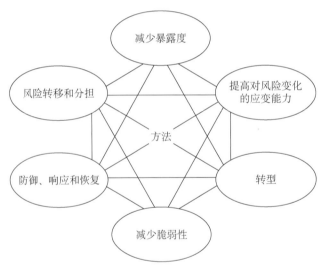

图 1-2 降低和管理城市天气气候灾害风险的方法

变率,并持续较长的时间,一般达几十年或更长时间。气候变化或许是由于自然的各种内部过程或外部强迫所致,或者是由于大气成分或土地利用的持久人为变化所致。

极端气候(极端天气或气候事件):出现某个天气或气候变量值,该值高于(或低于)该变量观测值区间的上限(或下限)端附近的某一阈值。简单来讲,将极端天气事件和极端气候事件合起来称为"极端气候"。

暴露度:人员、生计、环境服务和各种资源、基础设施以及经济、社会或文化资产处于可能受到不利影响的位置。

脆弱性:受到不利影响的倾向或趋势。

灾害:由于危害性自然事件造成某个社区或社会的正常运行出现剧烈改变,这些事件与各种脆弱的社会条件相互作用,最终导致人员、物质、经济或环境出现大范围不利的影响,需要立即做出应急响应以满足危急中的人员需要,而且可能需要外部援助方可恢复。

灾害风险:在某个特定时期由于危害性自然事件造成某个社区或社会的正常运行出现剧烈改变的可能性,这些事件与各种脆弱的社会条件相互作用,最终导致人员、物质、经济或环境出现大范围不利的影响,需要立即做出应急响应,以满足危急中的人员需要,而且可能需要外部援助方可恢复。

灾害风险管理:通过设计、实施和评价各项战略、政策和措施,以增进对灾害风险的认识,并减少和转移灾害风险,促进备灾、应对灾害和灾后恢复做法的不断完善,其明确的目标是提高人类的安全、福祉、生活质量、应变能力和可持续发展。

极端天气气候的影响和潜在的灾害是极端天气气候本身以及人类和自然系统的暴露度和脆弱性共同作用的结果。对人类系统、生态系统或自然系统的极端影响可以来自单一极端天气或气候事件。暴露度和脆弱性是灾害风险及其影响的关键决定因素。暴露度和脆弱性是动态的,随不同的时间和空间尺度而变化,并取决于经济、社会、地理、人口、文化、体制、管理和环境因素。当暴露度和脆弱性高时,极端影响还可来自非极端事件或来自各事件或事件影响的综合作用。通过改变应变能力、应对能力和适应能力,极端和非极端天气和气候事件将影响未来极端事件的脆弱性。特别是在局地或地方层面,各种灾害的累积影响能够很大程度地影响有关民生的各种选择、资源以及社会和社区抵御或应对未来灾害的能力。

1.2.2 城市气象灾害风险管理

中国是世界上遭遇极端天气气候事件及气象灾害最严重的国家之一。在中国,城市面临的主要气象灾害有:热带气旋、暴洪、雷电、冰雹、龙卷风、雾和霾、大风、高温热浪、雨雪冰冻等。随着中国国民经济快速发展,生产规模日趋扩大,社会财富不断积累,天气气候灾害的损失和损害趋多趋重已成为制约经济社会持续稳定发展的重要因素之一。

气象影响预报预警是基于用户应用、与用户充分互动的新型气象预报预警服务业务。国际上,英国、美国、法国、澳大利亚等发达国家均不同程度地开展了气象影响预报预警服务,世界气象组织(World Meteorological Organization,WMO)也将气象影响预报预警服务列入气象服务发展战略之中。

英国气象局与环保署于2009年联合成立洪水预报中心,洪水预报中心目前位于埃克塞特(Exeter)英国气象局业务平台,负责开展暴雨洪水影响预报预警业务。暴雨洪水影响预报预警对河流、地表水、海岸线及地下水这四类水域的洪水进行预报,着力于逐步提高暴雨洪水预报预警质量,综合暴雨发生的量级、概率和可能造成的影响大小建立暴雨影响气象风险矩阵,对暴雨引发的城市洪涝影响进行预报预警,内涝预警机制采用绿、黄、橙、红4种颜色,分早期预报与临灾警报两个阶段,早期预报一般提前5 d做出,临灾警报至少提前2 h发布,早期预报业务运行

24 h/7 d 提供预报服务。该中心 24 h/7 d 业务都在运行中，主要服务产品为5 d的洪水预报产品(Flood Guidance Statement，FGS)；服务用户包括环保署及威尔士国家资源局(Environment Agency and Natural Resources Wales)、国家政府(DEFRA，Cabinet Office，Department for Communities)、应急响应行动人(Blue Light Services，Local Authorities，Utility Companies)。

英国气象局洪水预报中心采用数值预报模型的集合预报产品(MOGREPS-UK 2km rainfall ENS)作为输入，通过洪水计算模型(G2G Runoff Model)计算洪水，通过影响数据库(HSL)计算洪水影响等级及对应概率，基于风险矩阵(Risk Matrix)确定洪水影响的风险等级，制作发布洪水影响预报预警产品。其中洪水模型(G2G)采用了空间数据集(包括地形、土壤、地质、地表覆盖)作为输入，可以自动适应不同降水数据的空间尺度变化，最优可支持 1 km 空间分辨率、15 min 时间分辨率的洪水计算，模型输出包括洪水水深、流速、范围、流向等。影响数据库主要包括全国人口基础数据库(National Population Database)和全国重要设施数据库(National Receptors Dataset)。洪水影响预报预警产品采用新媒体等洪水灾害数据进行验证。

2011 年 6 月，美国国家气象局(National Weather Service，NWS)发布了未来十年战略发展计划"Weather Ready Nation"项目，将美国打造成为一个时刻准备好应对各类天气事件(Weather-Dependent Events)的国家。该战略计划明确提出从现有预报预警服务方式转变为基于影响的决策支持服务(Impact-based Decision Support Service，IDSS)。IDSS 的主要目的是在原有预报及资料基础上，集成包括社会信息在内的尽可能多的相关信息，并从气象大数据中挖掘更有价值的信息，生成具有更大附加值的精细化预报产品，最终为决策者提供包括预报可信度、防御指引在内的服务产品，强调更好地了解用户对天气信息的需求，通过提供专业的解释应用服务来帮助用户进行涉及天气的决策和风险管理，更好地理解天气信息对社会、经济和国家安全的重要影响，提高对灾害性天气事件的决策服务能力，增强美国社会对天气事件的应急响应能力，避免和减少人身伤亡和经济损失。

上海作为一座超大城市，经济发达、人口密集，各类生产要素集聚，政府和市民对气象的关注度越来越高，城市安全运行对气象防灾减灾的依赖度与日俱增，气象灾害的社会敏感性日趋强烈。传统的天气预报已经难以满足政府、行业、市民的要求，预警信号的发布已超越单纯的气象要素标准，需要将其与政府应对极端天气的措施有效融合，与天气事件对生命财产安全、经济生产等产生的定量化影响相结合，从对天气的预报预警向对天气产生的影响和风险进行预报预警延伸，也就是开展气象影响预报预警服务。

气象影响预报预警服务是与用户的承载力及决策过程相结合的新型交互式预报服务，可以划分为天气要素预报、影响预报、风险预警和联动响应四个核心业务环节。四个核心业务环节需要气象部门和服务对象必须全程参与、相互配合，在天气要素预报和影响预报环节中以气象部门为主，在风险预警和联动响应环节就需要以服务对象为主。气象部门和服务对象在不同环节中需要发挥作用的重要程度如图 1-3 所示。

相比于传统的气象预报服务，基于影响的气象预报预警要实现四个关键转变：

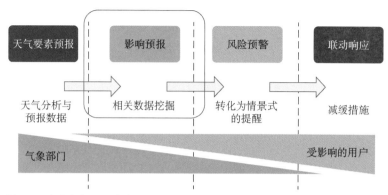

图 1-3　气象部门和用户在影响预报和风险预警各核心业务环节发挥作用示意图

一是在预报内涵上,从传统的气象"要素预报"向天气对相关行业产生的"影响预报"转变;

二是在预报思路上,从单一的"确定性"预报向"不确定性"预报转变,便于用户在决策时充分考虑天气影响的风险概率,采取最佳的决策方案;

三是在预警指标上,从基于天气指标阈值的预警向基于风险阈值的预警转变;

四是在服务方式上,从传统的气象预报提供向与用户承载力及决策过程相结合的决策支持服务方式转变。

从天气预报预警到气象影响预报预警发展,主要包括:一般的天气预报—固定气象阈值的预警—用户自定义阈值的天气预警—基于时空变化阈值的天气预警—基于影响的预报预警—影响预报和风险预警 6 个发展阶段,6 个阶段的示例如表 1-1 所示。每跨一步都意味着气象防灾减灾意识的深化,每跨一步都需要相关部门的大力合作,每跨一步后所需要的技术融合(用于提供灾害预警)都会比前一步要求更高,但并不意味着层次越高的服务越好,因为只有满足用户需求的服务才是最好的,而且层次越高的服务需要的人力和财力投入会越多。

表 1-1　　　　　　　　　　　　　气象影响预报预警 6 个发展阶段的产品示例

预警示例(以暴雨为例):		包含要素
一般的天气预报	明天天气寒冷、潮湿,有大风,预计下午到夜间有暴雨	危险性
基于固定气象阈值的预警	明天下午 2 时到半夜预计累计雨量达 30～40 mm	危险性
基于用户自定义阈值的天气预警	明天下午有暴雨,雨强可能达到 3 mm/10 min,并将造成排水系统中水体的溢出(注意这种预警通常只对市政部门发布)	危险性,脆弱性
基于随时空变化阈值的天气预警	空间差异:天气预报——明天下午 2 时至半夜低海拔地区的累积雨量预计为 20～30 mm,而 1 500 m 以上的高海拔地区累计雨量可达 50～60 mm; 时间差异:天气预报——明天下午下班高峰期的累计雨量预计达 15～20 mm(注意:在道路拥堵的情况下阈值要相应调小)	危险性,脆弱性

(续表)

预警示例(以暴雨为例):		包含要素
基于影响的预报预警	明天下午2时至半夜的累计雨量可达20～30 mm,受东南部洪水影响,可能将造成道路封闭(注意基于影响的预警和上面提到的基于阈值的预警二者的区别,后者只是宽泛地提到了洪水,而前者则精确到某一个特定影响,这里以道路封闭为例)	危险性,脆弱性
影响预报和风险预警	明天下午的强降雨可能导致局地洪涝,洪涝所造成的交通中断,预计将使得A111高速公路的封闭时间延长1 h	危险性,脆弱性,暴露度

1.3　城市气象灾害风险源

　　台风是影响中低纬度沿海城市最主要的气象灾害,另外,其他常见的灾害性天气如暴雨、雷电、冰雹、龙卷风、强风、浓雾、雾霾、低温及干旱等都会对城市健康运行带来不利影响。我国中东部地区城市受暴雨影响时段集中在5月、6月的梅雨季及7～9月的台风季,华南地区因纬度较低,在充足的太阳辐射条件下,因春秋季的锋面及西南气流使该地区产生对流性降雨,经常容易伴随雷电、冰雹、强风甚至龙卷风出现,造成民众生命财产受到损失。而春冬季节的浓雾会影响城市机场飞机起降、行车安全和港口运营,因污染物较多而产生的雾霾会严重影响城市居民的身体健康,冬季的低温或春夏季的干旱则对依赖农渔业的城市运行影响较大。

1.3.1　热带气旋

　　热带气旋是发生在热带或副热带洋面上的低压涡旋,是一种强大而深厚的热带天气系统。台风是热带气旋的一种。我国把西北太平洋和南海的热带气旋按其底层中心附近最大平均风力(风速)的大小划分为6个等级,其中风力12级或以上的,统称为台风。发生在城市的台风灾害主要是户外设施、供电线路、通信线路等遭到损坏,城市交通受到影响,造成人员伤亡,影响城市的正常运行。具体体现在以下几个方面。

　　(1) 疾病:热带气旋过后所带来的积水,以及下水道所受到的破坏,可能会引起流行病。

　　(2) 交通:影响交通航运,台风登陆将造成港口、大桥封停,高速限行。

　　(3) 破坏基础建设系统:热带气旋可能破坏道路、吹倒建筑物、刮倒电线杆、吹断电线、致使树木倒伏、破坏输电设施等,阻碍救援的工作。

　　(4) 农业:风、雨可能破坏渔业、农作物,导致粮食短缺。

　　(5) 盐风:海水的盐分随着热带气旋引起的巨浪被带到陆地上,附在农作物的叶面可导致农作物枯萎,附在电缆上则可能引起漏电。

　　(6) 加强季风寒流或大陆反气旋强度:当热带气旋遇上相当强烈的大陆寒流时,两者之间的气压梯度增加,后者会吸收热带气旋的能量,使寒流增强。1987年11月至12月间,西太平洋的台风"莲娜"在南中国海北部遇上当时最强烈的西伯利亚寒流（北风潮），使香港的气温由 26℃急速下降至 8℃，创下香港气候观测史上 24 h 降温最大的纪录，导致冬季提早降临。

案例 1-1　台风"菲特"对余姚市的影响

2013 年 10 月 7 日受台风"菲特"影响，浙江余姚遭遇 1949 年以来最严重的水灾。70% 以上城区受淹，主城区城市交通瘫痪（图 1-4）。因为进水导致部分变电所、水厂、通信设备故障，供电供水出现困难。截至 2013 年 10 月 8 日，余姚是受"菲特"影响最大的区域，雨情大、水情险、灾情重。全市 21 个乡镇、街道均受灾，受灾人口达 832 870 人，城区大面积受淹，主城区城市交通瘫痪，大部分住宅小区低层进水，主城区全线停水、停电，商贸业损失严重。10 月 10 日上午，余姚洪涝区一加油站发生汽油泄漏，截至 12 时 30 分，泄漏汽油已经形成 500 m² 的油面，消防战士现场紧急处置。11 日，积水区域普遍下降 50 cm 左右，但部分地区积水依旧较深；14 日，城区积水基本退去。

图 1-4　菲特台风影响下余姚市受灾情况

案例 1-2　飓风"卡特里娜"袭击新奥尔良市

飓风"卡特里娜"于 2005 年 8 月中旬在巴哈马群岛附近生成，在 8 月 24 日增强为飓风后，以小型飓风强度于佛罗里达州登陆。随后数小时，该风暴进入了墨西哥湾，在 8 月 28 日横扫过该区时迅速增强为 5 级飓风。"卡特里娜"于 8 月 29 日在密西西比河口登陆时为极大的 3 级飓风。风暴潮对路易斯安那州、密西西比州及亚拉巴马州造成了灾难性的破坏。用来分隔庞恰特雷恩湖（Lake Pontchartrain）和路易斯安那州新奥尔良市的防洪堤因风暴潮而决堤，该市八成地方遭洪水淹没。强风吹及内陆地区，阻碍了救援工作。飓风"卡特里娜"整体造成的经济损失可能高达 2 000 亿美元，成为美国史上破坏最大的飓风。这也是自 1928 年奥奇丘比（Okeechobee）飓风以来，美国导致死亡人数最多的飓风，至少有 1 836 人丧生。

灾难分析：

飓风"卡特里娜"强度大。这次飓风的强度是十分罕见的，美国历史上自1851年有记录以来只遭受过三次5级飓风的袭击，"卡特里娜"的最大风速在历史上排名第二。所以说，"卡特里娜"带来的风暴潮正是形成此次灾难的罪魁祸首。

新奥尔良市低洼的地理条件特殊。新奥尔良地处800 m宽的密西西比河与庞恰特雷湖之间，呈碗状下凹地形，平均海拔在海平面以下，最低点低于海平面达3 m，平时只靠防洪堤、排洪渠和巨型水泵抽水抗洪。"卡特里娜"带来的巨浪和洪水冲毁防洪堤，导致了灾难的发生。

虽然美国国家大气海洋局对此次飓风的预报是比较成功的，也发布了飓风预警信号，但最终仍造成了灾难性后果。这在一定程度上反映了美国在应急体系上存在的问题以及应对灾难准备上的不足。预警信号发布后，人们采取何种应对措施不存在强制性。由于新奥尔良市多数被困居民是穷人，没有交通工具，所以他们几乎没有能力离开。加之部分人对飓风预警抱侥幸心理，在提前两天得到警告的情况下，也未撤离。政府却没有强制把这些人转移出城。另外，灾难发生后，救灾行动迟缓，也是这次灾害扩大的原因之一。

案例1-3 台风"海燕"袭击菲律宾

2013年11月7日，世界历史上第8强的热带气旋超级台风"海燕"，以35 km/h的最高风速持续登陆，席卷菲律宾中部地区，这是全球有记录以来登陆时风速最高的热带气旋。"海燕"登陆时中心风力18级，登陆带来了强降雨，造成了6 m的海洋风暴潮，并且给沿海海岸带来了超级巨浪，造成了至少7 000人死亡、1 779人失踪，另有27 022人受伤，菲律宾44个省份累计超过1 600万人受灾，114万栋房屋受损（其中55万栋房屋完全被毁），约400万人流离失所，超过了飓风"卡特里娜"(Katrina)和印度洋海啸造成的无家可归的人数总和，是2013年全球遇难人数最多的单一巨灾事件。

另外，台风"海燕"也对越南以及我国沿海地区造成了损害，直接经济损失44.7亿元。联合国方面要求各国提供的救灾资金为3.48亿美元，世界银行对菲律宾的援助总额近10亿美元。

根据巨灾模型公司AIR发布的信息，台风"海燕"给保险公司造成的保险损失赔款最多为7亿美元，而这仅仅是"海燕"造成的经济损失中的极少部分。AIR披露，此次超级台风造成当地的住宅、商用和农业财产损失高达145亿美元，而保险赔付至少为3亿美元。同时，据贝氏评级(AM Best)披露，此次超级台风给国际级再保险公司造成的损失很小，但是对于小型的、地区级的再保公司影响还是比较大的。保险损失补偿少，源于菲律宾很低的非寿险保险深度——低于1%的GDP总值占比。美国巨灾模型公司Eqecat提出，此次的灾害造成的保险损失不会超过10亿美元；贝氏评级认为，"海燕"不会影响到保险公司的评级，也不会影响到该地区的再保险容量。

美国灾难模型公司 Kinetc Analysis 预计,此次台风造成菲律宾遭受的经济损失达 120 亿～150 亿美元,这个数字相当于这个岛国经济产出的 5%,而 2012 年重创美国的超级飓风"桑迪"也使世界第一经济体损失了 1%的国民生产总值。在菲律宾遭受的 120 亿～150 亿美元的经济损失中,只有 10%～15%的经济损失有保险覆盖,与 2012 年超级飓风"桑迪"给美国造成了500 亿美元损失中的 50%有保险覆盖相比,相距甚远。商业保险人支付的保险损失补偿款估计在 20 亿美元左右,保险深度低。在劳合社发布的关于全球保险不足的一份报告中显示,与灾害保险较发达的国家相比,菲律宾是被确定为保险不足的 17 个国家之一,大约存在 29 亿美元的保险缺口,保险密度仅为 0.4%(荷兰的保险密度为 9.5%)。

从台风"海燕"袭击菲律宾以后的应对机制看,政府扮演了主要的应对角色,附以国际援助的支持。然而,菲律宾的救灾负担重重,虽然有国家减灾管理委员会及政府各职能部门的分工配合,但依然存在对灾害认识不足的问题,救灾行动进展迟缓,导致很多灾民在灾难发生数天后仍得不到救助,使人身伤亡加剧。在中国,相对完善的应急体系减少了台风灾害可能带来的损失,而保险业更体现了较为成熟的应急能力和查勘赔付的能力,总共承担了上亿元的损失,更加减少了灾害所带来的损失。其中,农业保险、船舶保险等都发挥了积极的作用。越南也由于对台风"海燕"的应对准备充足、台风破坏能力有限而没有遭受巨大的损失。

1.3.2 暴洪

暴雨导致的洪涝灾害是我国城市最主要的自然灾害之一。洪是一种峰高量大、水位急剧上涨的自然现象,涝则是由于长期降水或暴雨不能及时排入河道沟渠形成地表积水的自然现象。历史上洪涝灾害主要会造成农业的损失。近几十年来,随着社会经济的发展,洪涝灾害损失的主要部分已经转移到城市,洪涝的特点也发生了很大变化。许多城市沿江、滨湖、滨海或依山傍水,有的城市位于平原低地,经常受到洪涝的威胁。与农村相比,城市的人口和资产高度集中,灾害损失要大得多。

中国是多暴雨的国家,除西北个别省区外,几乎都有暴雨出现。冬季暴雨局限在华南沿海,4～6 月间,华南地区暴雨频频发生。6～7 月间,长江中下游常有持续性暴雨出现,历时长、面积广、暴雨量也大。7～8 月是北方各省的主要暴雨季节,暴雨强度很大。8～10 月雨带又逐渐南撤。夏秋之后,东海和南海台风暴雨十分活跃,台风暴雨的点雨量往往很大。

案例 1-4 上海城市防洪案例及暴雨威胁评估

据 1951—1980 年和 1981—2014 年两个时期的对比分析,上海地区小时降水量大于或等于 35.5 mm(上海市大部分区域现行的"一年一遇"的城镇排水标准)的强降水事件呈现增加趋势,24 h 降水量大于 50 mm 的暴雨天数同比上升 1.6 倍(上海市气候变化研究中心提供)。2013 年 9 月 13 日浦东地区 2 小时 141 mm 的降雨造成道路和下立交积水没过车轮,并导致世纪大道地铁站受淹,2号、4号、6号线均出现供电、设备故障,不得不采取限流措施,导致车站内乘客大量积压,轨道交通几近瘫痪。在强对流天气概率增多,降水频率和强度明显增加的背景下,不断加剧的城市化使得气象灾害造成的损失被显著放大,"城市看海"逐渐成为常态,防洪除涝的形势极为严峻(图1-5)。

图1-5 "9·13"上海市特大暴雨导致"城市看海"

1.3.3 雷电、冰雹和龙卷风

闪电是大气中瞬变高电流放电的现象,通常和强烈发展的积雨云中冰滴与水滴摩擦而使电荷分离并导致云间或云对地的电压升高有关;雷则是闪电沿着放电路径造成气体快速膨胀所发出的爆裂声。这两种现象经常伴随着一起发生,合称雷电。遭受雷电击中,建筑物可能会倒塌、树木会被劈断,对人体则不仅会造成灼伤,若是击中头部且电流通过躯体传到地面,更会使人的神经和心脏麻痹,甚至致命。

冰雹是在强烈发展的积雨云对流里快速成长后降落至地面的冰块或冰粒,小如绿豆、花生,大似葡萄、鸡蛋,巨大的冰雹甚至像葡萄柚或垒球。半径1 cm以上的冰雹就足以砸破汽车挡风玻璃,更大冰雹的破坏力可想而知。而大量的冰雹常造成农作物或渔牧损失惨重,甚至危及生命。

龙卷风是指发生在积雨云下方或从积雨云底向地面或海面伸展的强烈旋转空气柱,肉眼可见通常呈漏斗状云或管状云。龙卷风是大气中最强烈的涡旋现象,常发生于夏季的雷雨天气时,尤以下午至傍晚最为多见,影响范围虽小,但破坏力极大。龙卷风经过,常会拔起大树、掀翻车辆、摧毁建筑物,往往使成片庄稼、成万株果木瞬间被毁,令交通中断,房屋倒塌,人畜生命和经济遭受损失等。

案例 1-5 "6·23"盐城龙卷风袭击事件

2016 年 6 月 23 日 14 时 30 分左右,江苏省盐城市阜宁、射阳部分地区出现强雷电、短时降雨、冰雹、雷雨大风等强对流天气。灾害造成 99 人死亡,846 人受伤。

6 月 25 日消息,经过现场勘查研究,气象专家调查组认定,6 月 23 日盐城阜宁地区发生了龙卷风,风力超过 17 级,或达到 EF4 的高强度龙卷风级别,破坏力巨大(图 1-6)。

图 1-6 "6·23"盐城龙卷风袭击后倒伏的电线杆

1.3.4 雾和霾

雾、霾天气频繁发生,对城市大气环境、群众健康、交通安全、农业生产等造成的影响日益显著,极易酿成雾霾灾害。研究雾霾气候特征和影响因素是雾霾灾害风险评估的基础性工作,对雾霾防灾减灾和雾霾风险防范具有重要意义。同时,由于大部分严重的雾霾天气一旦形成往往很难消散,此类持续性雾霾天气对城市环境的危害尤其严重,并容易带来较强的社会负面影响。

雾是由一种肉眼不易分辨、细微而密集、悬浮于近地面空气中的小水滴所组成。雾会阻遮能见度,当水平能见度不足 500 m 时即称为浓雾。我国雾经常发生于 12 月至第二年 6 月,特别在沿海地区,海陆下垫面条件差异较大,浓雾多因暖湿空气移经较冷的海面或陆地所致。浓雾对交通安全危害甚大,尤其对飞机航班、港航航运及高速公路行车有重大影响。

案例 1-6 长江口大雾千船滞留事件

2018 年 3 月 27 日至 4 月 1 日,受海雾持续影响,长江口航道积压船舶 1 550 艘,候泊船无法进港使长江口锚地几乎饱和,大量船舶延期,崇明三岛客轮、游船和邮轮取消航次,波及旅客数千人(图 1-7)。

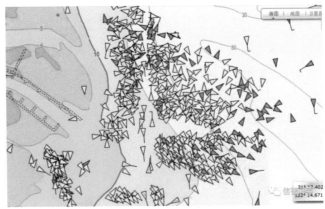

图 1-7　2018 年 3 月 30 日长江口及锚地 AIS 船舶显示（黄色三角形图标代表江船、绿色三角形图标代表海船）

霾是指大量极细微的干尘粒等均匀地浮游在空气中，使水平能见度小于 10 km 的空气普遍混浊的现象。可以通过分析不同能见度级别下霾发生的概率大小来反映霾的威胁等级。

根据霾的定义和特性，将霾分为 5 级（表 1-2）。

表 1-2　　　　　　　　　　　　　　　霾分级一览表

等级	1	2	3	4	5
能见度/km	(8, 10)	(5, 8]	(2, 5]	(1, 2]	≤1

为了直观表现各级霾危害发生的可能性，根据各级霾天气出现的概率划分霾发生的可能性等级，共分为 5 级（表 1-3）。

表 1-3　　　　　　　　　　　　　霾天气发生的可能性等级划分

等级	A	B	C	D	E
概率 P/%	$0 \leqslant P < 0.2$	$0.2 \leqslant P < 1$	$1 \leqslant P < 3$	$3 \leqslant P < 5$	$P \geqslant 5$
可能性描述	可能性很小	可能性小	有可能	可能性较大	可能性很大

霾的总体影响：

（1）容易发生交通事故。出现霾天气时，室外能见度低，人的精神不好，很容易造成交通事故。

（2）身体健康易受影响。霾天气不利于慢性支气管炎和哮喘病人的健康，在这样的空气中停留一定时间后，心脏病和肺病患者症状会显著加剧，健康人群中也会有人出现不适症状。由于霾中的大气气溶胶大部分均可被人体呼吸道吸入，尤其是亚微米粒子会分别沉积于上、下呼吸道和肺泡中，会引起鼻炎、支气管炎等病症，长期处于这种环境还会诱发肺部疾病。

（3）心理健康易受影响。霾天气历来是容易让人产生悲观情绪的天气，如不及时调节，很容易情绪失控。

霾不仅导致能见度降低从而影响交通和航空运输，而且会令空气质量下降，进而危害人体健康，另外还可对人的情绪和精神状态等产生负面影响。霾造成的危害和影响程度与霾发生时的空气成分、范围、强度有关,也与发生霾天气的地区人口密度、经济状况等因素有很大关系。而当考虑了霾天气的威胁性、承灾体的脆弱性及控制措施的有效性后,霾天气的风险后果指数则发生了明显的变化。

案例 1-7　北京雾霾概况及首次空气重污染红色预警

以北京为例。研究发现:无论是年均水平还是月均水平,霾日都要远远高于雾日,说明霾天气比雾天气对北京的影响更为严重。从月际变化上来看,大雾天气月变化十分明显,更集中于10~12月份;而霾天气在各月差异相对较小,除8~10月份的其他各月均有较多霾天气出现。从空间分布来看,雾和霾天气在北京东南及城区发生频率最高、强度最大,北京西北部雾和霾发生频率最低、强度最小。城区和东南地区是霾天气影响最为严重的地区,而大雾天气虽然在东南发生频繁,但是大雾强度在城区相对较弱,在城区的西北和西南大雾强度最强。

北京首次空气重污染红色预警从 2015 年 12 月 8 日早上 7 时持续到 12 月 10 号正午 12 时,是北京建立空气质量检测红、橙、黄、蓝四种颜色预警制度以来首次红色预警。

在红色预警期间,实施机动车单双号行驶措施,北京市中小学和幼儿园停课,企事业单位实行弹性工作制,施工工地停止室外作业并加大常规作业的清扫保洁,减少交通扬尘污染,按照空气重污染红色预警期间工业企业停产限产名单实施停产限产、禁止燃放烟花爆竹和露天烧烤、禁止建筑垃圾和渣土运输车、混凝土罐车、砂石运输车等重型车辆上路行驶。当日环保、城管、住建等部门联合开展了执法活动。北京市环境保护监测中心的 AQI 数据为 266,峰值为 295,为重度污染(图 1-8)。

图 1-8　重污染情况下的室外能见度对比

1.3.5　大风

大风是指瞬时风速大于 17 m/s(8 级)的风。在蒲福风级表中,6 级的平均风力常使树枝摇动,电线发出呼啸声,张伞困难。我国在秋冬季节东北季风盛行、春夏季节对流云发展旺盛或台风接近时,都容易有大风发生。

对大风灾害的脆弱性主要是由保护对象的抗风能力决定的。大风主要威胁郊区农作物大棚、市区的广告牌、灯箱和行道树以及各种建筑附属物。大风的影响体现在以下几个方面。

（1）吹倒建筑物、刮倒电线杆、吹断电线，引起经济损失和伤亡。

（2）影响交通、航运。

（3）对农作物产生破坏。

（4）影响室外作业、工伤发生率增加。

（5）影响人们正常生产与活动。

案例 1-8　大风对港口作业造成的影响

大风过境（尤其是台风过境），码头上最常见的损失是集装箱被吹倒，可像在船上一样用各类特种固定器材，"五花大绑"地将箱子与大地合成一体。如此不但成本太高，单就事前事后的绑与解的时间，就也不易实现。简单的方法就是降高，空箱不超过 5 层，重箱不超过 3 层，因此，在为港口提供气象服务时，大风的预报就非常关键，风力预报准确有助于采取有效的应对措施，从而保证安全并最大限度的节约成本。

近几年，港口起重机由于遭受台风或飓风侵袭而引起的风灾事故不断发生，事故的发生不仅直接影响码头正常的生产秩序，同时也给港口企业造成严重的经济和生产损失，而且还造成严重的人员伤亡（图 1-9）。因此，大型起重机的防风抗台问题也必须引起重视。

图 1-9　1999 年，受台风"约克"（9915）影响，香港葵涌货柜码头，一批货柜被吹倒

上海港是世界第一大港，每天有各类大小船只 5 000 条进出港口，许多小船遇到 6～7 级大风时，经常在港内碰撞沉没，大船在 8 级以上大风航行时，也会发生碰撞，造成损失。

对于上海港，除热带气旋带来的大风外，温带气旋入海爆发性增强和中小尺度强对流都可以造成大风灾害，而冬季冷空气大风的影响最为显著。每年 11 月到翌年 1 月，阵风 8 级或 8 级以上的偏北大风过程月平均有 3 次，6～7 级偏北大风过程月平均有 5～6 次，大风持续时间一般为 1～2 d，最长可达 10 d 左右。因受地理环境影响，愈往外海大风日数愈多。据统计，近海引水船站年平均大风日数达 70 d 以上,洋山港站为 60 d,长江口为 20 d。由此可见,冷空气大风对上海港船舶航行安全的影响十分严重。

1.3.6 高温热浪

高温灾害的致灾因子主要考虑为高温发生的可能性和高温的危害程度。我们将 1971—2008 年期间高温发生概率(高温出现年数/总年数)作为高温发生可能性指标,将 1971—2008 年期间高温日数和日最高气温作为高温严重程度(即高温强度)评价指标。

高温危险性反映了高温可能产生的危害大小及其空间分布,而实际造成危害的程度还与承受高温灾害的载体有关。高温灾害与区域的社会经济发展相关,造成的损失大小一般取决于发生地经济价值的密集程度。同样强度的高温,发生在经济发达、人口密集的地区可能造成的损失往往要比发生在人口较少、经济相对落后地区大得多。同时,在区域性高温的背景下,因下垫面环境的差异将加剧或减轻高温灾害的程度。如密集建筑物的作用,使地面风速明显减小,不利于热量的扩散,从而增高温度;大面积的水域和绿化面积,使得下垫面的蒸发量增多,从而降低温度。

高温风险是风险概率和风险后果共同作用的结果。风险后果是指如果威胁变成现实,即成功地实施了攻击,可能对保护对象和目标造成的影响、影响的数量和形式,包括人员伤亡、财产损失等。在郊区,高温对农作物和蔬菜的生长和发育都会产生很大的影响。因此,高温灾害风险与当地的人口、GDP 和农田面积密切相关。

案例 1-9 2003 年欧洲高温热浪

2003 年热浪席卷全球。特别是欧洲,进入 6 月以后,意大利气温比常年同期偏高 6～10℃,瑞士气温创 200 年来最高,法国高温为 150 年来所未见。从全球角度看,2003 年是 150 年来继 1998 年和 2002 年之后第三个最热的年份。

炎热给人类品尝到的滋味不只是汗水。火车因铁轨热胀变形而不得不减速或停开,核电站因冷却用的河水或海水升温而不能正常工作,电视里有关森林火灾的报道不断,许多电器设备因高温而功能紊乱,阿尔卑斯山的雪、珠穆朗玛峰的冰川开始融化。就连巴黎著名的埃菲尔铁塔,其顶端的一个电器线圈因烈日照射而燃烧,冒出青烟。

高温干旱还导致河流水位下降、航运受阻、农作物面临减产,损失严重。更为可怕的是,全球成千上万的鲜活生命,被热魔吞噬:8 月的前两周,高温天气夺去了 1 000 名英国人的生命,而葡萄牙则有近 1 300 人死于热浪,法国有 3 000 人死亡。

世界气象组织专家表示,这种酷热天气可能是人类遇到的最严重的一次,与全球变暖有关。而人类活动导致二氧化碳的大量排放是全球气候变暖的罪魁祸首。全球变暖成为近百年来气候变化的重要特征之一。自 1861 年以来,全球气温持续上升,在 20 世纪的 100 年间平均气温上升了约 0.6℃。在过去的 30 年,整个地球变暖的速度大大加快,在今后的 100 年,如果不采取有效措施,全球平均气温还要上升 1.5℃。有关研究表明,环境温度高于 28℃时,人们就会有不适感;温度更高,容易产生烦躁、中暑、精神紊乱等症状;气温持续高于 34℃,还容易导致一系列疾病,特别是使心脏、脑血管和呼吸系统疾病的发病率上升,死亡率也明显增加。

1.3.7 雨雪冰冻

暴雪指自然天气现象的一种降雪过程,它给人们的生活、出行带来了极大不便;暴雪预警信号分为四种:蓝色、黄色、橙色和红色;当暴雪天气来临时,当地政府部门应做好暴雪预警信号应急预案,提醒人们做好各方面应对措施。暴雪的出现往往伴随大风、降温等天气,给交通和冬季农业生产带来影响。暴雪主要分布在我国东北、内蒙古大兴安岭以西和阴山以北的地区,祁连山、新疆部分山区、藏北高原至青南高原一带,川南高原的西部等地区。暴雪发生的时段一般集中在 10 月至翌年 4 月。危害较严重的一般是秋末冬初形成的所谓"坐冬雪"。暴雪发生地区和发生频率与降水分布密切相关。在内蒙古,暴雪灾害主要发生在内蒙古中部的巴彦淖尔市、乌兰察布市、锡林郭勒盟及鄂尔多斯市和通辽市的北部一带,发生频率在 30% 以上,其中以阴山地区雪灾最重最频繁;西部因冬季异常干燥,则几乎无暴雪发生。在新疆,暴雪主要集中在北疆准噶尔盆地四周降水多的地区,南疆除西部山区外,其余地区雪灾很少发生。在青海,暴雪也主要集中在南部的海南、果洛、玉树、黄南和海西 5 个冬季降水较多的州。在西藏,暴雪主要集中在藏北唐古拉山附近的那曲市和藏南的日喀则市。

案例 1-10　2008 年中国雨雪冰冻灾害

2008 年中国南方雪灾是指自 2008 年 1 月 3 日起在中国发生的大范围低温、雨雪、冰冻等自然灾害。中国的上海、江苏、浙江、安徽、江西、河南、湖北、湖南、广东、广西、重庆、四川、贵州、云南、陕西、甘肃、青海、宁夏、新疆等 20 个省(区、市)均不同程度受到低温、雨雪、冰冻灾害影响。截至 2 月 24 日,因灾死亡 129 人,失踪 4 人,紧急转移安置 166 万人;农作物受灾面积 1.78 亿亩,成灾 8 764 万亩,绝收 2 536 万亩,倒塌房屋 48.5 万间,损坏房屋 168.6 万间;因灾直接经济损失 1 516.5 亿元人民币。森林受损面积近 2.79 亿亩,还有 3 万只国家重点保护野生动物在雪灾中冻死或冻伤;受灾人口超过 1 亿。其中安徽、江西、湖北、湖南、广西、四川和贵州 7 个省份受灾最为严重。

北京:京呼航班全线延误。首都机场因呼和浩特突降大雪机场关闭,21 日飞往呼和浩特共 11 趟航班全部延误。此外,北京飞往内蒙古锡林浩特航班也因此取消。铁路方面,北京西站候车大厅状况与往年春运期间无太多异常,未有旅客大面积滞留,大多列车可以准点出发,个别一两趟出现短时间晚点。

上海:百余客运线受影响。截至 20 日,上海长途客运总站共有 100 多个长线班次受到影响,有 30 个进沪班次车辆未按原定时间抵达上海,这些班次主要集中在雨雪天气十分严重的地区,同时这些班次已暂时停止了售票。长途客运总站里,原定这两日乘坐上述班次回家的大批学生、民工等滞留于此。浦东机场 20 日飞往西安、成都、沈阳的航班出现延误,进港航班超过 10 架次无法按时着陆,离港航班近 20 架次延误。虹桥机场方面,郑州、徐州至上海的航班均受到了暴雪天气的影响。21 日,虹桥机场出现十几个飞往雨雪严重地区的班次延误。

湖北:据统计,湖北省积雪天数已达 10 天,为 24 年来之首,因灾死亡人数上升至 14 人,直接经济损失超过 14 亿元人民币,而雨雪天气持续至 25 日。受暴雪天气影响,湖北省内九条高速公路中有五条再次关闭,但京珠高速已恢复运行。由武汉发往全国各地的长途客运班车已有 8 800 余次停运。天河机场亦有 20 余航班延误。截至 20 日,武汉市公安交通管理局 122 交通指挥中心共接到交通报警 13 199 起。另外,武汉市中心城区多处水管冻裂,许多居民出现用水困难。至 20 日上午 9 时,全市 24 小时内共接到投诉 1 904 起,直接停水 754 起,供水管网 21 日共发生两起 800 mm 主干管爆裂事故。

寒潮是指冬半年来自极地或寒带的寒冷空气,像潮水一样大规模地向中、低纬度的侵袭活动。寒潮袭击时会造成气温急剧下降,并伴有大风和雨雪天气,对工农业生产、群众生活和人体健康等都有较为严重的影响。侵入我国的寒潮,主要是由于北极地带、俄罗斯的西伯利亚以及蒙古国等地暴发了南下的冷高压。这些地区,大多分布在北极地带,冬季长期见不到阳光,到处被冰雪覆盖着,停留在那些地区的空气团就好像躺在一个天然的大冰窖里面一样,越来越冷、越来越干,当这股冷气团积累到一定的程度,气压增大到远远高于南方时,就像贮存在高山上的洪水,一有机会,就向气压较低的南方泛滥、倾泻,这就形成了寒潮。

案例 1-11 2016 年北极地区的"世纪之暖"

2015 年 12 月 30 日,北极迎来"世纪之暖"。美国国家航空航天局在线监测数据显示,当时北极气温急升 35 ℃,从 12 月 29 日的零下 35 ℃跃升至 0.8 ℃,与 4 000 km 以南的北京气温相当,比北极往年冬季的正常气温高出近 30 ℃。这是有卫星探测以来,首次在 12 月的北极发现 0 ℃以上的温度,也是有记录以来,北极冬季温度第二次升至 0 ℃以上。

此次极端天气是由位于冰岛附近的一个强大风暴造成的,该风暴不仅使北极气温上升,也使美国、英国等地也发生了暴雨和洪水灾害,给这些地方造成了巨大损失。

1.4 城市气象灾害的特点

1.4.1 城市气象灾害复合多元化

由于自然生态系统和人工系统在城市内部的密切交织,因此,其易发的气象灾害具有自然和人为双重属性。城市除了受台风、连续阴雨、持续高温、雷电、大风等大尺度气候系统带来的气象灾害影响之外,同时也存在局地热对流、狭管风、雾霾、城市热岛等城市局地气候效应影响下的灾害风险。由于城市为人类活动高强度区域,不同敏感人群和行业对相应高影响气象灾害表现出不同程度的脆弱性,当多种气象灾害伴随发生时,往往会同时打击城市系统内部多个脆弱环节,表现为城市复合气象灾害的强致灾性。

1.4.2 城市气象灾害的连锁效应

城市人口的不断增加和人员财富的日趋集中,城市基础设施的承载负担不断加剧,城市对气象及其衍生灾害影响的暴露度、脆弱性和敏感性越来越大,其面临的气象灾害风险也越来越高,气象灾害的"连锁性"效应日益凸显。现代化城市正常运转需要依赖生命线工程,如果系统中某点发生瘫痪,灾害会在系统内部和系统之间产生连锁反应。因此,城镇化区域更容易发生次生灾害、衍生灾害,形成灾害链。

当一种灾害发生后,时常会衍生出一连串的其他灾害,这种现象称为灾害链。如地震后的房屋倒塌、交通线中断、各种生命线系统损坏、火灾爆发、传染病乃至瘟疫流行就是一个明显的灾害链。但气象灾害的灾害链比较复杂,往往几种天气现象会同时出现却不存在明显的因果关系。如雷电和大风灾害同时发生时,两者都是由剧烈对流活动所产生的,无法界定明确的因果次序。鉴于此,需要认真分析灾害重叠事件。

灾害重叠事件:只要在某一天有任何一个站点发生了2种或者2种以上的高影响致灾性天气现象,可将其定义为一次多灾害重叠事件。

定义6种气象灾害类型:灾害1为雷电,灾害2为冰雹,灾害3为大风,灾害4为暴雨,灾害5为高温,灾害6为霾。取上海市11个观测站逐日观测资料,对其进行编号(编号方法:站点年月日灾害1灾害2灾害3灾害4灾害5灾害6灾害重叠种类,若对应的灾害发生,表示为1,反之为0)。

按照上述方法,调查上海地区所有11个观测站总共152 680个样本,其中发生了3 750个多灾害重叠事件,发生的比率为2.46%。表1-4给出了3 750个事件中各种灾害的分配情况。

表1-4 11个观测站灾害重叠种类数的分配比例

灾害种类	2	3	4	5	6
事件数	3 361	359	29	1	0
百分比	89.627%	9.573%	0.773%	0.027%	0.000%

从表1-4中可以看出,灾害重叠的种类越多,发生的几率就越小;灾害种类数每增加一种,灾害事件数就减少一个数量级。其中,3 750个事件里,2种自然灾害重叠的比例最大,有3 361次,占总比例的89.627%;3种灾害重叠的比例较大,有359次,占总比例的9.573%;4种灾害重叠的比例次之,有29次,占总比例的0.773%;5种灾害重叠的只发生了1次,即事件编号58462200708031011115,表示:松江站2007年8月3日发生了除冰雹外的另5种灾害。

为对灾害组合的情况有个大致了解,统计分析了6种灾害发生的比例。首先分析了11个观测站点内,各种灾害发生的次数。表1-5给出了6种灾害在重叠时出现的次数,从表中可以发现,雷电最容易与别的灾种发生重合,3 750个事件内有3 000次是雷电与别的灾种重合;其次是高温,有1 375次;大风次之,有1 344次;暴雨和霾的次数差不多,分别有1 091次和1 058次;冰雹的次数最少,有66次。

表1-5　　　　　　　　　　各灾害与其他灾害重叠发生的次数

灾害种类	雷电	冰雹	大风	暴雨	高温	霾
次数	3 000	66	1 344	1 091	1 375	1 058

为了加强灾害重叠事件的防治与管理,必须首先了解哪些灾害容易组合到一块。分析发现的11个观测站中,同时发生4种灾害组合的情况。其中,29次同时发生4种灾害事件里面,有9次是"雷电+高温+大风+霾"组合,有7次是"雷电+高温+大风+暴雨"组合,有4次分别是"雷电+霾+大风+暴雨"和"雷电+霾+高温+暴雨"组合,有2次分别是"雷电+霾+大风+冰雹"和"雷电+暴雨+冰雹+大风"组合,有1次是"高温+霾+暴雨+大风"。

同时可以发现,4种灾害重叠时,多是强对流天气导致的"雷电+高温+大风"灾害天气,并伴随其他灾害,"雷电+高温+大风+霾"组合则是主要的组合。

11个观测站共有359次三灾害重叠事件,而徐家汇气象站则有60次。由于组合的种类繁多(C_6^3＝20种组合),下面只分析一些较为经典的组合。表1-6分别给出了11个观测站和徐家汇气象站的三种灾害组合事件,从中可以看出,"雷电+高温+霾"组合是最容易发生的灾害组合,其次为"雷电+暴雨+大风"组合,再次为"雷电+大风+高温"组合。

表1-6　　　　　　　　　　三种灾害组合事件

组合	11个观测站	徐家汇气象站
雷电+暴雨+大风	79	4
雷电+暴雨+霾	20	6
雷电+高温+霾	116	27
雷电+大风+高温	51	7
雷电+大风+霾	25	1

表1-7和表1-8分别给出了两种灾害重叠的情况。从中发现11个观测站雷电和大风同时发生的情况最普遍,为761次;徐家汇气象站雷电和高温同时发生最普遍,为117次。从11个观测站的研究发现,雷电与高温重合的情况位居第二,为745次;从徐家汇气象站的分析来看,雷电与霾组合的现象位居第二。雷电和暴雨组合在11个观测站发生了669次为第三,而徐家汇气象站的为高温和霾组合。

表 1-7   11 个观测站 2 种灾害同时发生的频次

灾害	暴雨	冰雹	大风	高温	雷电	霾
暴雨	—	3	220	13	669	20
冰雹	—	—	10	1	27	1
大风	—	—	—	53	761	74
高温	—	—	—	—	745	337
雷电	—	—	—	—	—	427
霾	—	—	—	—	—	—

表 1-8   徐家汇气象站 2 种灾害同时发生的频次

灾害	暴雨	冰雹	大风	高温	雷电	霾
暴雨	—	0	12	4	77	6
冰雹	—	—	2	0	5	1
大风	—	—	—	7	51	17
高温	—	—	—	—	117	88
雷电	—	—	—	—	—	104
霾	—	—	—	—	—	—

1.4.3 城市气象灾害的放大效应

研究显示,当城市发展到一定规模之后,由于人类活动密集,以及城市下垫面和地貌的改变,城市局地气候特点和生态环境会发生变化,使城市气象灾害打上人类活动的印迹。以城市暴雨内涝灾害为例,在城市高层建筑集中区,热岛环流有利于城市上空的热对流发展,更容易引发暴雨;同时城市内部路面硬化、水面率较低,加大了地表径流,因此暴雨发生在城市使积涝风险明显增大。

1.5 城市气象灾害的影响

1.5.1 对城市道路交通的影响

气象条件通过改变城市道路路面抗滑性能、车辆稳定性以及人的视程而影响城市道路交通情况。这三个方面都与车辆行驶安全息息相关,轻则影响车辆行驶速度,进而导致交通堵塞,严重时会导致交通事故甚至人员伤亡等灾害发生。

1. 降水天气对城市交通的影响

降水天气对城市交通的影响主要体现在两个方面,一是降低道路路面抗滑性能,二是改变人的视程。降水天气可使路面在很短时间内出现积水，积水与轮胎之间形成一层水膜，破坏轮胎与路面之间的接触，间接导致路面摩擦系数降低，路面摩擦系数降低会使车辆制动距离加长，增加危险性，如果车辆突然紧急制动，极易发生侧滑、翻车、追尾、刮擦等事故[1]。此外，降水天气会降低能见度，同时车辆表面会形成水雾，夜间行驶时路面积水还会对光线起反射作用，严重影响驾驶员的视程，而且降水强度越大，影响程度越明显。由于城市中车流量大，行人多，路况较为复杂，短时强降水天气极易导致交通堵塞。在城市低洼地带或排水系统出现故障时，相关的路段亦容易出现很深的积水，造成汽车进水、发动机熄火，严重影响车辆行驶，甚至使局部交通陷于瘫痪[2]。2008年8月25日，上海部分地区遭遇百余年以来最强雷暴雨，徐家汇气象站一小时雨量达117.5 mm，为该站有气象记录130余年来首次，其他一些地区雨量也超过100 mm的大暴雨标准。因雨量过于集中，超过市政设计的排水能力，全市150余条马路积水10～40 cm，发生交通事故3 000多起，车辆抛锚约700起。

2. 冰雪天气对城市交通的影响

冰雪天气同样会改变道路路面抗滑性能和人的视程，但是冰雪天气对路面抗滑性能的影响相对更大。谢静芳等[3]统计发现，冰雪路面、积水路面与干燥路面交通事故率之比为4.2：1.6：1，降雪天气使交通事故显著增加。在吉林省冬季的交通事故中，35％以上是由冰雪路面造成的。雨雪天气对路面状况和路面抗滑性能的影响，在寒冷季节因天气不同而有很大差异。秋末冬初（10～11月）和冬末初春（2～3月），气温在0℃上下反复变化，降雨、雨夹雪、雨转雪和降雪天气都有可能出现，受雨雪天气和气温大幅度变化影响，路面状况也十分复杂。若先降雨后降温，路面会出现薄冰冻层，冰冻层白天可能融化，夜间则冻结；若降雨、降温后还有降雪，则冰层表面还会有浮雪或积雪；当降雪量很大时，积雪融化过程中，路面还会存有冰水或雪水混合物。严冬时节（12月至次年1月），气温低，对路面状况的主要影响为低温、浮雪和积雪。若路面积雪不能及时清除，车辆行驶时轮胎的摩擦易在积雪表面形成冰面。这些复杂的路面状况都将对路面抗滑性能造成显著影响，进而导致城市交通运行能力降低。李兰等[4]在对武汉市低温雨雪天气对交通影响的研究中发现，在2008年1月12日—2月3日期间，武汉市日平均气温小于或等于0℃的时间多达20 d，极值为－2.7℃，期间平均气温－1.2℃，比常年同期偏低4.7℃，为历史同期最低，降水（雪）量偏多，期间共出现4次大范围低温雨雪天气，导致多条公交线路停运。通过分析发现，影响城市公共交通的主要气象要素是积雪深度、日平均气温，并且致灾关键主要出现在雨雪过程初发期、积雪深度出现明显上升时期及雨雪过程中出现大雾的时期。较强的降雪和雨夹雪天气过后，若不及时清除路面积雪，对城市交通的影响将十分明显，而且持续的时间也比较长。

3. 大风天气对城市交通的影响

大风主要是通过改变车辆的气动力而影响城市道路交通安全。资料表明，高速行驶汽车发生的安全事故中，有相当一部分是由于侧风对汽车瞬态转向特性影响，驾驶员因难以及时或没有足够的经验产生不正确的反应致使汽车行驶稳定性失控所造成的[5]。当车辆与风相遇时，风会对车辆产生气动阻力、气动升力、纵倾力矩、侧倾力矩、侧向力以及横摆力矩六个分量,这些力都直接影响着车辆的动力性能以及稳定性能,任何一个力超越极值都可能诱发车辆发生侧滑、侧翻、碰撞等交通事故,产生巨大的经济损失和人身伤亡。根据英国、美国和澳大利亚等国的统计,雨天的交通事故会增加约30%[6],若同时伴有强风则交通事故率会更高。

4. 雾、霾天气对城市交通的影响

雾、霾天气都会直接导致能见度降低,人的视程受限,进而影响城市交通安全。由于地理条件的不同,雾、霾天气发生的频率、时效不同,对城市交通产生的影响程度也会有区别。陈红萍等[7]对晋中市交通实况资料分析发现,当能见度下降到2 km以下时才会对市内正常行驶的车辆产生影响。李秋林等[8]对湖南省京珠高速公路潭耒段大雾天气对交通安全影响分析发现,该路段经常碰到的团雾则是一种受地形、下垫面影响较大的局地雾,具有范围小、维持时间短的特点,但它对交通安全的危害较大。经统计,2005年度该路段(长168 km)受理大小交通事故350起,恶劣天气条件下发生的达186起,占总数的53%,其中与雾有关的达80%以上。贺芳芳等[9]对上海地区大雾天气与交通事故关系的研究发现,上海地区雾天多见于冬季,在冬季雾天的日均交通事故指数比无雾天高得多。2016年11月7日,上海浦东地区因大雾发生一起多车追尾交通事故,造成9人死亡,43人受伤的严重后果。但有一个值得注意的现象,全年轻雾天的日均交通事故指数不仅比无雾天高,而且比雾天也高,超过了全年的日均交通事故指数。造成这一现象的原因是轻雾天能见度虽比雾天略好,但比无雾天要差,同时轻雾往往被司机所忽略,出车率比雾天多,车速比雾天快,接近正常天,在能见度略差的情况下,易形成车祸。此外,由于城市与城市之间的交通高度网络化,大雾天气导致的部分路段封闭也常常会引起连锁反应,造成城市内交通堵塞,甚至引起交通瘫痪[10]。

1.5.2 对城市轨道交通的影响

城市轨道交通作为城市发展经济和服务社会的重要交通设施,极大缓解了城市交通拥堵难题,但同时威胁到社会的公共安全。目前国内的城市轨道交通正处于大发展阶段。随着轨道交通地面和高架形式的不断出现以及行车速度的不断提高,气象条件对轨道交通运行的影响更加显著。

大风天气对城市轨道交通行车安全影响最为显著。与高速路上行驶车辆相似,轨道交通车辆在行驶过程中也会受到风的影响。风对轨道交通车辆产生的作用力会使车辆行驶阻力增大,侧向稳定性减小,车身易发生摆动、倾斜,严重影响乘客的舒适性,甚至会发生车辆颠覆等事故。此外,轨道交通车辆通常是多节车厢相连,大风作用下车厢之间的相互干扰大大增加了颠覆事故发生的可能性。1986年,大风将日本香美町大桥上7节车厢吹至地面,造成6人死亡、6人受伤的重大事故。此事件发生后,一旦瞬时风速达到25 m/s时,日本地铁公司就会减低列车运行速度[11]。日本对列车稳定性的评价指标包括有脱轨系数、轮轨减载系数、倾覆系数等。我国曾在事故多发地段的实际线路进行了列车的在线脱轨试验研究,测定了脱轨系数临界值和轮重减载率[12-13]。对于我国东南沿海城市,台风是影响轨道交通的主要天气因素。2012 年 8 月 8 日,台风"海葵"在浙江省象山县鹤浦镇沿海登陆,中心附近最大风力有 14 级(42 m/s)。受"海葵"影响,上海市普遍出现 7~9 级阵风,沿江沿海地区最大风力达到 12 级,其中以吴淞口 34.7 m/s 为最大,浦东滴水湖 33.0 m/s 次之。受其影响,上海轨道交通中断运营情况如下:

(1)自 2012 年 8 月 8 日 5:00 起二号线东延伸段凌空路站—浦东国际机场站区段列车限速 30 km/h 运行。12:30 起,根据上海市气象台发布的台风红色预警,为保障行车安全,上海轨道交通二号线广兰路—浦东机场区段实施停运,开展公交联动。

(2)自 2012 年 8 月 8 日 14:30 起,九号线高架、地面区段停运,列车交路改为中春路至杨高中路小交路维持地下区段运行,同时启动公交联动。

(3)自 2012 年 8 月 8 日 6:45 起,六号线港城路至博兴路高架区段列车限速 40 km/h 运行。12:30 起,根据上海市气象台发布的台风红色预警,为保障行车安全,上海地铁路网所有高架线路区段实施列车限速 40 km/h 运行。路网所有地面线路区段实施列车限速 50 km/h 运行。

另一方面,大风还会造成轨道线路异物侵限,破坏轨道交通线路的电力设施,导致轨道交通减速或被迫阻断。台风"海葵"影响上海期间,地铁多条线路发生异物侵限,严重影响轨道运行:

(1)2012 年 8 月 8 日 12:45 一号线彭浦新村上行进站处,因台风导致接触网承力索松动存在侵限隐患,列车限速 5 km/h 运行通过维持运营。

(2)2012 年 8 月 8 日 10:18 二号线海天三路—远东大道下行区段,由于外部异物侵入线路与列车发生缠绕后列车迫停,启动运营调整方案安排二号线东延伸缩线至远东大道折返运营,远东大道站至浦东国际机场采用单线双向运行。

(3)2012 年 8 月 8 日 10:40 三号线石龙路—龙漕路上行区段,由于外部异物(雨棚)侵入线路,造成列车迫停,安排应急抢险人员进入区间处置。经应急抢险人员清除后,于 11:25 恢复运营。

(4)2012 年 8 月 8 日 10:40 三号线上海火车站上行进站处一棵树倒伏,造成列车限速 20 km/h 运行通过。

(5)2012 年 8 月 8 日 12:32 九号线泗泾—九亭上行区段,由于外部异物(铁皮)侵入线路,造成列车迫停,安排应急抢险人员进入区间处置。经应急抢险人员临时处理后,于 12:55 起,列车限速 5 km/h 运行通过维持运营。

降水天气同样会对轨道交通产生影响,但是比大风天气相对较弱,主要是淹没线路而导致轨道交通停运。2012 年 6 月 28 日英国的强降水造成西海岸铁路主线被淹没无法通行,同时导致了一列火车被困在中间。

低温高湿天气会导致钢轨霜冻,使轨交车辆制动受限,进而影响轨道交通运行效率。2018 年 1 月 11 日上海松江区最低气温达到 −4.3℃,相对湿度为 54%~84%,轨道交通九号线因轨道霜冻而发生车轮打滑,为保证运营安全,佘山至松江大学城区段列车限速运行,发车班次间隔延长,运营效率下降,造成客流积压。

1.5.3 对空运的影响

空运在现代交通占有举足轻重的地位。恶劣天气是威胁航空运输安全并导致航班延误的重要原因。美国在2005—2007年期间,恶劣天气的出现导致了50%～70%的飞机延误以及50%～90%的延误时间损失。由于天气原因导致的航班延误比例更是高达70%。我国民航局空管局运行管理中心统计数据表明,2009年影响航班正常的主要因素为:航空公司原因占42.72%,天气原因占23.00%,流控原因占22.79%,空域航路限制原因占7.73%。天气原因影响航班正常运行位于各种因素的第二位。

风切变是机场关注点之一。大气中的乱流及平均水平风的水平、垂直大的变化是产生风切变的根源。锋面过渡区、积雨云体的阵风锋和下冲气流、低空强烈的逆温以及低空气流、山地中强湍流切变区、机场附近大型建筑物等是形成低空(指距离地面60 m以下)风切变的主要因素。根据风切变对飞机起飞和着陆两个阶段的影响,可分为顺风切变、逆风切变、侧风切变和下冲气流切变等。这些风切变对飞机最直接的危害是改变飞行航迹。如飞机在着陆过程中遇到顺风切变时,往往会增加飞机的滑跑距离而导致其冲出跑道;遇到逆风切变时,则可能导致飞机过早触地。飞机在起飞时,如遇到逆风减小或顺风增加,飞行员要保持飞机预定的爬升速度,就要增加发动机的功率,但如果已经使用了起飞最大功率时,就只得减小上升率来保持速度,这样就减小了飞机超越障碍物的垂直距离。

雷暴天气也能产生各式各样的危及飞行安全的天气现象,如强烈的湍流、颠簸、积冰、闪电击(雷击)、暴雨,有时还伴有冰雹、龙卷风、下击暴流和低空风切变。在空中滚滚而来的乌云中,蕴藏着巨大的能量,具有极大的破坏力。当飞机误入雷暴活动区内,轻则造成人机损伤,重则机毁人亡。因此,雷暴是目前被世界航空界和气象部门公认的严重威胁航空飞行安全的天敌。据统计,全球每小时发生雷暴1 820次。根据美国民航近年来因气象原因发生的飞行事故分析统计,48起飞行事故中有23起与雷暴有关,占事故总数的47.9%;另据美国空军气象原因发生飞行事故分析统计,雷暴原因占55%～60%。从国际民航对1978—1990年13年中160起因气象原因发生的飞行事故可以看出:雷暴直接引起的事故有14起、与雷暴有关的雪或暴雨有41起、恶劣天气34起、颠簸及乱流12起、结冰10起、低空风切变7起,几项加起来共计118起。再从国内民航对1951—1991年40年中48起因气象原因发生的飞行事故看出:雷暴直接引起的事故有4起、与雷暴有关的复杂气象14起、积冰5起、风切变2起,共计25起。这些统计数字也充分证明,雷暴仍然是目前航空活动中严重危及飞行安全的重要因素[14]。

在因天气原因造成航班延误方面,大雾天气造成的能见度减低是最主要的因子,约占全年因天气原因延误航班的50.1%。罗忠红等[15]对2009年全国大雾天气造成的航班延误情况统计发现,大雾天气多发期是1月、2月、11月、12月,高峰期是12月,平均每日有13.6个机场受大雾天气影响;其次是 11 月和 2 月,这与航班受影响的情况基本是一致的。5～6 月出现大雾的机场最少,平均每日分别有 3.7 和 5.1 个机场。从地理位置来看,华东管区出现大雾的机场最多,西北管区出现大雾的机场最少;而西南管区出现大雾的时期主要为 11 月和 12 月。此外,不同的机场受大雾的影响程度也不同。以乌鲁木齐国际机场为例,该机场位于乌鲁木齐市区西北侧,海拔 647.7 m,冬季经常出现机场能见度不足百米的大雾。作为国家西部枢纽机场,年旅客吞吐量超过 1 500 万人次,是全国 24 个繁忙机场之一,大雾天气严重影响航班正常率。目前国内机场航班起降的气象条件主要取决于使用跑道号的跑道视程(Runway Visual Range,RVR),乌鲁木齐机场航班起降的标准为:起飞时 RVR 大于或等于 400 m,降落时 RVR 大于或等于550 m,通过民航气象人员统计,当天气不够起飞降落标准时,绝大部分时段对应的主导能见度均小于 500 m。2015 年 1 月 14 日乌鲁木齐国际机场出现主导能见度为 50～500 m 的大雾,10:35—20:12 跑道视程不够飞行起降标准,此次大雾天气造成本场延误 37 班(延误 2 h 以上15 班),备降 50 班,返航 2 班,取消 388 班,机场候机楼滞留大量旅客,对飞行和服务造成很大的影响[16]。

降雪天气会造成机场跑道积雪(冰),这也是影响空运的原因之一,尤其是我国北部地区机场。2009 年 11 月 9—14 日,我国北方出现了大范围的强降雪过程,导致全国 21 个机场关闭,少数机场,例如石家庄机场,更是在 11 月 10—12 日连续 3 天都出现机场关闭的情况。首都机场则经历了两次强降雪过程,降雪量达到暴雪,并在 11 月 9 日和 10 日出现了"雷打雪"现象。11 月 9—12 日首都机场因降雪,共造成 110 多个航班取消,1 500 多个航班延误,20 多个航班返航备降。

1.5.4 对港口海运的影响

港口和邻近水域的作业安全对气象条件非常敏感,受气象灾害直接影响的沉船、桥吊倾覆、雷击事故的发生,会造成高达数百万的经济损失,甚至有严重的人员伤亡。2003 年韩国釜山港受强风影响,集装箱码头上 52 台装卸桥坍塌或出轨,直接经济损失达到 5 800 万美元;2013 年深圳孖洲岛突发强对流天气,致使 8 号泊位作业的 2 名工人死亡、1 名工人受伤;2015 年 6 月1 日"东方之星"受下击暴流影响沉没;2016 年 3 月,Pacific Victor 轮从天津赴上海途中,在长江口等泊期间,遭受恶劣天气的影响,致使舱内 3 000 吨卷钢严重移位,不得不停靠上海罗泾港进行重新绑扎、积载;2016 年 6 月 4 日广元又发生因强对流导致的沉船事件。由此可见,国内外港口及海上水域因突发的强天气导致港口、航运作业的安全事故时有发生,进而引发港口管理问题。

"智慧港口"代表着未来港口的发展方向,世界先进的港口都已开始探寻向智能化港口的转变,包括汉堡、鹿特丹、新加坡、迪拜、上海港等。实现这种转变,各大港口需有效利用数字化技术和产业内外的协作,打造一个"3E 级"港口,即在港口运营上卓越领先(Excel)、在生态圈构建上保持开放(Extend)、在可持续的创新业务上积极拓展(Explore)。根据埃森哲调研分析[17],在港口运营仅码头资源利用这一方面,由于衔接不畅、超时等待等造成的经济损失,以人民币测算约为 70 亿元;若长三角港口在现有基础上再增长 15% 作业效率,则每年可节约成本 10 亿元;码头效率的提升将减少船舶在港时间,降低 10% 的在港时间即可为船运公司节约 14.6 亿元。同时,港口安全重要性凸显,港口安全已不再是单个企业的事情,直接关系到当地城市运营,重大港口甚至关系到国家安全。港口借助数字化新技术,开放协作、高度互联,发达国家开始建立港口社区系统(Port Community System),如德国的 DAKOSY、荷兰的 Portbase、英国的 MCP Plc、法国的 SOGET 和西班牙的 PORTIC 系统,都旨在整合港口相关服务,借助海量的数据积累和大数据分析技术,提升港口的智能洞察潜在风险和智能化协作能力。

国际海事组织(International Maritime Organization,IMO)近年来大力推进 E 航海(E-Navigation)的发展理念。海上和岸上的海事信息、海上服务信息及安全保障能力是 E 航海建设中的一个重要内容。我国航运业处于高速发展时期,港口吞吐量激增,船舶大型化趋势明显。如果一艘大型船舶在港口发生事故,其他船舶都不能靠港,将导致港口瘫痪,不能正常运作,造成巨大的经济损失。大型船舶的操纵和结构特性对保障大型船舶安全进出港提出了严峻挑战。超大型船舶线型尺度大,受风等气象条件影响大于一般船舶,使得其在抛锚、港内航行、靠离泊位的困难和风险都明显增加。大型船舶进行引航服务的引航员登轮地点大多都安排在离港口有一定距离的外海开阔水域。这样的开阔水域一般风浪较大,对特定地点特定时间的气象条件要求较高。对于特殊船舶如 LNG(Liquefied Natural Gas)运输船舶和化学品运输船舶进出港口有着严格的天气条件限制,如在雷雨、暴风雨雪等恶劣气象情况可能侵袭港口时,必须禁止 LNG 运输船舶进港。在进出港航道航行、靠泊、装卸作业、在港系泊、离泊时对风速有不同的限制要求。因此开展上海港及邻近水域的气象灾害(强对流)风险预警技术研究将提升 E 航海工程气象水文服务能力,提高上海港现有的助导航能力。

美国国家海洋与大气管理局(National Oceanic and Atmospheric Administration,NOAA)积极推动"地球系统大数据计划"(Big Earth Data Initiative),包括通过融合港口、海事和气象的大数据,提升港口的集疏运能力。在 2015 年第五届港口气象服务人员国际研讨会的会议总结中,也提出将构建融合电子海图、船舶自动识别系统 AIS、气象、水文、航标动态、智能靠泊、港口信息、海事信息为一体的港口综合服务平台。

越来越多的气象部门认识到,传统的气象要素预报即便非常准确,但因为不了解用户在不同的生产管理环节中对不同气象要素风险控制、明确的气象要素指标、服务的时效节点、气象信息获取手段等方面的要求,使得气象服务没有达到预期效果。

国际上的海洋气象业务,正在经历从传统预报预警向着风险预警业务转变。为了更好地改善现有的气象风险预警业务,世界气象组织正在积极倡导开展极端天气影响预报业务,美国、英国等发达国家已先后制定了极端天气影响预报发展计划,开展了极端性天气影响预报业务。美国国家气象局(NWS)正在推进"时刻准备好应对各类天气事件的国家(Weather Ready Nation)"的项目中提出要大力发展基于影响预报的决策支持服务(IDSS),主要目的就是在原有预报及资料基础上,集成包括社会信息在内的尽可能多的相关信息,并从气象大数据中挖掘更有价值的信息,生成具有更大附加值的精细化预报产品,最终为决策者提供包括预报可信度、防御指引在内的风险预警产品。对于海洋气象业务来说,则是要在气象卫星、雷达、自动气象站的观测和数值加经验外推预报的基础上,集成包括水文、航标动态、码头靠泊、港口信息、海事等在内的相关信息,从气象与海事大数据中挖掘更有价值的信息,生成具有满足"智慧港口"卓越运营和"E航海"助航需求的精细化预报产品,最终为港口管理决策者提供基于上海港及邻近水域的包括气象灾害(强对流)预警、预报信息的可信度、气象灾害(强对流)防御指引在内的风险预警产品。

上海港是我国沿海的主要枢纽港,是我国对外开放、参与国际经济大循环的重要口岸。上海港以 3 653.7 万标箱的吞吐量,连续 6 年稳居世界第一,2018 年上海完成集装箱 4 201 万 TEU 的吞吐量,连续第九年稳居全球第一。上海港与目前世界其他先进的港口都已开始探寻向智能化港口的转变,致力于打造一个"3E级"港口。其中港口运营上卓越领先包括:码头运营智能化、智能桥吊、智能车辆调度、智能泊位和智能闸口等,均需要海事和气象部门提供智能化的保障服务。根据《通用桥式起重机》(GB/T 14405—2011)、《通用门式起重机》(GB/T 14406—2011)、《岸边集装箱起重机(桥吊)安全技术操作规程》《轮胎式集装箱龙门吊起重机安全技术操作规程》等规定,对码头运营相关作业设施的气象条件提出了明确的阈值规定。

据统计,2014 年因天气恶劣而影响上海港口航道运行累计达 1 456.5 h(约占全年 20% 的通航时间),影响洋山港区作业累计达 540.5 h(约占全年 8% 的作业时间)。随着上海国际航运中心的建设、港口进出口贸易的增加,气象灾害的风险和导致的潜在的经济损失也将与日俱增。

目前,港口在生产过程中难免会受到恶劣天气的影响,不能够正常作业,比如大风、大雾、重度霾、暴雪、雷暴、台风等都会影响港口船只的进出港、货物卸载,造成港口压港现象严重,甚至还会造成港口停止作业。这些自然元素给港口企业和货运船只所带来的经济损失非常大,为了降低这种损失,可以根据天气预报来提前预测港口作业状况,为船只提供良好的到港时间和合理的航行规划,这样即能够节省时间,又能避免不必要的损失。

1. 风

我国沿海受台风袭击的地区,南起中国南海,北至辽东半岛。发生时间多在 7~9 月。被袭击地区常有狂风暴雨,沿海岸多出现高潮、巨浪,破坏力很大,港口设施常遭受不同程度的破坏,台风对海岸及河口增水或减水、港口设施以及船舶航期的影响是很大的。

风对船舶航行及装卸作业都有较大影响,各种港口作业所允许的风速参考值见表 1-9。港口作业天数对于港口营运来说非常重要,如果大风超过了港口作业的允许值,这种大风的天数应当扣除。大风持续时间大于 12 h 又不足 24 h 的记为一天,大于 6 h 不足 12 h 的记为半天。

2. 雨

我国沿海降水量分布特征主要表现为北部少、南部多,且多集中在夏季。可见,降水对我国南方港口营运影响很大,尤其是江南梅雨季节时有的地方降雨超过 100 d。

表 1-9 港口作业所允许的风速参考值

作业项目	允许风速	
	风级	风速/(m·s⁻¹)
打桩船、起重船作业	5级	10.7
引航船靠近船舶、引水员上船	6级	10.8~13.8
拖船对船舶强制引水	6级	10.8~13.8
船舶离岸码头作业	7级	13.9
船靠码头门机装卸作业	7级	13.9~17.1
外海疏浚(自航式)	7级	15
船靠码头无装卸作业,横风	8级	17.2~20.7
船靠码头无装卸作业,顺风	8~9级	20.7~24.4

对于不同的货种和包装形式,降水对装卸作业的影响有较大区别。降水对煤、矿石、油等的影响不大,而对于粮食、水泥、杂货、农药、棉花、化肥等影响较大,只要有降雨,必须立即停止装卸。规划中一般认为当日降水量大于 25 mm 时,应该停止装卸。

3. 雾

一般用能见度来表示雾等级的大小,见表 1-10。雾妨碍海面能见度,影响航行安全,不少海损事故发生在雾天。所谓能见度指人正常视力在当时的天气环境下所能见到的最大距离。能见度小于 1 000 m 时,必须停止船舶靠离泊作业(表 1-11)。

表 1-10 能见度等级划分

等级	能见距离		等级	能见距离	
	n mile	m		n mile	m
0	小于0.03	小于50	5	1.0~2.0	2 000~4 000
1	0.03~0.10	50~200	6	2.0~5.0	
2	0.10~0.25	200~500	7	5.0~11.0	
3	0.24~0.50	500~1 000	8	11.0~27.0	
4	0.50~1.00	1 000~2 000	9	大于27	

表 1-11 轮船紧急停车所需安全距离

载重/t	倒车速度	滑行距离/船长	惯性行距/m	载重/t	倒车速度	滑行距离/船长	惯性行距/m
	全速	2.3	370		全速	2.3	580
20 000	半速	3.7	600	100 000	半速	3.8	980
	微速	7.2	1 150		微速	5.7	1 450

载重/t	倒车速度	滑行距离/船长	惯性行距/m	载重/t	倒车速度	滑行距离/船长	惯性行距/m
50 000	全速	1.9	400	200 000	全速	2.7	850
	半速	4.0	870		半速	4.1	1 250
	微速	6.8	1 500		微速	6.6	2 050

4. 霾

霾和雾的影响方式差不多。体现方式为 $PM_{2.5}$ 浓度以及能见度。

5. 雷

雷雨天气,特别是雷雨季节,雷击可能导致设备损坏以及作业人员身体受到伤害。

6. 温度

高温影响露天的正常作业活动,对于港口装卸货物、船的出港入港有着一定影响。在气候变暖的条件下,极端高温天气发生的概率将显著增加,影响一些港口设施设备的安全运行。例如,在高温的条件下,港口道路路面可能会更快地变差,港口机械设备及控制系统等因难以承受更高的温度,而不能正常工作。高温天气将影响港口的自然环境及港口工作人员健康。为保护港口工人在极端高温天气下的安全生产,作业流程及生产操作方式可能需要改变,影响港口的作业效率。

各种天气因素造成的港口停止作业标准见表 1-12。

表 1-12 各种天气因素造成港口停止作业标准

因素	指标	影响
风	7 级以上	停止作业
暴雨	6 小时降雨量达 50 mm 以上	停止作业
雾	能见度小于 500 m	停止作业
霾	空气质量指数在 200 以上	停止作业
雷电	雷电黄色预警	停止作业
高温	最高气温在 35 ℃ 以上	有影响
海冰	−10 ℃	有影响

参考文献

[1] 刘艳霞,孙云霞,张亚平.黑龙江不良天气与交通事故关系研究[J].黑龙江交通科技,2010(10):132-135.

[2] 谢静芳,桑景舜,孟繁强.气象条件对城市交通影响的分析[J].吉林气象,2001(2):37-39.

[3] 谢静芳,吕得宝.气象条件对高速公路路面抗滑性能影响的试验[J].气象科技,2006,34(6):788-791.

［4］李兰,陈正洪,刘敏,等.2008年低温雨雪冰冻对武汉城市公共交通的影响评估[J].长江流域资源与环境,2011,20(11):1400-1404.

［5］罗荣锋.高速汽车侧风稳定性及其影响参数研究[D].长沙:湖南大学,2005.

［6］CHARUVISIT S, KIMURA K, FUJINO Y. Experimental and semi-analytical studies on the aerodynamic forces acting on a vehicle passing through the wake of a bridge tower on cross wind [J]. Journal of Wind Engineering and Industrial Aerodynamics,2004,92(9):191-205.

［7］陈红萍,王少俊,梁运香,等.不良天气下城市交通安全的分析研究[J].太原科技,2008(5):43-45.

［8］李秋林,刘瑞琪.大雾、冰冻等气象灾害对湖南交通安全的影响与应对[J].湖南交通科技,2009,35(3):186-190.

［9］贺芳芳,房国良,吴建平,等.上海地区不良天气条件与交通事故之关系研究[J].应用气象学报,2004,15(1):126-128.

[10]严明良.沪宁高速公路低能见度浓雾特征及其数值模拟研究[D].南京:南京信息工程大学,2011.

[11]TOSHISHIGE F, TATSUO M, HIROAKI I, et al. Wind-induced accidents of trian/vehicle and their measures in Japan [J]. QR of RTRI, 1999,40(1): 50-55.

[12]李富达,黄建苒,樊建民,等.小半径曲线上棚车脱轨安全性研究[J].中国铁道科学,1986,7(2):35-50.

[13]田红旗.中国列车空气动力学研究进展[J].交通运输工程学报,2006,6(1):1-9.

[14]张序.雷暴天气的分析识别及对飞行的影响[J].长沙航空职业技术学院学报,2011,11(2):49-54.

[15]罗忠红,江航东,魏嵩.2009年天气对航班影响分析[J].中国民用航空,2010(7):45-46.

[16]王清平,朱蕾,黄海波,等.乌鲁木齐国际机场一次高影响大雾的成因分析[J].沙漠与绿洲气象,2017,11(6):46-51.

[17]丁嵩冰.智慧港口:带动未来贸易[J].大陆桥视野,2017(5):58-59.

2 城市化与城市气象灾害

2.1 城市发展变化趋势

2.1.1 全球城市化发展进程

  城市是人类文明的象征和社会发展的产物,综合地理学家和经济学家的观点,城市是地球表层以空间和环境资源利用为基础的物质流大量集中的地域,是组织生产、集中进行社会物质生产与交流,人口、经济、科技、文化集中的一定区域范围内的中心地域。

  20 世纪中期以来,全球城市化进程加快,城市人口大幅增长,城市化水平明显提升。20 世纪 50 年代,城市人口仅占总人口的 30%,远远低于乡村人口。到 2007 年,首次出现了城市人口超过乡村人口的现象。目前,全世界有超过一半的人口(54%)居住在城市。至 2050 年,全世界城市人口预计还将增加 25 亿(图 2-1),城市人口占总人口的比例将高达 66%[1]。与此同时,城市化程度较高的国家数目也在增加。在全球 233 个国家或地区中,1950 年,城市化水平超过50% 和 75% 的国家分别只占 24% 和 8%。到了 2014 年,城市化水平超过 50% 的国家或地区占比高达 63%,城市化水平超过 75% 的国家或地区增加到 1/3。

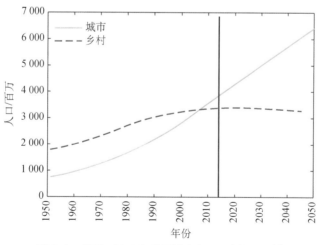

图 2-1 1950—2050 年世界城市人口和乡村人口[1]

  从城市化发展水平的空间分布看,各个国家和地区差异明显。目前,城市化水平最高的地区集中在拉丁美洲、加勒比海地区和北美地区,城市人口超过 80%。其次是欧洲(73%),亚洲和非洲地区城市化水平相对较低,城市人口比例分别只有40%和48%,如图2-2所示。

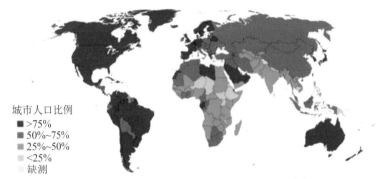

图2-2 2014年居住在城市地区的人口比例[1]

城市人口及其增长速度也存在较大的空间差异,其中,亚洲的城市人口数量最大、增长最快。从城市人口分布看,亚洲的城市人口数量最大,目前居住在亚洲的城市人口占全世界城市总人口的50%左右。其次是欧洲,约占全世界城市总人口的14%,然后是拉丁美洲和加勒比海地区(约13%)。从未来40年城市人口增长速度看,城市人口增长最快的地区是亚洲和非洲。至2050年,非洲的城市人口有望增加2倍,亚洲增加61%,到那时,全世界超过一半的城市人口将集中在亚洲(52%),如图2-3所示。

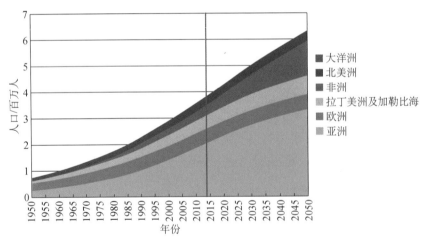

图2-3 1950—2050年,全球主要地区的城市人口[1]

中国是亚洲地区城市人口增长最快的国家之一,也是全球城市化发展最迅速的国家之一。截至2014年,中国的城市人口达7.58亿,占全球总人口的20%,是世界上城市人口最多的国家。至2050年,中国城市人口还将增加2.92亿,相当于2014年世界总人口的39%[1]。全球十大城市中就有两个城市来自中国,即北京和上海。根据预测,至2030年,北京和上海也将分别成为全球第三和第四大城市。因此下文将重点介绍中国的城市化发展。

2.1.2　中国的城市群及其发展进程

城市发展主要有两种形态：一种是单个城市不断扩张形成超级城市；另外一种是多个城市群体化发展形成城市群，即在特定的地理区域内，以 1～2 个大城市或特大城市为核心，依托特定的交通通信条件，多个不同性质、类型和等级规模的城市聚集形成的空间距离近、经济联系紧密、社会功能互补的城市联合体。

近年来，中国的城市逐渐向多个城市连片化发展的城市群落形态发展。截至 2017 年 3 月底，已形成长江三角洲城市群、珠江三角洲城市群、京津冀城市群、中原城市群、长江中游城市群、成渝城市群、哈长城市群、辽中南城市群、山东半岛城市群、海峡西岸城市群等国家级城市群。其中，京津冀城市群、长江三角洲城市群和珠江三角洲城市群是我国发展最早、城市化发展速度最快、城市化水平最高、城市群规模最大的具有代表性的三个特大城市群。因此，本节重点介绍上述三大城市群。

1. 中国三大城市群基本情况

首先，从城市群范围、自然条件和社会经济条件等方面介绍长江三角洲城市群、京津冀城市群和珠江三角洲城市群的基本情况。

1）长江三角洲城市群

长江三角洲城市群（以下简称长三角城市群）是我国最大的城市群，改革开放以来，长三角地区进入了城市化进程快速发展阶段，逐渐形成了以苏锡常、宁镇扬、沪杭甬舟为中心的城市群。2016 年以前，长三角城市群包括江苏省东南部、上海市、浙江省东北部。2016 年国务院常务会议审议通过的《长江三角洲城市群发展规划》将安徽省部分城市也纳入长三角城市群。因此，目前长三角城市群包括 26 市：上海市，江苏省的南京、镇江、扬州、苏州、无锡、常州、南通、泰州、盐城，浙江省的杭州、嘉兴、湖州、绍兴、宁波、舟山、金华、台州，安徽省的合肥、马鞍山、芜湖、安庆、铜陵、滁州、宣城、池州，国土面积 21.17 万 km²，占全国的 2.2%。

长三角城市群位于长江中下游平原，东面临海，地势平坦，多数地区海拔在 10 m 以下，零星分布着一些山地和丘陵，但大多数山地海拔不超过 500 m。该地区受江淮梅雨、副热带高压、夏季风、寒潮等天气系统控制。通常情况下，该地区 6 月中旬至 7 月下旬进入梅雨期，潮湿多雨；出了梅雨期进入盛夏，会出现持续高温、台风、雷暴、局地强对流等灾害性天气。冬季，会出现寒潮、雾、霾等高影响天气。

长三角城市群商品经济发达，人口密度极高，城镇连片化发展的现象十分明显。依托发达的基础设施，长三角城市群是全国最大的外贸出口基地。2014 年地区生产总值达 12.67 万亿元，占全国的 18.5%，综合经济实力在各个城市群中排名第一。长三角城市群人口密度高，截至 2014 年，长三角城市群平均人口密度约为全国平均水平的 2 倍，达到 877 人/ km²，总人口 1.5 亿人，占全国总人口的 11%。平均而言，长三角城市群地区，每 1 800 km² 就有 1 座城市，建制镇的密度更高，达到了 1 座/70 km²[2]。

2）京津冀城市群

京津冀城市群位于华北平原北部,西起太行山,东临渤海,以北京、天津两个直辖市为核心,包括河北省的唐山、保定、秦皇岛、廊坊、石家庄、张家口、衡水、沧州、承德、邢台、邯郸等城市,国土面积为 16.68 万 km²。

从地势条件分析,京津冀城市群地势由西北向东南倾斜,西北部是冀北高原、太行山和燕山等为主的山地、高原和丘陵,海拔多在 1 000 m 以上;中部和东南部以平原为主,大多数地区在海拔 50 m 以下。从气候分区来看,京津冀为温带季风性气候,大陆性特征明显,其特点是季节差异大,春季干旱少雨,夏季炎热多雨,秋季凉爽少雨,冬季寒冷干燥。年平均气温在 4~13℃ 之间,气温空间分布不均,西北部高海拔地区的气温比东南部的平原地区低 6~10℃。降水具有很显著的季节性差异,降水量主要集中在汛期,夏季降水可占全年的 70% 以上。降水量空间差异大,山前迎风坡降水较多,可达 650~850 mm,盆地和平原地区年降水量为 400~650 mm,而内陆的张北高原年降水量一般不足 400 mm。

京津冀城市群地区工业发达,是我国的文化中心。该地区城市人口占全国总人口的 7.24%,工业发达、门类齐全,经济实力在全国排行第 3 位。该地区也是全国知识最密集的区域,在此区域的研发机构占全国总数的 25%,高等院校及情报文件机构的数量达到 1/4,还有 17% 的国企事业单位技术人员,人力资源素质较高[2]。

3）珠江三角洲城市群

珠江三角洲(以下简称珠三角)分为"小珠三角""大珠三角""泛珠三角"三个不同的概念,上述概念对应的城市群范围和成员存在差异。"小珠三角",由广东省委在 1994 年 10 月首次正式提出,包括广州、深圳、珠海、佛山、江门、东莞、中山、惠州和肇庆 9 个城市。《广东省新型城镇化规划(2014—2020 年)》提出,"小珠三角"新增汕尾(深圳特别合作区)、清远、云浮、河源、韶关 5 个城市。"大珠三角"指的是"小珠三角"的原来 9 个城市外加香港特别行政区和澳门特别行政区,形成包含 11 个城市的大经济圈,称为粤港澳都市圈,常说的珠三角城市群即指这个都市群。"泛珠三角"的范围就更大了,在 2003 年正式提出,包括珠江流域地理位置相邻、经济关系密切的福建、广西、江西、湖南、海南、四川、贵州、云南、广东、香港特别行政区和澳门特别行政区,简称"9+2",国土面积 200.6 万 km²,户籍总人口为 45 698 万。但从城市气候研究的角度来看,这个范围显然偏大。因此,下文所指的珠三角城市群均为"大珠三角"区域。

珠三角城市群位于北回归线附近,亚热带地区,属海洋性季风气候,全年湿润温暖,低温天气罕见,各地年均气温在 20~23℃ 之间;无霜期长,南部基本无霜,日照充足,全年 1 500~2 100 h。雨量充沛,年降水量在 1 500 mm 以上,汛期(4~9 月)经常暴雨频发,10 月至来年 3 月为少雨时节。6~10 月受热带气旋影响较多,根据统计结果,登陆广东的热带气旋平均约为 3 个/年,约为登陆我国的热带气旋总数的 40%。

从经济条件分析,珠三角地区外贸发达,制造业实力强。外贸发达是珠三角经济的主要特点,国际贸易的贡献约占其国民生产总值的一半。同时,珠三角地区目前已成为全球有影响力的先进制造业基地和现代服务业基地。

上文针对三个特大城市群的区域范围、地理位置、气候条件、社会经济概况作了简单介绍。城市在发展过程中提供了更多更好的工作机会和生活条件,吸引外来务工人员迁入城市,因此城市常住人口的变化趋势可以一定程度上反映其城市化进程。建成区面积的变化可反映工商业、生活用地等的扩张情况,在一定程度上反映了城市建设情况。因此,下文主要从人口、GDP、能源消耗、城市建成区面积、铺装道路等几个方面重点介绍三大城市群的城市化进程。

2. 典型城市的发展进程

首先以典型城市代表北京、上海和深圳为例,初步了解三大城市群城市化进程。

改革开放至今,北京、上海和深圳的人口都大幅增加,年均增长量达到 32.25 万人,但三个城市人口增长的节奏不太一致(图 2-4)。例如,深圳城市人口快速增长的阶段从 1990 年开始,北京人口快速增长的阶段开始于 2000 年前后。

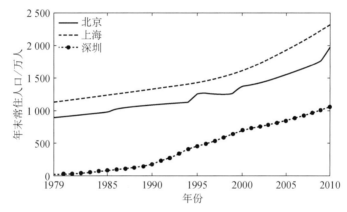

图 2-4　北京、上海、深圳年末常住人口的时间序列[2]

1) 上海

长三角城市群的代表上海位于长江入海口,南面濒临杭州湾,总面积 6 340 km²,截至 2017年,常住人口为 2 418.33 万。上海的城市化进程可以分为两个阶段:慢速发展时期和快速发展时期,前者城市化发展接近停滞,后者城市化发展十分快速。如图 2-5 和图 2-6 所示,20 世纪80 年代中期以前,实有铺装道路面积极少,且无明显增加趋势,同时耕地面积稳定维持在较高水平,说明此阶段城市化进程缓慢,城市化水平较低。20 世纪 80 年代中期之后,特别是 80 年代后期,上海铺装道路面积显著增加,且增加速度逐渐加快,同时耕地面积显著减少,说明城市化进程明显加快。以 1983 年为分界线,将整个时期划分为两个阶段:1960—1983 年和 1984—2007 年,结果显示,铺装道路面积、耕地面积变化趋势(均通过 0.01 显著水平检验)在前后两个阶段的差异均通过了 0.01 的显著水平。后一时期的铺装道路面积显著增加,其增加趋势是前一时期的 122 倍,耕地面积在后一阶段的下降趋势(通过 0.01 显著水平检验)为前一阶段的10 倍。

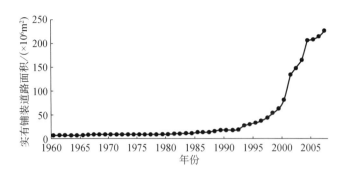

图 2-5 1960—2007 年上海地区铺装道路[3]

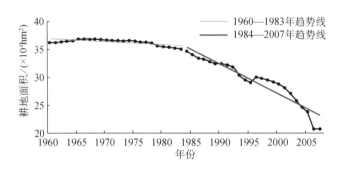

图 2-6 1960—2007 年上海地区耕地面积[3]

2）北京

京津冀城市群的代表北京位于华北平原北部，背靠燕山，毗邻渤海湾，同时受到海陆风和山谷风环流的影响。北京总面积 1.641 万 km²，截至2017 年，常住人口为 2 170.7 万。北京的城市化进程也可分为慢速发展和快速发展两个时期，两个时期的分界点出现在 2000 年前后。与上海相比，北京地区慢速发展时期的城市化并非停滞状态，而是处于慢速推进状态，但北京地区城市化快速发展时期的开始时间晚于上海。以建成区、城市人口、能源消耗等的变化分析北京的城市化进程。图 2-7 给出了 1973—2013 年北京城市中心区的分布以及变化情况[4]。从 1973—2012 年，北京建成区面积从 184 km² 增加到 1 350 km²，如图 2-8所示。1980—2000 年的 20 年间，建成区面积增长

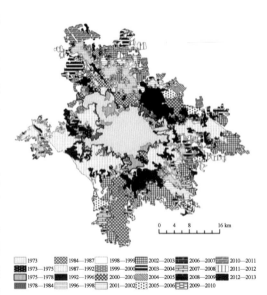

图 2-7 1973—2013 年北京市扩张过程[4]

速度为每年 8.453 km²，而 2000 年之后增长速度达到了约 48.751 km²/年，这表明 2000 年之后，

尤其是 2008 年北京奥运会之前,北京经历了快速城市化增长阶段[5]。

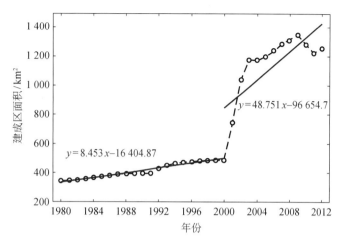

图 2-8　北京市建成区面积时间序列[5]

3）深圳

深圳位于珠江口东岸,东濒大亚湾、大鹏湾,西临珠江口、伶仃洋,属亚热带海洋性气候,总面积 1 997.27 km²,截至 2017 年,常住人口为 1 252.83 万。改革开放以来,深圳经历了快速的城市化发展阶段,30 年间,GDP 增长了 1 000 多倍,年均增长率达到了 24.5％。

综上所述,近几十年来,上海、北京和深圳均经历了快速城市化过程,但发展速度、发展过程、城市化水平、城市空间扩张特征等存在较大差异。从城市空间扩张特征分析,北京地区呈现单中心"摊大饼"式扩张,而上海呈现"卫星城"式多中心同时扩张的特征[6]。从城市规模(建成区面积和常住人口)看,北京和上海是深圳的 2 倍左右。

可见,三大城市群地区的城市化进程和城市扩张模式可能存在较大差异。下文从城市化进程和城市群空间分布两个方面,重点介绍三大城市群整体发展情况。

3. 中国三大城市群发展进程

首先,通过研究近 30 年来三大城市群能源消耗、人口、建成区面积、GDP 等指标的变化情况,分析三大城市群城市化发展的时空特征[2]。出于数据获取和研究方面的考虑,三大城市群的统计范围如下:河北省和北京、天津两市作为京津冀城市群的研究区域,N34°以南江苏省地区、上海市和浙江全省定义为长三角城市群的研究区域,广东全省作为珠三角城市群的研究区域。考虑到秦岭—淮河一线位于 N34°附近,秦岭—淮河一线以南和以北地区气候差异较大,江苏省 N34°以北地区不纳入此项研究的长三角城市群。

从常住人口变化分析,1978—2010 年,长三角城市群和珠三角城市群的增长量比较接近,分别为约 148 万人/年和 163 万人/年,均高于京津冀城市群(115 万人/年)。京津冀地区的常住人口数由 6 652 万增长到 1.045 亿,长三角城市群的常住人口数由 1.07 亿增长到 1.56 亿,珠三角城市群的常住人口数则实现翻倍(从 5 064 万至 1.044 亿)。

针对 GDP 及其增长速度的分析表明,珠三角城市群 GDP 增速最快,长三角城市群 GDP 最大。至 2010 年,长三角城市群的 GDP 超过 2 万亿元,与其他两个地区的总和相当。研究时段内,珠三角城市群 GDP 的增长速度最快,年均增长率为 13.5%,京津冀城市群 GDP 的增长速度最慢,年均增长率为 10.8%。

能源消耗情况与 GDP 类似,从总量分析,长三角城市群用电量始终高于其他两大城市群。从用电量增速分析,研究时段内,珠三角城市群用电量的增速是三大城市群中最快的,1985 年珠三角城市群的用电量仅为京津冀的 40%,到了 2010 年,珠三角城市群的用电量达到了与京津冀城市群相当的水平。但是,珠三角城市群电量增速最近 10 年明显放慢,可能与该地区产业结构调整和工业节能降耗的推进有关。

从城市建成区面积的变化趋势反映(不包括县级市和县,只统计地市级),研究时段内,京津冀、珠三角和长三角城市群的人造下垫面面积均持续增加,建成区面积分别增长了 3 倍、7.5 倍和 6 倍(图 2-9)。进一步分析发现,三大城市群地区建成区面积增长的进程存在较大差异。京津冀城市群发展较早,1994 年之前京津冀城市群的建成区面积在三大城市群中一直居于首位,但其建成区面积的增长速度较慢,逐渐被长三角城市群和珠三角城市群赶超,到 2010 年,京津冀城市群的建成区面积是三个城市群中最小的。长三角城市群建成区面积的增长速度较快,1994 年之前长三角城市群建成区面积小于京津冀城市群,但至 21 世纪,建成区面积已远远超过其他两大城市群。珠三角城市群建成区面积增长速度也较快,1986 年时,珠三角城市群建成区面积还不足京津冀城市群的一半,至 2005 年之后,珠三角城市群的建成区面积已增长至与京津冀城市群相当的水平。

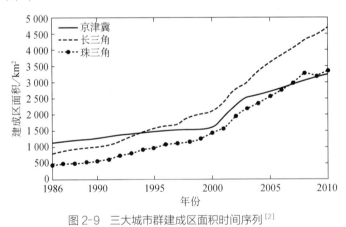

图 2-9　三大城市群建成区面积时间序列[2]

综上,三大城市群地区城市规模不断扩大,城市化进程日趋加快,其中珠三角城市群的城市化速度最快,长三角城市群城市化程度现阶段最高。

4. 中国三大城市群空间分布特征

上文已经详细分析并对比了三大城市群的城市化进程,下文重点围绕城市空间分布展开,以了解三大城市群的城市扩张特征。

　　为了研究城市空间分布特征,聂安祺[2]定义了一个标准化城市化因子:各台站各年常住人口数除以1986年城市群区域平均人口数得到的无量纲比值。针对标准化城市化因子作EOF分解,三个城市第一模态的方差贡献率均为98%左右,因此可作为城市化典型模态,用于表征城市化进程和城市化水平的空间分布特征。2000年之后这些模态对应的时间系数均为正值,且持续增加。

　　结果显示,三大城市群空间结构存在显著差异,如图2-10—图2-12所示。京津冀城市群的城市带表现为双极值特征,分别位于石家庄和北京—天津,其他城市化程度较高的区域位于双极值附近,整体表现为西南—东北走向的城市带,从太行山东麓一直到达渤海湾;长三角城市群整体表现为“之”字走向的城市带,城市主要集中在30°N~32°N之间的区域,从南京至上海和杭州附近,大值中心有3个,分别位于南京、上海和杭州;珠三角城市群位于珠江口的平原地区,从珠江口向西北延伸到广宁、高要,此外,粤东的汕头和雷州半岛的湛江也有2个大值中心。

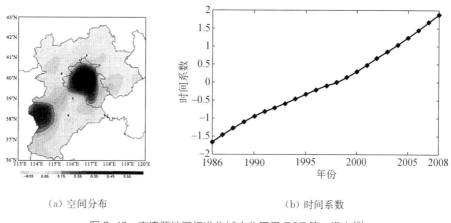

(a) 空间分布　　　　　　　　(b) 时间系数

图2-10　京津冀地区标准化城市化因子EOF第一模态[2]

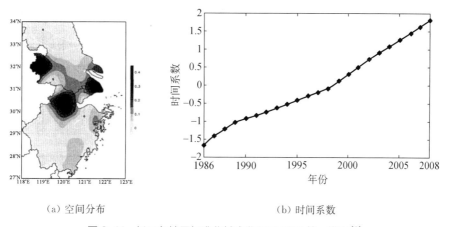

(a) 空间分布　　　　　　　　(b) 时间系数

图2-11　长三角地区标准化城市化因子EOF第一模态[2]

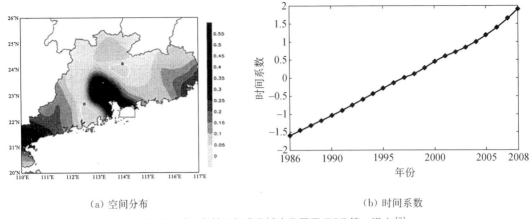

（a）空间分布   （b）时间系数

图 2-12　珠三角地区标准化城市化因子 EOF 第一模态[2]

　　研究表明,过去几十年,全球范围都经历了快速城市化进程。中国是全球城市化进程最快的国家之一,根据预测,未来几十年,中国仍然是城市化发展最快速的国家之一。中国的城市化具有连片化发展的城市群特征,近年来,在中国东部沿海地区形成了长三角、京津冀、珠三角三个特大城市群,上海、北京和深圳分别是上述城市群的典型及核心城市,三大城市群的城市化进程及其空间分布特征存在显著差异。

　　城市化进程伴随着城市人口增加、下垫面性质改变、工业发展等过程,这些过程导致城市地区的大气热力、动力、水汽等条件与乡村地区存在很大差异,下节将针对这一问题展开。

2.2　城市与乡村的差异

　　城市与乡村的差异主要表现在以下几个方面:城市地区人造下垫面替代自然下垫面;社会生产排放人为热;工业生产、交通等活动排放气溶胶。下文从下垫面、人为热和气溶胶三个方面分别阐述城市与乡村的差异。

2.2.1　下垫面

　　与自然下垫面相比,城市下垫面植被减少,人造下垫面增多,建筑物密集,高大建筑物多。这些变化引起地表反射率、粗糙度、含水量、热力性质等发生显著变化。

　　城市地区建筑物密度高,天空视域被遮挡,天空可见因子(Sky View Factor,SVF)远低于空旷地区。图 2-13(a)显示了上海世博园区土地利用类型分布,可见园区内地物类型较为复杂。图 2-13(b)为世博园区的天空可见因子空间分布,SVF 低值区集中于园区的北部和东部,这些区域高大建筑物密度较大;西南部和中部区域建筑物稀疏,以开阔的广场为主,SVF 普遍较低。在建筑物密集地区,入射太阳辐射在反射回大气前被下垫面和建筑物墙体多次反射,使得反射至高空的太阳辐射减少,而到达地面(或冠层)的太阳辐射增加,这称为"截陷"效应。因此,城市的地表反照率低于乡村,能吸收更多的短波辐射,同理,城市下垫面对长波辐射也有"截陷"效应。因此,城市地区获得的大气净辐射多于乡村。

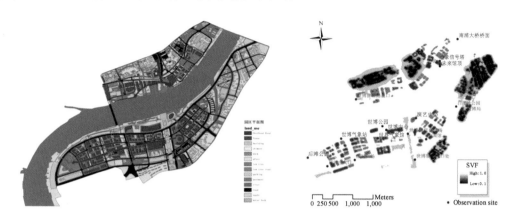

(a) 上海世博园区平面图,其中阴影颜色表示土地利用类型　(b) 上海世博园区天空可见因子空间分布图

图 2-13　上海世博园区平面图及天空可见因子空间分布图

城市下垫面植被比乡村下垫面少,蒸腾作用减少,人造下垫面多为不透水下垫面,蓄水能力弱,蒸发作用弱,所以城市地区潜热减少。人造下垫面材料以水泥、柏油、钢筋、玻璃、砖瓦等材料为主。这些材料的热容量和热惯性等热力性质与自然地表存在很大差异,把辐射转化为感热的能力及其存储太阳辐射的能力强于自然下垫面。

城市地区下垫面粗糙度比乡村地区大。例如,Thielen 等[7]的研究表明,巴黎市中心下垫面粗糙度在 2 m 左右,其周围乡村地区仅为 0.2 m。粗糙度的定义主要有两种:空气动力学粗糙度和形态学粗糙度。空气动力学粗糙度是指风速为 0 的某一几何高度,通常风速为 0 的位置在离地面一定高度处,这一高度定义为空气动力学粗糙度,空气动力学粗糙度是研究地气相互作用非常重要的空气动力学参数。形态学粗糙度主要指下垫面凹凸不平的程度。

2.2.2　人为热

城市地区工业生产、交通、居民供暖制冷等活动排放大量人为热。随着城市化进程推进,城市地区人为热排放量逐年增加。朱新胜等[8]分析了江苏省人为热排放的时空分布特征。结果显示(图 2-14),1990—2013 年,江苏省人为热排放持续增加,2013 年的人为热排放量比 1990 年

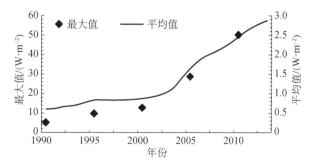

图 2-14　江苏省人为热年均排放量的区域平均值和空间最大值的变化曲线[8]

(0.59 W/m²)增加近 4 倍,达到 2.85 W/m²。进一步分析发现,2002 年之后,人为热排放量的增长趋势显著高于 2002 年之前的年份,这与该省 2002 年之后经济和能源消费快速增长有关。

随着人为热排放量的增加,人为热排放空间分布的区域性增强。以江苏省为例,1995 年,人为热排放空间分布比较均匀(图 2-15),大部分地区年均人为热排放量不超过 1.5 W/m²,江苏中南地区略高(大于 2 W/m²)。2000 年,人为热排放仍集中在江苏中南部的城市地区,江苏北部部分城市也有增加。至 2005 年,苏南地区人为热排放增长速度加快,且城市之间的郊区人为热排放量也显著增加,超过 2 W/m²。虽然苏北的徐州、淮安等地也有较大的人为热排放量,但总体而言,其热排放量低于苏南地区。2010 年,江苏省各地的人为热排放量基本都超过 2.5 W/m²,苏南仍高于苏北,大部分地区超过 5 W/m²,主要城市附近数值大于 10 W/m²。

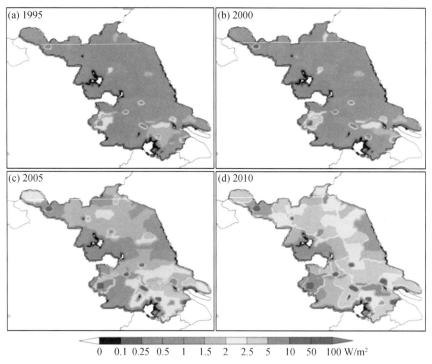

图 2-15　1995 年、2000 年、2005 年、2010 年江苏省人为热排放的空间分布（单位: W/m²）[8]

2.2.3　气溶胶

城市化引起的另一个问题是气溶胶的排放增多。大气气溶胶是指悬浮在空气中的液态或气态颗粒物的总称。2016 年,中国 388 个地级及以上城市中,城市环境空气质量超标的城市达 75.1%[9]。曹国良等[10]计算中国大陆 2007 年高时空分辨率的颗粒物及污染气体排放源清单,结果表明(图 2-16),颗粒物及污染排放强度呈现东高西低的特征,作为我国主要农业产区的东北及工业发达的华东沿海地区,明显高于工业不发达的西部及内蒙古地区。仔细分析发现,三大城市群颗粒物和污染排放强度比周围地区更高。

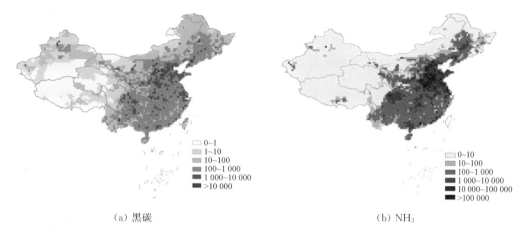

（a）黑碳　　　　　　　　　　　　　　（b）NH₃

图 2-16　中国区域 2007 年排放的网格图（空间分辨率：0.5°×0.5°）（单位：t/网格）[11]

　　研究表明，城市地区下垫面、人为热和气溶胶排放等均与乡村地区存在显著差异，表现为：①人造下垫面增多，建筑物密集，因此地表反射率减小，粗糙度增加，含水量减少；②人为热排放量快速增加；③颗粒物及污染气体排放增多。

2.3　城市化天气气候效应

　　下垫面性质改变、人为热及气溶胶等排放增加，会从地表能量平衡、水汽收支、动力、微物理过程等多个方面影响大气，最终影响天气和气候。本节将从气温和降水两个方面分析城市天气气候效应。

2.3.1　气温

　　根据第 2.2 节可知，与自然下垫面相比，城市下垫面具有较小的反射率、较弱的蒸发蒸腾过程，同时工业、交通和商业等人类活动产生人为热，所以城市地区净辐射通量高于自然下垫面，人为热排放增加，潜热减少，感热增加，导致城区气温比周围郊区高。

　　1.城市热岛及热岛强度的定义

　　1）城市热岛的定义

　　在温度空间分布图上，市区呈现一个明显的高温区，称为城市热岛。19 世纪初，Lake Howard[11] 对伦敦市区和邻近郊区的气象记录发现，市中心的气温比郊区高，提出"城市热岛"概念。后来，越来越多的学者在不同城市发现"热岛效应"现象，据统计，到目前为止，已在 1 000 个以上不同规模的城市中发现了这一现象，遍及南、北半球各纬度地区。

　　2）城市热岛强度的定义

　　关于热岛强度的计算，目前尚无统一标准，一般通过评估城市站和参考站的温度差异，分析城市化对温度的影响。通常使用（高度为 1.5 m）百叶箱内的空气温度（即地面气温）来计算城市热岛强度,采用日平均气温、最高气温、最低气温或者月平均气温、年平均气温等要素均可。随着卫星遥感资料的广泛使用,地表温度也常被用于相关研究。

城市热岛强度计算方法主要有城乡差异法(Urban Minus Rural,UMR)、地面观测与再分析资料的差异(Observation Minus Reanalysis,OMR)、滑动空间距平(Moving Spatial Anomaly,MSA)以及数值模拟等几种。UMR 计算城市站和乡村站的温度差,OMR 计算站点观测资料与再分析资料的差异,MSA 计算城市站点与气候背景(区域平均)温度差异。数值模拟研究通过开展敏感性试验,分析城市化对温度的可能影响。

在研究过程中需要综合考虑研究目的、数据条件等情况,选择合适的方法。

2. 典型城市的城市热岛效应

城市热岛时空分布特征与城市地理位置、气候背景、城市化进程、城市空间格局等因素密切相关。下文以城市群地区典型城市代表上海、北京等为例,介绍城市热岛时空分布特征。

1)上海

从城市热岛空间分布分析,上海的城市热岛呈现多中心的特征。沈钟平等[12]分析上海地区城市热岛空间分布特征的结果表明(图 2-17),上海城市热岛强度较大的区域不局限于市中心,而是扩展至整个市区及其附近地区,并向西南方向延伸,进一步分析发现,城市热岛表现出"多中心"特征[如图 2-17(a)中蓝圈标示],分别为市中心的主热岛中心,闵行北部及松江南部的次热岛中心。这与上海"卫星城"式发展模式对应,市中心的热岛与主城区的发展有关,两个次热岛中心可能与"松江新城""大虹桥"板块等新城建设项目有关。

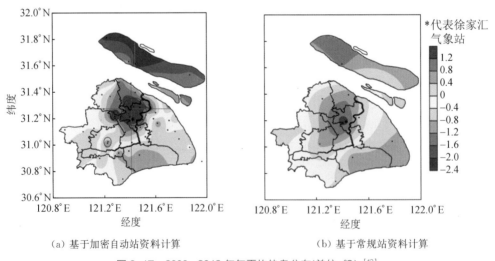

(a) 基于加密自动站资料计算 (b) 基于常规站资料计算

图 2-17 2006—2013 年年平均热岛分布(单位: ℃)[12]

从城市热岛强度的长期变化趋势分析,上海城市热岛效应显著增强,且城区热岛强度增加速度大于郊区。将城市站与乡村站温度差异定义为城市热岛,郊区站与乡村站的温度差异定义为郊区热岛。图 2-18 显示,研究时段内,城区热岛和郊区热岛均持续增强,热岛强度的平均增长率分别为 0.28℃/10 年和 0.20℃/10 年。

　　从热岛的季节分布分析,城市热岛强度有显著的季节差异。城区热岛和郊区热岛的季节变化特征一致,均呈现出 10 月份最强、6 月份最弱的特征(图 2-19)。

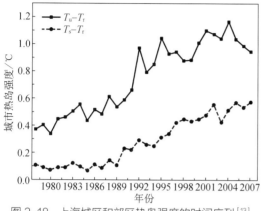
图 2-18　上海城区和郊区热岛强度的时间序列[13]

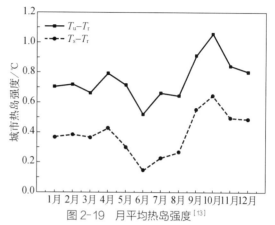
图 2-19　月平均热岛强度[13]

2) 北京

　　北京温度空间分布特征与其地形、城市空间格局密切相关,热岛主要集中在四环以内主城区。基于 2008—2012 年的自动站观测资料,计算北京地区城市热岛空间分布,结果如图 2-20 所示[14]。夜间[北京时间 20:00—07:00,图 2-20(a)],西部山区为温度低值中心,而城市地区为温度高值中心。另外,城区温度的空间非均匀性高,工业发达、人口密集的地区(集中在二环与四环之间),温度比其他地方都高(最大达 25.4℃),而城市公园绿地的温度则相对较低。白天[北京时间 08:00—19:00 LST,图 2-20(b)],西部山区仍为温度低值中心。但城市地区温度空间分布与白天不同,四环东侧和南侧附近仍为温度较大值区域,温度最大值中心却移到了老城区内(二环内,峰值 29.3℃)。

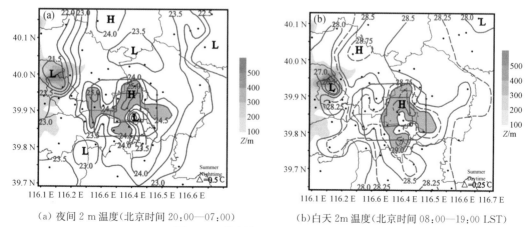

（a）夜间 2 m 温度(北京时间 20:00—07:00)　　　　（b）白天 2m 温度(北京时间 08:00—19:00 LST)
图 2-20　北京地区 2008—2012 年夏季

注:图中红色实线标示二环和四环,绿色填色为海拔高度(m),H 和 L 表示温度高值中心和低值中心,红色填色为城市地区温度最大值区域[14]。

从时间分布特征分析,北京城市热岛存在显著的日变化和季节变化。Dou 等[14]将城市站(四环内 26 个站点)与乡村站(7 个乡村站)平均温度的差异定义为热岛强度。结果表明,北京地区夏季日平均城市热岛强度为 1.25℃。北京白天的城市热岛强度为 0.8℃,而夜间城市热岛强度可达 1.7℃。Meng 等[4]基于 2003—2015 年 MODIS MOD11A2 和 MYD11A2 3 级遥感产品(地表温度,时空分辨率为 8 d,1 km),将北京城区平均地表温度(单位:K)与郊区平均地表温度之差定义为地表城市热岛强度(单位:K),结果表明,白天夏季(6~8 月)地表城市热岛强度均显著高于其他季节,夏季平均热岛强度为 3.47 K。春季和秋季的平均热岛强度比较接近,分别为 1.87 K 和 1.63 K。冬季热岛强度为全年最低,仅为 0.7 K。夜晚地表热岛强度季节变化相对比较弱,研究时段内,热岛强度稳定在 1~2 K 范围内。总体而言,秋季的热岛强度最小,平均 1.4 K,春季和夏季的热岛强度最大,平均为 1.7 K(图 2-21)。

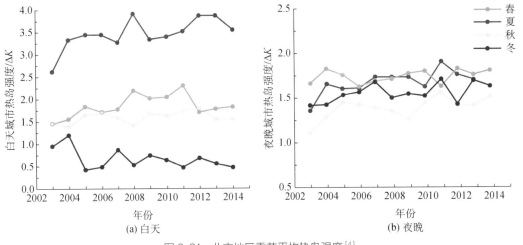

图 2-21　北京地区季节平均热岛强度[4]

3. 中国三大城市群热岛时空分布特征及其物理机制

由上可知,作为京津冀城市群和长三角城市群典型代表的北京和上海,二者的城市热岛时空变化特征存在显著差异,与各自的城市化进程、空间分布等密切相关。因此,下文有必要重点讨论三大城市群地区的热岛时空分布特征。

三大城市群发展可能引起中国东部地区出现区域性增温现象,其中三大城市群为中国东部增暖最明显的地区。吴凯[15]基于 1979—2008 年均一化温度资料分析了中国东部城市群热岛特征,结果表明,研究时段内中国东部地面气温明显增暖,年均增温率达 0.5℃/10 年。城乡增温趋势差值为 0.057℃/10 年,说明城市化对区域增暖的贡献率可达 11.4%。为了进一步研究城市群发展对温度长期变化趋势的影响,利用 MSA 方法对冬夏地面气温变化趋势进行分析,结果表明,中国东部增暖中心与城市群有很好的对应关系。夏季,增暖中心位于内蒙古中东部和长三角城市群地区;冬季,增暖中心位于京津冀城市群地区(图 2-22)。

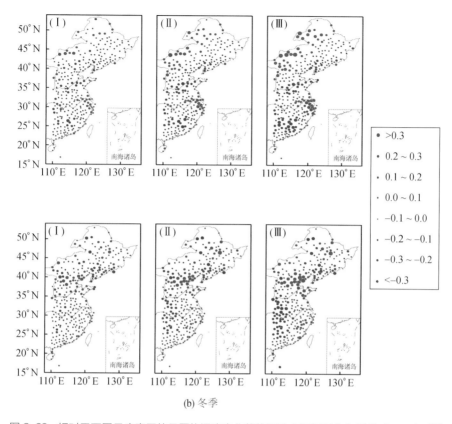

(b) 冬季

图 2-22　相对于不同尺度窗区的日平均温度变化趋势滑动空间距平分布(单位: ℃/10 年)[15]

注: Ⅰ,Ⅱ和Ⅲ分别表示相对 8°×8°,12°×12°和 16°×16°窗区滑动空间距平

　　这种大范围的增暖还存在季节性变化。从增温强度看,春、秋季区域增暖趋势较强,冬季较弱。从增温的空间均匀性分析,夏季[图 2-23(b)]和冬季[图 2-23(d)]增温的空间非均匀性大于春季[图 2-23(a)]和秋季[图 2-23(c)]。

　　从城市群热岛空间精细结构看,热岛最大值中心位置与城市分布有关,城市群热岛的强度很可能强于单个城市的热岛。赵亚芳等[16]基于常规气象站观测资料、卫星遥感资料、模式模拟等多种手段分析苏锡常地区城市群热岛特征,结果发现苏锡常城市群热岛范围扩至整个城市群区域,同时存在三个最大值中心,分别对应苏州、无锡和常州(图 2-24)。

　　上述城市群热岛现象的形成与城市群地区下垫面改变、大量人为热排放等密切相关。Wang 等[17]利用 WRF/UCM 模式,通过加入人为热强迫(AH)以及改变下垫面等方式开展敏感性试验,从人为热排放、城市下垫面变化等角度分析城市群热岛的形成机制。结果表明,冬季延伸至整个长三角地区的增暖带主要受人为热影响,而夏季这种区域性增暖现象主要由城市冠层效应引起。在人为热和城市冠层作用的共同影响下,无论是冬季还是夏季,长三角城市群都存在区域增暖(图 2-25),夏季城市群热岛最大值中心达到 1.9℃,冬季为 1.6℃;其中人为热的贡献率分别为 22.91% 和 69.51%。

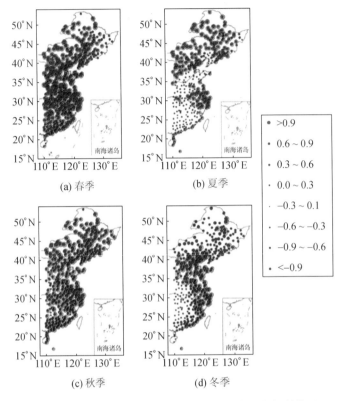

图 2-23　1979—2008 年季节平均地面气温变化趋势的空间分布(单位: ℃/10 年)[15]
注:实心圆表示数值大小,空心圆表示通过 95％置信度检验的站点

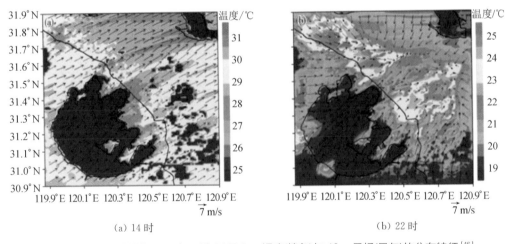

(a) 14 时　　　　　　　　　　(b) 22 时

图 2-24　WRF 模拟的 2010 年 5 月 24 日 2 m 温度(填色)与 10 m 风场(风矢)的分布特征[16]

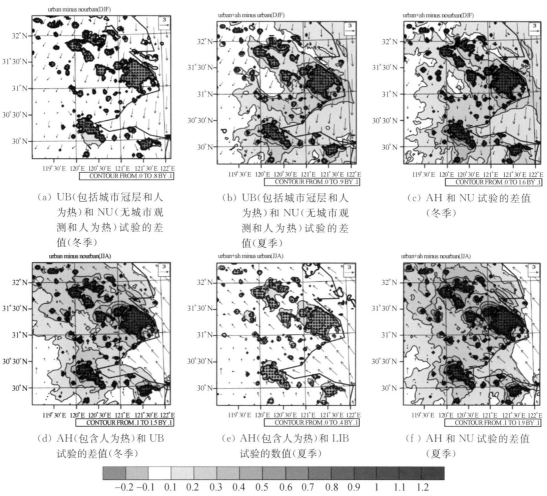

(a) UB（包括城市冠层和人为热）和 NU（无城市观测和人为热）试验的差值（冬季）

(b) UB（包括城市冠层和人为热）和 NU（无城市观测和人为热）试验的差值（夏季）

(c) AH 和 NU 试验的差值（冬季）

(d) AH（包含人为热）和 UB 试验的差值（冬季）

(e) AH（包含人为热）和 LIB 试验的数值（夏季）

(f) AH 和 NU 试验的差值（夏季）

图 2-25　WRF 模拟的冬季和夏季 2 m 温度差值（填色，单位为℃）和 10 m 风场（风矢，单位: m/s）[17]

2.3.2　降水

早在 1920 年，Horton[18] 就提出大城市附近更容易产生暴雨。接着，Changnon[19] 提出拉波特(La Porte)城市发展最快速期间，城市地区存在异常的降水量大值区。这些早期观测事实初步揭示了城市地区的降水与其他地区可能存在差异。

城市地区降水与周围地区有何差异，这个问题十分复杂，城市化对不同类型、不同时段降水的影响可能与其对总降水的影响有很大差异，很难得到一致的结论。因此，本小节除了阐述城市化对总降水的影响外，还从不同类型降水以及降水日变化等角度分别论述城市化对降水的可能影响。

1. 城市雨岛

城市化可能导致城市及附近地区降水增多。Changnon[20] 1971—1975 年主持的大城市气象综合试验(Metropolitan Meteorological Experiment，METROMEX)，针对圣路易斯、芝加哥、克利夫兰、印第安纳波利斯、华盛顿、休斯顿、塔尔萨和新奥尔良8个城市,研究城市化对降水的影响,结果显示,城市下风向50～75 km区域的降水量比背景场高5%～25%。图2-26显示,从圣路易斯城市中心向东25 mile①处的饼状区域降水增加。试验期间,在圣路易斯、芝加哥、克利夫兰、华盛顿等地均发现了城市地区降水与周围乡村存在差异。

城市地区降水与周围郊区存在差异,可能与城市热岛效应密切相关。Shepherd[21]利用地球静止环境卫星(Geostationary Operational Environmental Satellite,GOES)红外波段(通道2,波长3.9 μm)图像和热带降雨测量任务(Tropical Rainfall Measuring Mission,TRMM)卫星资料,分析了城乡降水差异与城市热岛的对应关系。首先,Shepherd[21]基于如下假设,设计了一个理论坐标(图2-27):①城市热岛效应导致中心城区附近25 km范围内降水增加;②中心城区下风向25～75 km处、125°扇形区域为热岛效应影响最大的区域(Maximum Impact Area,MIA);③中心城区上风向25～75 km的区域被定义为"上风向控制区(Upwind Control Area,UCA)";④垂直于盛行风方向的地区,约50 km²的区域定义为弱-无城市化影响的区域(Minimal to No Impact,MNI)。基于上述坐标系,作者选择亚特兰大、蒙哥马利、那什维尔、圣安东尼奥等城市进行研究。

分析结果表明,城市热岛下风向地区降水可比上风向地区高25%～51%。图2-28显示,与沿州际35(I-35)走廊分布的多个城市(达拉斯、韦科、奥斯汀、圣安东尼奥)以及休斯敦地区,存在显著的热岛现象。在达拉斯、韦科、奥斯汀和圣安东尼奥的东部或东北部30～100 km处为

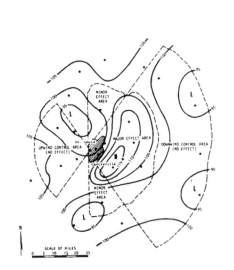

图2-26 圣路易斯地区1949—1968年平均
夏季降水(乡村站/城市站)[20]

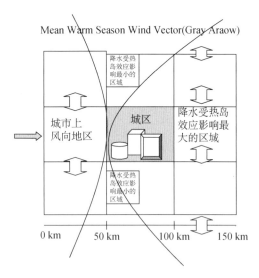

图2-27 定义城市、城市上风向、城市下风向
热岛效应影响最显著区域的理论坐标系
图左灰色箭头为盛行风[21]

---

① 1 mile≈1.609 km。

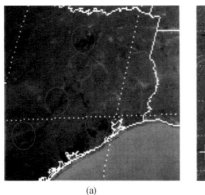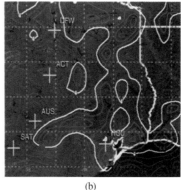

(a)　　　　　　　　　　　　(b)

图 2-28　城市热岛现象[21]

注：(a) 德克萨斯州地区，GOES-IR 3.9 μm 通道的图像。圆圈标示的颜色最深的区域为达拉斯、韦科、奥斯丁、圣安东尼奥和休斯敦的城市热岛；(b) 15 月平均的暖季降水强度(2 km 高度，基于分辨率 0.5° 的 TRMM 降水雷达数据)。红色的值大于或等于 4.2 mm/h。蓝色的值小于或等于 3.6 mm/h。

降水相对大值中心。而这些城市的西侧则为降雨量相对低值中心。在加尔维斯顿湾(休斯敦附近)的西侧和东侧地区均观察到降水大值中心。作者认为，两个中心中至少一个是受城市热岛效应影响导致的。在达拉斯地区，城市下风向地区(MIA)和市中心的降水强度分别比城市上风向(UCA)大 32% 和 24.7%，韦科市下风向(市中心)比其上风向地区降水强度大 51.1%(14.7%)，圣安东尼奥的下风向(市中心)的降水强度则比其上风向地区高 25.5%(-27.7%)。由于奥斯汀的 MIA 区域与圣安东尼奥的 MIA 有部分重合，因此该地区城市对降水的影响不再单独描述。

上述结果表明，城市下风向地区降水增加的区域与城市热岛有较好的对应关系。为了进一步证明上述降水增加现象与城市热岛的关系，还需要去除大尺度天气背景的影响。Mote 等[22]采用天气分型方法(SSC)将研究时段内(2002—2006 年夏季)的天气类型分为七种：极地干燥型(DP)、中纬干燥型(DM)、热带干燥型(DT)、极地湿润型(MP)、中纬湿润型(MM)、热带湿润型(MT)以及热带高湿型(MT+)，还有一种过渡型(TR)，过渡型是指从一个气团到另一个气团过渡的时期。为了去除背景天气系统的干扰，学者选取了热带湿润型(MT)和热带高湿型(MT+)两种天气形势的样本(占总样本数的 42.6%)进行分析，结果如图 2-29 所示，市区西侧大部分地区(除去雷达站附近地区)，降水少于 4.5 mm。但市中心及附近其他地区，例如，市中心东侧 40~80 km 处高速公路(75 号、85 号和 20 号公路)交界的地区、市区东北侧和东南侧都存在降水大值中心。根据研究时段内的盛行风向，将亚特兰大划分为西部(上风向)、中部(城区)和东部(下风向)，三个区域的区域平均日降水量分别为 3.1 mm，4.4 mm 和 4.5 mm。城区和下风向地区的降水量都比上风向地区高，其中上风向地区降水量比城区少 30%。上述结果表明，在大尺度天气系统比较弱的情况下，城市下风向仍然存在降水增加的现象。

综上，城市化很可能对降水有重要影响，导致城市及附近地区降水与周围乡村存在差异。但是城市化对降水具体有何影响，是气候背景、地理位置、城市范围、城市形状等多种因素综合

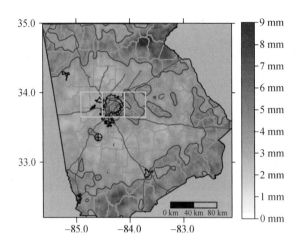

图 2-29　基于 KFFC 雷达资料计算的 2002—2006 年 6—8 月 MT 和 MT+ 天气
类型出现时的 194 天平均的日降水量（填色）[22]

注：蓝色实线对应 4.5 mm 等值线。+ 和圆圈标示雷达站位置。黑色实线、
灰色实线、红色实线分别标示市区、乡村和高速公路的位置

作用的结果，十分复杂，下文将介绍中国地区部分城市的研究结果。

2. 典型城市的城市雨岛效应

1）上海

城市化可能导致上海地区出现城市雨岛现象，而且城市化快速增长期，城市雨岛（中心城区降水量大于郊区）的现象更加明显。为了研究城市化对降水的影响，梁萍等[3]利用上海地区 11 个站点 1960—2007 年的逐日降水资料进行分析。为了深入分析降水的空间非均匀性特征，定义标准化相对降水量[式（2-1）]：

$$R_{ni} = (P_{ni} - P_n)/\sigma_n$$
$$n = 1960, 1961, \cdots, 2007; \ i = 1, \cdots, 11 \qquad (2-1)$$

式中　n——年号；

　　　i——测站序号；

　　　P_{ni}——第 n 年第 i 个测站的实测降水量；

　　　P_n——第 n 年的所有站点平均降水量；

　　　σ_n——第 n 年降水量空间标准差。

图 2-30 显示，在缓慢增长期（1984 年以前），年降水量空间分布较均匀，大部分站点的标准化相对降水量为正（降水量偏多），中心城区的降水量与周围地区（如郊区闵行站）差异不大。但在快速增长期（1984 年以后），中心城区标准化相对降水量明显比前一时期大，例如徐家汇站相对年降水量达 0.78，中心城区和郊区相对降水量的差异也更显著。

上述城市雨岛效应还存在季节差异，夏季和秋季城市雨岛效应更明显。总体而言，夏季[图 2-31（c）和图 2-31（d）]，降水量呈现中心城区大于郊区的雨岛特征，而且进入城市化快速发展

时期以后,城市雨岛特征更加显著。例如,城市化缓慢发展时期,郊区嘉定站的相对降水量为
0.567,显著高于区域平均值,中心城区徐家汇站的相对降水量为 0.444,略高于区域平均值。城
市化快速发展时期,郊区嘉定站的相对降水量变为比区域平均值低,而城区徐家汇站的相对降
水量仍高于区域平均值,达 0.685,同时降水量偏多的站点数减少了,说明这一时期降水更加集
中。秋季与夏季类似,城市化快速发展时期,秋季降水量最大值出现在市区徐家汇和浦东站,标
准化相对降水量分别为 0.555 和 0.486。但是冬季[图2-31(a)和图 2-31(b)]降水量呈现南多北
少的空间分布特征,两个时期的差异不大。春季与冬季类似。

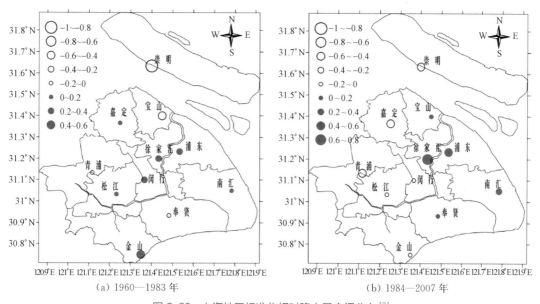

(a) 1960—1983 年　　　　　　　　　　　(b) 1984—2007 年

图 2-30　上海地区标准化相对降水量空间分布[3]

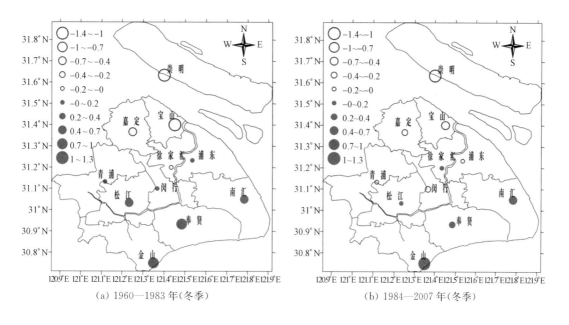

(a) 1960—1983 年（冬季）　　　　　　　　(b) 1984—2007 年（冬季）

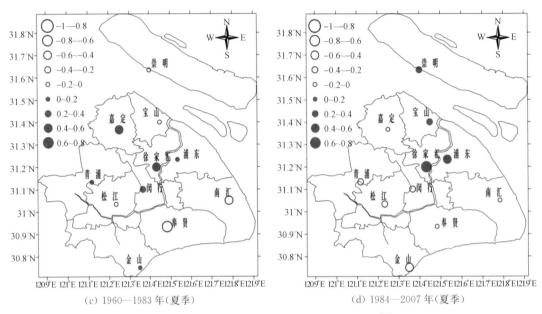

（c）1960—1983 年（夏季）　　　　　　　　（d）1984—2007 年（夏季）

图 2-31　上海地区标准化相对降水量空间分布[3]

2）北京

北京地区，城市化影响可能表现为城市干岛效应引起的降水量减少现象。城市干岛效应是指城市化导致城市地区水汽比周围地区少。Zhang 等[23]利用北京地区 20 个区域气象站逐日降水资料进行分析，同样将研究时段分为两个时期（1981—1990 年和 1991—2000 年）。第一个时期（图 2-32），夏季降水量最大值中心出现在北京东北部的密云水库，达到 500 mm 左右；第二个时期，降水量最大值中心移到了北京南部的怀柔、顺义和平谷等区域，大部分地区降水减少，其中东北部地区的密云水库减少最显著。密云水库是北京供水系统最重要的来源，因此密云水库地区夏季降水减少对北京近年水资源短缺问题有重要影响。

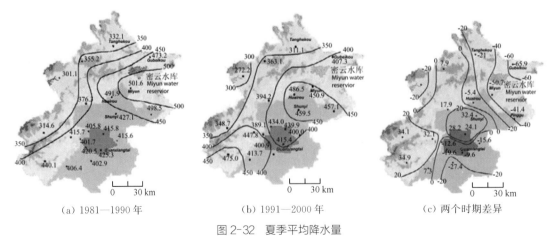

（a）1981—1990 年　　　　　　（b）1991—2000 年　　　　　　（c）两个时期差异

图 2-32　夏季平均降水量

注：图中标示了点名称。黄色和绿色填色为海拔高度，浅褐色区域为北京市中心[23]

上述北京地区降水减少,可能与北京城市化进程密切相关。研究时段内,北京建成区面积的平均增长速度为每年 13.254 km²,2000 年之后,北京城市扩张速度更快(图 2-33)。而北京地区区域平均夏季降水量呈现下降趋势,平均下降速度是 10.582 mm/a。密云水库附近地区(密云、古北口、怀柔、汤河口和顺义),降水量下降速度更快,达到了 12.407 mm/a。计算建成区面积时间序列与各地区夏季降水量时间序列的相关系数,均为负相关关系,如表 2-1 所示,其中密云水库附近地区降水量与建成区面积的负相关系数最大。综上所述,北京城市扩张可能导致北京地区的夏季降水量和年降水量显著减少,尤其是密云水库附近地区减少最多。

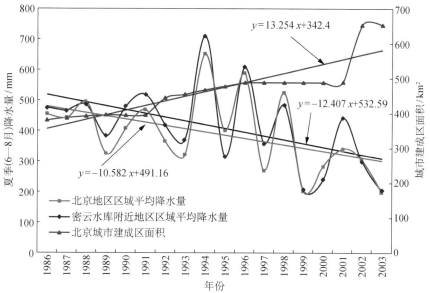

图 2-33 北京地区以及密云水库附近地区(密云、古北口、怀柔、汤河口和顺义)
夏季(6~8月)降水量与建成区面积[23]
注:彩色实线(无标记)为线性拟合线

表 2-1　　　　　　北京建成区面积与各站点夏季降水量、年降水量的相关系数[23]

建成区面积	密云	怀柔	古北口	汤河口	顺义
夏季降水量	−0.45	−0.41	−0.54	−0.45	−0.44
年降水量	−0.42	−0.48	−0.56	−0.42	−0.44

北京城市化还可能改变降水量空间分布特征,城市中心降水量减少,城市附近,尤其是下风向地区降水量增加。Dou 等[14]发现,北京地区降水空间分布特征反映了大地形的影响,例如下风向地区西部山区的降水比区域平均少 25% 左右。与城市化作用相关的降水最大值中心有三个,分别是城市西侧、西北侧以及东侧,老城区及其下风向地区则是降水偏少的地区,这种分布特征很可能是城市阻碍效应导致降水系统绕行的缘故,如图 2-34 所示。

进一步分析发现,上述城市阻碍效应与城市热岛强度有关。将所有样本按照热岛强度分成两组:强热岛组(热岛强度大于 1.25℃)和弱热岛组(热岛强度小于 1.25℃)。结果表明(图2-35),热岛强度比较弱时,城市阻碍效应更加显著,城市西侧降水大值区超过 15%,而老城区和城市下风向地区降水小值区则分别为－15%和－35%。然而,热岛比较强时,城市阻碍效应不太明显,降水最大值中心出现在城市化程度最高的地区。

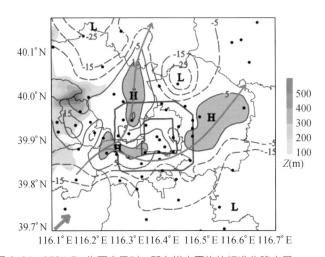

图 2-34　850 hPa 为西南风时,所有样本平均的标准化降水量
[(单站降水量－区域平均降水量)/区域平均降水量][14]
注:绿色填色标示海拔高度,红色填色标示降水高值中心,蓝色箭头标示降水系统
经过北京时的绕行路线

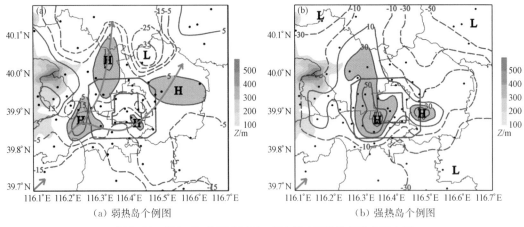

(a) 弱热岛个例图　　　　　　　　　(b) 强热岛个例图

图 2-35　850 hPa 为西南风时,所有样本平均的标准化降水量
[(单站降水量－区域平均降水量)/区域平均降水量][14]

　　上述用部分城市案例,阐述了单个城市对降水的可能影响。但城市群地区,大规模城市化气候效应与单个城市存在很大差别,针对单个城市的研究结果不完全适用于城市群地区。下文针对中国东部城市群地区,分析城市群对降水的可能影响。

3. 中国三大城市群对降水的影响

城市群地区的降水长期变化趋势显著区别于周围乡村地区,不过不同城市群的降水变化趋势并不一致。为研究京津冀、长三角、珠三角三大城市群对降水量的影响,江志红和李扬[24]采用下述资料进行分析:①国家气象信息中心提供的中国 2 400 个站点均一化订正后的逐日降水资料(1960—2009 年);②NASA 的 MODIS 下垫面分类资料(2001 年,空间分辨率约 0.5 km),地表类型分为 17 种,包含城市下垫面;③世界人口格点数据集(Gridded Population of World,GPW V3) 中的人口密度资料(Persons Density,2010 年),来自哥伦比亚大学地球研究所,空间分辨率约为 5 km;④来自公安部治安管理局的全国分县市人口资料(2009 年)。结果表明,总体而言,长三角和珠三角城市群降水量变化为增加趋势,而京津冀地区为一致减少趋势(图 2-36),这与我国近 40 年降水量"南涝北旱"的年代际变化趋势一致。

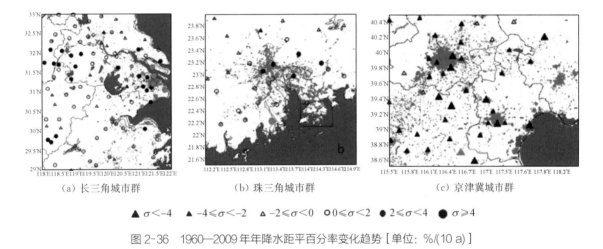

(a) 长三角城市群   (b) 珠三角城市群   (c) 京津冀城市群

▲ $\sigma<-4$ ▲ $-4\leqslant\sigma<-2$ △ $-2\leqslant\sigma<0$ ○ $0\leqslant\sigma<2$ ● $2\leqslant\sigma<4$ ● $\sigma\geqslant4$

图 2-36   1960—2009 年年降水距平百分率变化趋势 [单位: %/(10 a)]
注:红色阴影区域标示城市,绿色站点标示降水变化趋势通过 0.05 显著性检验[24]

城市群地区降水增加或减少的趋势比其周围乡村地区更明显。长三角城市群地区[图 2-36(a)]城市附近降水增加趋势明显高于其他地区,最高可达 4.42%/(10a),而其他非城市区域降水量增加趋势均小于 4%/(10a)。珠三角城市群也有类似现象[图 2-36(b)],广州、珠海、深圳等城市及其附近地区雨量站记录的降水增加趋势均大于 2.5%/(10a),而乡村地区降水量增加趋势普遍小于 2%/(10a),部分站点甚至出现下降趋势,如广东佛冈站[-1.7%/(10a)]。京津冀城市群大部分地区降水量减少,北京、天津等城市附近降水减少趋势比其他地区更大,可达-5%/(10a),乡村地区降水减少趋势相对较小。由此可见,长三角和珠三角城市群发展对降水的贡献是一致的——有利于降水增多,而京津冀城市群增加降水的作用不明显。

进一步分析发现,城市化有利于降水增加的信号主要出现在城市化快速发展时期。为研究城市群发展不同阶段对夏季降水的影响,将研究时段分为两个时期:城市化慢速发展时期(1960—1979 年)和城市化快速发展时期(1980—2009 年)。城市化快速发展时期,长三角城市群城市、乡村站点的降水均以减少为主,但乡村站的降水减少趋势大于城市,城市和乡村降水变化趋势的差异约 3%/(10 a),如图 2-37 所示。珠三角城市群城市、乡村降水变化趋势相反,乡村地区降水减少[−4%/(10 a)～−2%/(10 a)],城市地区降水为弱增长趋势。京津冀城市群整个区域降水呈现减少趋势,城市降水减少趋势略小于乡村,两者差异比长三角和珠三角城市群小。上述结果表明,城市化可能有利于城市地区降水增加。由图 2-37 可知,应用不同城乡站点分类方法,上述结论均成立,说明城市化快速发展时期,城市群可能促进降水。但在城市化慢速发展时期,三大城市群区域降水趋势城乡差异符号不一,且结果受城乡分类方法影响大。

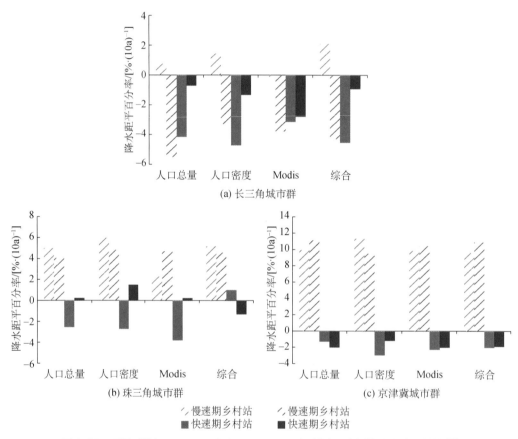

图 2-37 不同时期(1960—1979 年和 1980—2009 年)城市、乡村站降水变化趋势[24]

4. 城市化对不同类型降水的影响

不同类型降水的天气背景、发生发展机制存在较大差异,因此城市化对不同类型降水的影响及其机制也不相同。

受城市化影响,城市及其下风向地区强降水事件可能增多。基于北京市 137 个站点的降水资料,分析城市化对强降水的影响[25]。此处定义强度超过 20 mm/h,持续时间超过 1h 的降水过程为强降水事件。结果如图 2-38 所示,强降水事件出现较多的地点有两个,一个是城市附近(字母 A 和矩形标示),另一个是大地形向平原过渡区(字母 B 和矩形标示)。区域 B 同时也是背景城市的下风向地区。

大规模城市化可能导致城市群地区出现区域性的强降水增加、弱降水减少的现象。Li 等[26]基于 TRMM 3B42 产品和雨量计资料,分析珠三角城市群对不同类型降水的影响。图 2-39 显示,珠三角地区的强降水空间分布特征(1998—2009 年)与弱降水完全不同。对于强降水而言,大值中心主要出现在城市群地区,即与周边非城市地区相比,城市群地区的强降水更多。但对于弱降水,城市群地区反而相对更少。为了进一步研究城市群对强降水的影响,将不同时期(1968—1977 年、1978—1987 年、1988—1997 年、1998—2007 年)强降水(50 mm/d)空间分布进行对比,结果如图 2-40 所示。1998—2007 年期间,随着城市群发展,广东省中—北部

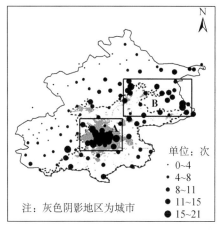

图 2-38 2008—2012 年夏季强降水频数的空间分布图[25]

的强降水中心逐渐移向珠三角城市群,但该城市群地区弱降水比其他地区少。随着雨带移向珠三角,降水强度也同时加强。考虑到从 20 世纪 90 年代开始,珠三角地区进入快速城市化阶段,因此珠三角城市群强弱降水空间分布特征变化可能与城市群发展有关,即城市群的发展可能导致珠三角地区强降水增加,弱降水减少。

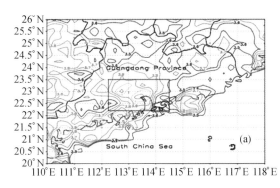

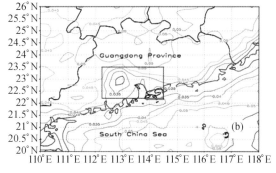

(a)强降水(降雨强度高于平均值)　　　　　　　(b)弱降水(降雨强度低于平均降雨量)

图 2-39 1998—2009 年降水的空间分布(基于 TRMM3B42 资料)（单位:mm/h）[26]
注:方框显示了珠三角城市群的位置(22.25°N—23.5°N,112.25°E—114.5°E)

珠三角城市群强降水增加,可能是城市化引起该地区对流性降水增加导致。Li 等[26]基于 TRMM 3A12 产品,分析了珠三角地区对流性降水和层云降水的空间分布特征,如图 2-41 所示。从对流性降水分析,珠三角城市群及其西侧各存在一个大值中心,城市群西侧的大值中心可能是云开大山(海拔 1 274 m)地形降水导致,而城市群地区的大值中心可能与城市化有关。从层云性降水分析来看,城市群与周围地区的差异较小。上述结果表明,大规模城市化很可能增加该地区的对流性降水。根据基本的天气学原理可知,强降水主要由对流云产生,弱降水主要由层云产生。因此,珠三角城市群强降水增加可能与对流性降水增多有关。

城市气象灾害风险防控

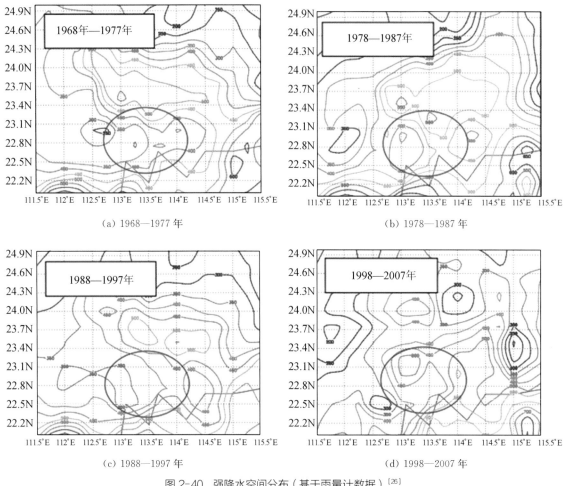

(a) 1968—1977 年

(b) 1978—1987 年

(c) 1988—1997 年

(d) 1998—2007 年

图 2-40　强降水空间分布（基于雨量计数据）[26]

注：圆圈表示珠江三角洲城市群的位置

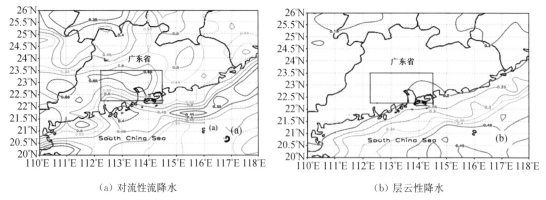

（a）对流性流降水

（b）层云性降水

图 2-41　1998—2009 年降水的空间分布（基于 TRMM 3A12 产品）（单位:mm/h）

注：方框显示了珠三角城市群的位置(22.25°N—23.5°N，112.25°E—114.5°E)[26]

上述结果表明,城市或城市群发展很可能促进对流性降水的发生发展,从而促进城市群及其附近的强降水。

5. 城市化对降水日变化的影响

降水过程通常只集中在一天中的某个时段,日变化是降水的重要特征。强降水对社会经济的影响与降水发生时段也有很大关系。因此,下文将重点分析城市化对降水日变化的影响。

城市化可能导致下午至夜晚降水增多。Mote 等[22]基于雷达资料分析亚特兰大城市化对降水日变化的影响。结果表明[图 2-42(a)],城区和下风向地区降水日变化特征总体相似,但在部分时段,城市下风向地区降水大于城区。针对两个地区的降水差异,逐时做显著性检验,结果表明,通过显著性检验的 7 个小时中,有 6 个小时是下风向地区(东部)降水高于城区[如图 2-42(b)],其中夜晚时段有 5 个(世界时 00:05,当地时 19:00)。

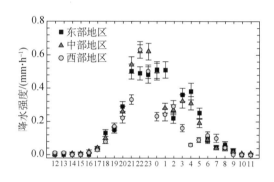
(a) 上风向(西部)、城区(中部)、下风向(东部)地区区域平均降水日变比(基于 FF 雷达数据)

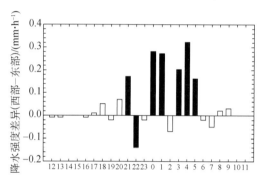
(b) 下风向地区与上风向地区降水日变化差异

图 2-42 2002—2006 年夏季(6—8 月)亚特兰大降水日变化[22]
注:(a)中箱线图两端为 95% 置信区间对应的值,中点为平均值;(b)中实心柱子表示二者差异通过 0.05 显著性检验

城市化对各时段的降水产生不同影响,可能与城市地区的局地环流日变化密切相关。北京地区的研究结果表明[27],城市热岛增加了山区与平原之间的热力差异,进一步增强山地和平原热力差异导致的局地环流—山谷风环流,这一环流有显著的日变化特征,与城市化效应共同作用,并最终可能对降水日变化产生影响。为了定量分析城区与其他地区降水日变化的差异,将所有站点分为东北郊区、城区、西南郊区三组。从午后 14 时到次日凌晨 2 时,东北郊区降水最多,西南郊区降水最少;而凌晨 2 时到午后 14 时的情况正好相反(图 2-43),降水由东北郊区向西南郊区递增。

前一时段和后一时段降水空间分布特征的这种转换,可能是山谷风环流日变化和城市化效应共同作用的结果。下午盛行谷风,即地面主导风向为南风,城市和下风向地区(东北郊区)降水增加;至夜晚 20 时左右,谷风转为山风,西侧、西北侧、东北侧大地形对应的西风、西北风、东北风在平原地区辐合,北京东北部位于辐合区的密云、顺义、平谷地区,利于触发降水。山区的冷气团与城市地区的热气团相遇,极易在上述地区触发强降水,观测结果也表明,上述地区强度超过 5 mm/h 的降水发生频率高于其他地区。凌晨 1 时以后,城区和西南郊区的风向转变

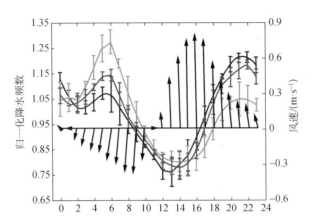

图 2-43　东北郊区（蓝线）、城区（红线）和西南郊区（绿线）的归一化降水频数日变化，
以及区域平均风场（黑线）的日变化[27]

注：蓝色、红色和绿色实线代表区域平均值；误差条表示同一组各站之间的标准差；黑线的长度表示风速，
箭头表示风向。东北郊区包括密云、平谷、顺义；城区包括海淀、丰台、通州、观象台和大兴；西南郊区包括涿
州、固安和廊坊

（图 2-43），这些地区的降水概率也相应提高。因此，从 4 时到 8 时，城区和该时段内的下风向
地区（西南郊区）的降水高于东北郊区。上述结果表明，由于局地主导风向存在日变化，降水大
值中心的位置也会随之移动。

2.3.3　小结

　　城市化引起的下垫面性质改变、人为热和气溶胶排放增多，改变了城市地区地表能量平衡
过程，导致城市热岛效应。从空间分布看，"卫星城"式发展的上海对应的热岛呈现出多中心分
布的特征，"摊大饼"式发展的北京城市热岛形态与主城区发展格局对应。城市群地区的城市化
导致区域性增暖现象，即城市群热岛。城市群热岛的强度及空间结构与城市下垫面结构、城市
发展水平以及上下游城市的相互影响密切相关，与单个城市的热岛存在重要差异。从热岛时间
变化特征分析，城市热岛强度呈现显著增强趋势，且有显著的日变化和季节变化。

　　城市热岛效应、湍流增强、城市干岛效应等会对城市地区的降水产生重要影响，长三角、
珠三角等地区都发现了城市群地区的降水显著区别于周围郊区的现象。进一步分析发现，
城市化可能促进城市地区强降水过程（尤其是对流性降水）的发生发展，也会改变降水日变
化特征。

2.4　城市气象灾害变化趋势分析

2.4.1　城市热岛与高温热浪

　　已有研究表明[28-29]，高温热浪过程也可能促进城市热岛效应，加剧城乡温度差异，反过来，
城市热岛等效应与高温热浪相互作用，可能会加剧热浪事件，进一步扩大高温热浪在城市地区

的危害。因此,本节主要探讨城市热岛与高温热浪的相互作用。

为了分析大规模城市化对高温热浪事件发生、发展的影响,成丹[28]采用 1979—2008 年夏季(6 月、7 月、8 月)和冬季(12 月、1 月、2 月)经均一化修正的逐日温度数据集(数据来自中国东部共 312 个气象站),对中国东部京津冀、长三角、珠三角三大城市群地区高温热浪事件的时空变化特征进行分析。将日最高温度超过 35℃ 并且持续 3 d 及以上的过程定义为一次高温热浪事件,其中,持续时间不足 4 d 的过程称为轻度热浪,持续 4～5 d 的过程称为中度热浪,持续 5 d 以上的过程称为重度热浪。

结果表明,三大城市群的发展可能增加高温热浪事件发生频次,其中对重度高温热浪事件的影响最明显。如图 2-44(a)所示,城市群地区高温热浪事件总频数的增加趋势高于周围地区,其中长三角城市群与周围地区的差异最明显,区域平均距平为 0.306 次/(10a)(表 2-2),其次为珠三角城市群[0.192 次/(10a)]。针对不同等级热浪事件发生频数长期变化趋势进行分析发现(图 2-44),研究时段内,城市群地区轻度热浪和中度热浪事件频数的增加趋势与周围地区相当,滑动空间距平较小。但重度热浪事件发生频数增加趋势比周围地区大,长三角地区这一现象最明显,空间距平达 0.199 次/(10a),其次是珠三角,达 0.160 次/(10a)(表 2-2)。

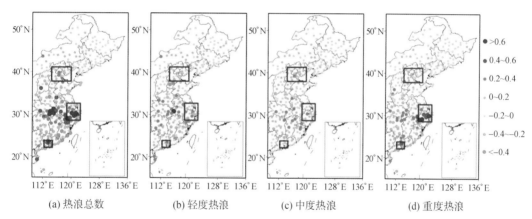

(a) 热浪总数 (b) 轻度热浪 (c) 中度热浪 (d) 重度热浪

图 2-44　1979—2008 年中国东部高温热浪事件发生频数的长期变化趋势滑动空间距平［单位: 次/10（a）］[28]

表 2-2　　　　　　　　1979—2008 年高温热浪事件频数长期变化趋势的滑动空间距平[28]　　　单位:次/(10a)

城市群	热浪总数	轻度热浪	中度热浪	重度热浪
京津冀	0.066	−0.015	0.044	0.037
长三角	0.306	0.051	0.054	0.199
珠三角	0.192	0.073	−0.038	0.160

Founda 和 Santamouris[29]在雅典地区的研究则发现,不仅城市热岛会促进高温热浪产生,高温热浪也会增强城市热岛,两者存在明显的协同作用。

雅典位于地中海东部沿海,人口 380 万,是欧洲八大城市之一。20 世纪 70 年代中期以来,受全球变暖和城市发展引起的城市化效应影响,雅典地区显著增暖。2012 年,雅典地区出现

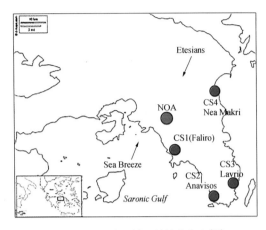

图 2-45 研究区域及其站点分布[29]

注：站点包括 1 个城市站点 NOA（红色实心圆）和 4 个沿海站点（蓝色实心圆）：CS1（Faliro），CS2（Anavisos），CS3（Lavrio），CS4（Nea Makri）。灰色箭头表示盛行风向，分别对应海风环流（Sea Breeze）和地中海季风（Etesians）

160 年来最热的夏季，夏季平均日最高温度超过气候平均值（1971—2000 年）3 倍标准差（3.7℃），Founda 和 Santamouris[29]针对这个夏季重点分析高温热浪和城市热岛之间的相互作用。

将日最高温度超过 37℃ 且持续 3 d 以上的过程定义为一次高温热浪事件，对应的时期定义为热浪时期（后文用"HW"表示），其他时期定义为非热浪时期（后文用"NHW"表示）。研究时段内（7—8 月），热浪时期和非热浪时期分别为 30 d 和 32 d，共出现 5 次高温热浪事件，其中有 3 次为最高温度超过 40℃ 且持续 3 d 以上的热浪过程。研究所用资料主要为 5 个气象站（图 2-45）的逐时温度、风速风向、日最高（最低）温度和相对湿度。将城市站与任一沿海站点的温度差定义为热岛强度。

结果表明，热浪可能导致白天的热岛强度增强。如图 2-45 所示，雅典城市热岛强度存在显

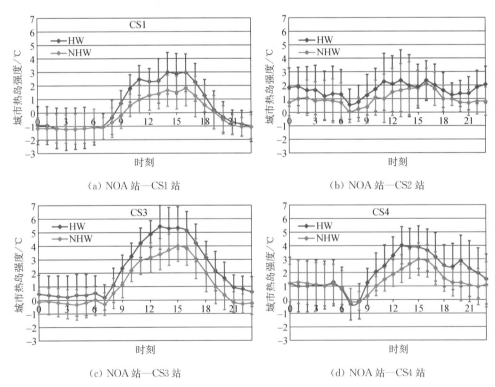

(a) NOA 站—CS1 站   (b) NOA 站—CS2 站

(c) NOA 站—CS3 站   (d) NOA 站—CS4 站

图 2-46　2012 年 7—8 月热浪（HW）与非热浪（NHW）期间热岛强度
（城市站与沿海站的温度差）日变化特征[29]

注：实线为平均值，误差棒为样本标准差

著日变化,白天城市热岛强度更强,热岛强度峰值出现在中午—下午时段。进一步分析发现,与其他时期相比,热浪期间的热岛强度明显增大,白天增强幅度更大(除 CS2 站外)。

热浪期间,城市地区地表温度更高,感热释放比乡村地区大,最终导致城乡地面气温出现较大差异。基于 MODIS 地表温度数据进一步研究发现,非热浪期间,城市与沿海地区地表温度差异为 3.9~5.7℃,而热浪期间,二者差异达到了 7.5~8.2℃。这可能是城市下垫面、城市冠层截陷效应等因素导致城市地区地表温度显著高于乡村地区,对大气的加热作用更大,最终导致城市地区地面气温高于乡村。

2.4.2 城市与暴雨灾害

由 2.3 节的内容可知,城市化很可能促进城市及城市群附近对流性降水的发生发展,暴雨灾害与对流性降水密切相关,那么城市化是否增大城市地区暴雨灾害风险?本节以典型城市北京与上海为例,对这一问题进行论述。

定义暴雨危险性指数(Rainstorm Hazards Index Values, RHIV)计算参见式(2-2)。

$$RHIVs = \exp(P/P_*) \tag{2-2}$$

式中　P_*——可能导致城市地区发生洪涝灾害的日降水量阈值,通常设为 50 mm;

　　　P——实际日降水量,假设 $P > 50$ mm 时,可能在城市地区引起洪涝灾害。

北京地区,城市化可能导致城区及其下风向地区暴雨危险性增加。Hu[30]利用 1950—2012 年期间北京地区 20 个站点的逐日降水资料分析北京暴雨危险性时空变化特征。将研究时段分为 1984 年前和 1984 年后两个时期,分别计算暴雨危险性指数($RHIV$)的长期变化趋势(用 b 表示),结果如图 2-47 所示。1984 年之前整个北京地区暴雨危险性指数均呈现下降趋势,城区北部下降趋势最大。1984 年以后,位于市中心下风向的城区北部暴雨危险性指数增加趋势最大,距离市中心较远的北部乡村和南部乡村暴雨危险性指数则呈现下降趋势。上述结果表明,北京城区及其下风向地区暴雨危险性增加的现象主要出现在城市化发展快速时期(1984 年后),可能与该时期的城市化有关。

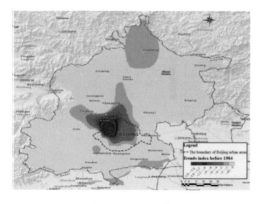 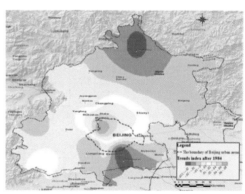

(a) 1950—1984 年　　　　　　　　　(b) 1984—2012 年

图 2-47　北京地区暴雨危险性指数长期变化趋势[30]

上海地区城市化可能导致该地区极端强降水事件更加频繁。Liang 等[31]利用上海地区
11 个气象站近 100 年(1916—2014 年)最大小时降水量资料,以及这 11 个站 1981—2014 年逐
小时降水资料,分析上海地区极端强降水的时空变化特征。基于 2008 年人口密度资料,将这 11
个站点分为三类:徐家汇站和浦东站所处区域的人口密度超过了 3 000 人/km²,定义为城市站
点;崇明、南汇、金山、青浦和奉贤等站,人口密度低于 1 500 人/km²,定义为乡村站;闵行、宝山、
嘉定和松江等其他站点则定义为郊区站,分类结果如图 2-48(a)所示,蓝色点标记的乡村站,都
位于上海市城区外围;红色点标记的城市站,都位于市中心;而郊区站则位于城市和乡村站之
间,说明上述客观分类结果比较合理。图 2-48(b)显示,20 世纪 90 年代中期之后,上海铺装道
路面积迅速增加,说明城市化进入新的发展阶段。将超过 1981—2014 年夏半年小时降水 99.9
百分位数的样本定义为强降水,对应的强降水阈值分布如图 2-48(c)所示,城区强降水阈值显
著大于郊区。

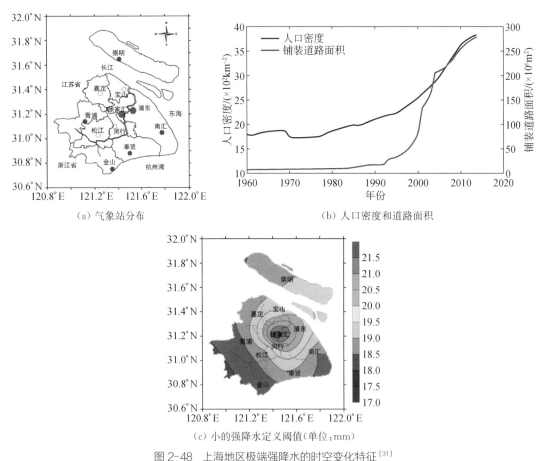

(a) 气象站分布　　　　　　　　　　(b) 人口密度和道路面积

(c) 小的强降水定义阈值(单位:mm)

图 2-48　上海地区极端强降水的时空变化特征[31]

注:红色实心圆为城市站;蓝色实心圆为乡村站;红色空心圆为郊区站

利用上述定义计算小时强降水频数和降水量,分析结果表明,上海地区强降水显著增加的
现象主要出现在城区和郊区(图 2-49)。城市站(徐家汇和浦东)和郊区站(闵行和嘉定)小时强

降水频数都显著增加[图 2-49(a)]，增加速率为 0.5～0.7/(10 a)，而乡村站对应的增加趋势最弱，甚至呈现减少趋势。强降水量的分析结果也可得到类似结论[图 2-49(b)]，市中心(徐家汇和浦东)和郊区(闵行和嘉定)站的强降水量大幅增加，增加趋势达 21.7～25 mm/(10 a)，而乡村站的增加趋势不明显，某些情况下还出现减少趋势。

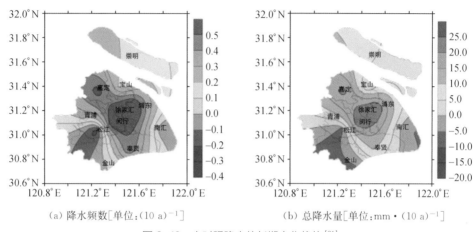

(a) 降水频数[单位：(10 a)⁻¹] (b) 总降水量[单位：mm·(10 a)⁻¹]

图 2-49　小时强降水的长期变化趋势[31]

进一步分析发现，小时强降水事件的空间尺度较小，以局地和小尺度类型为主，近年来局地和小尺度强降水事件有增多趋势。根据降水过程的空间范围，将小时强降水事件分为四类：局地尺度、小尺度、区域尺度和大尺度，分别计算各类降水事件频数(图 2-50)。总体而言，局地强降水出现频率最高(每年约 25 次)，占比高达 74.5%；其次是小尺度降水，占 22.3%(每年约8 次)；区域和大尺度事件最少，仅占 3.2%。可见，小时强降水事件主要表现为局地和小尺度类型。从长期变化趋势看，局地和小尺度强降水事件呈现显著上升趋势，尤其是局地强降水事件，增加趋势达到 1.5/(10 a)。市中心及其南部郊区局地强降水频数增加趋势最大，沿黄浦江呈现一个扇形分布。

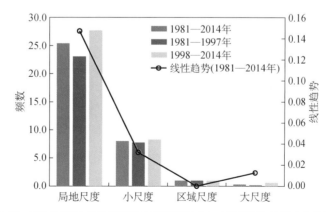

图 2-50　不同时期的各类型强降水事件频数分布(柱状图)及其变化趋势[31]

2.4.3 小结

本节的分析表明,城市热岛效应可能促进高温热浪的发生、发展,同时高温热浪又给城市热岛加强提供有利条件,二者协同发展,极大地增加城市地区出现高温灾害的风险。

此外,城市化通过改变城市大气热力、动力条件,可能促进城市地区极端降水的发生发展,尤其是局地及小尺度的极端强降水事件。城市地区洪涝灾害的风险也显著增加。

参考文献

[1] NATIONS U. World Urbanization Prospects：The 2014 revision[M] P. D. Department of Economic and Social Affairs，Editor. New York：Department of Economic and Social Affairs，Population Division，2015.

[2] 聂安祺.我国三大城市群城市化气候效应的检测与对比[D]. 南京:南京大学,2012.

[3] 梁萍,丁一汇,何金海,等. 上海地区城市化速度与降水空间分布变化的关系研究[J]. 热带气象学报,2011(4)：475-483.

[4] MENG Q，ZHANG L L，SUN，et al. Characterizing spatial and temporal trends of surface urban heat island effect in an urban main built-up area：A 12-year case study in Beijing, China [J]. Remote Sensing of Environment，2017,204：s003 4425717304315.

[5] SONG X，ZHANG J，AGHAKOUCHAK A，et al. Rapid urbanization and changes in spatiotemporal characteristics of precipitation in Beijing metropolitan area [J]. Journal of Geophysical Research：Atmospheres，2014，119(19)：11,250-11,271.

[6] 缪丽娟,崔雪锋,栾一博,等.北京上海近 20a 城市化过程中土地利用变化异同点探析[J]. 气象科学,2011, 31(4)：398-404.

[7] THIELEN J，WOBROCK W，GADIAN A，et al. The possible influence of urban surfaces on rainfall development：a sensitivity study in 2D in the meso-γ-scale [J]. Atmospheric Research，2000,54(1)：15-39.

[8] 朱新胜,朱宽广,谢旻,等.江苏省人为热排放现状及未来变化趋势分析[J]. 气候与环境研究,2016,21(3)：306-312.

[9] 中华人民共和国环境保护部.环境保护部发布《2016 中国环境状况公报》[R].北京:中华人民共和国环境保护部,2017.

[10] 曹国良,张小曳,龚山陵,等.中国区域主要颗粒物及污染气体的排放源清单[J]. 科学通报,2011,56(3)：261-268.

[11] HOWARD L. Climate of London Deduced from Meteorological Observations [M]. London：Harvey and Darton，1833(I)：348.

[12] 沈钟平,梁萍,何金海.上海城市热岛的精细结构气候特征分析[J]. 大气科学学报,2017(3)：369-378.

[13] ZHANG K X，WANG R，SHEN C，et al. Temporal and spatial characteristics of the urban heat island during rapid urbanization in Shanghai, China [J]. Environmental Monitoring and Assessment，2010,

169(1)：101-112.

[14] DOU J J，WANG Y，BORNSTEIN R，et al. Observed spatial characteristics of Beijing urban climate impacts on summer thunderstorms [J]. Journal of Applied Meteorology and Climatology，2015，54(1)：94-105.

[15] 吴凯.城市化对中国东部地面增暖的影响[D]. 南京：南京大学，2013.

[16] 赵亚芳，张宁，陈燕，等.苏锡常地区热岛观测与数值模拟研究[J]. 气象科学，2016，36(1)：80-87.

[17] WANG X M，SUN X G，TANG J P，et al. Urbanization-induced regional warming in Yangtze River Delta：potential role of anthropogenic heat release [J]. International Journal of Climatology，2015，35(15)：4417-4430.

[18] HORTON R E. Thunderstorm-breeding sports [J]. Monthly Weather Review，1921，49(4)：193-193.

[19] CHANGNON S A. The La Port weather anomaly-fact or fiction? [J] Bulletin of the American Meteorological Society，1968，49(1)：4-11.

[20] CHANGNON S A，HUFF F A. Metromex：A review and summary [J]. Eos，Transactions American Geophysical Union，1977，64(6)：50-51.

[21] SHEPHERD J M，PIERCE H，NEGRI A J. Rainfall modification by major urban areas：Observations from spaceborne rain radar on the TRMM satellite [J]. Journal of Applied Meteorology，2002，41(7)：689-701.

[22] MOTE T L，LACKE M C，SHEPHERD J M. Radar signatures of the urban effect on precipitation distribution：A case study for Atlanta，Georgia [J]. Geophysical Research Letters，2007，34(20)：L20710.

[23] ZHANG C L，CHEN F，MIAO S G，et al. Impacts of urban expansion and future green planting on summer precipitation in the Beijing metropolitan area [J]. Journal of Geophysical Research：Atmospheres，2009，114(D2)：D02116.

[24] 江志红，李杨. 中国东部不同区域城市化对降水变化影响的对比研究[J]. 热带气象学报，2014，30(4)：601-611.

[25] YANG L，TIAN F. SMITH J A，et al. Urban signatures in the spatial clustering of summer heavy rainfall events over the Beijing metropolitan region [J]. Journal of Geophysical Research：Atmospheres，2014，119(3)：1203-1217.

[26] LI W，CHEN S，CHEN G，et al. Urbanization signatures in strong versus weak precipitation over the Pearl River Delta metropolitan regions of China [J]. Environmental Research Letters，2011，6(3)：034020.

[27] YIN S，LI W，CHEN D，et al. Diurnal Variations of Summer Precipitation in the Beijing Area and the Possible Effect of Topography and Urbanization [J]. Advances in Atmospheric Sciences，2011，28(4)：725-734.

[28] 成丹.中国东部地区城市化对极端温度及区域气候变化的影响[D]. 南京：南京大学，2013.

[29] FOUNDA D，SANTAMOURIS M. Synergies between urban heat island and heat waves in Athens (Greece)，during an extremely hot summer (2012) [J]. Scientific Reports，2017，7(1)：10973.

［30］HU H B. Spatiotemporal characteristics of rainstorm-induced hazards modified by urbanization in Beijing ［J］. Journal of Applied Meteorology and Climatology，2015，54（7）：1496-1509.

［31］LIANG P，DING Y. The long-term variation of extreme heavy precipitation and its link to urbanization effects in Shanghai during 1916—2014 ［J］. Advances in Atmospheric Sciences，2017，34（3）：321-334.

3　城市气候变化与风险管理

3.1　气候变化对城市的主要影响

全球气候变化是当今世界以及今后长时期内人类共同面临的巨大挑战,城市人口密度大,经济集中度高,受气候变化的影响尤为重要。气候变化导致高温热浪、暴雨、雾霾等灾害增多,北方和西南干旱化趋势加强,登陆台风强度增大,已经并将持续影响城市生命线系统运行、人居环境质量和居民生命财产安全。

3.1.1　全球和我国气候变化现状

IPCC第五次评估报告(2014)指出:人类对气候系统的影响是明显的,近年来的人为温室气体排放在历史上是最高的。已经发生的气候变化对人类系统和自然系统已有广泛深远的影响。证据显示最近的三个十年比1850年以来其他任何十年都更温暖。全球几乎所有地区都经历了升温过程,1880—2012年,全球表面平均温升达到0.85(0.65～1.06)℃(基于现有3个独立数据集),2003—2012年的平均温度比1850—1990年平均温度升高了0.78(0.72～0.85)℃(基于时间跨度最长的、唯一的独立数据集)。

IPCC第五次评估报告(2014)指出:全球范围冷日和冷夜的数量很有可能已经减少,暖日和暖夜的数量已经增加。在欧洲、亚洲和澳大利亚等大部分地区热浪的频率可能都有所增加。人类影响可能使一些地方出现热浪的概率增加了一倍以上。可能强降水事件增多的陆地地区的数量多于减少的地区。极端海平面可能自1970年起出现了上升。气候变化会对很多极端事件如热浪、干旱、洪水、气旋和野火产生影响。

中国《第三次国家气候变化评估报告》(2015)也指出:近百年来(1909—2011年),中国陆地区域平均增温速率高于全球平均值,达0.9～1.5℃,近15年来气温上升趋缓,但仍然处在近百年来气温最高的阶段;全国平均年降水量具有明显的区域分布差异,沿海地区海平面在1980—2012年期间上升速率为2.9 mm/年,高于全球平均速率;未来中国区域气温、降水量将继续上升,极端事件还将增加,海平面将继续上升,自然灾害风险等级处于全球较高水平。

3.1.2　气候变化对城市的影响

城市是一个社会—经济—自然高度复合的生态系统。越来越多的证据表明,气候变化以及不断增长的人口给城市的发展带来了严峻的挑战,导致一系列气候和环境问题日益突出,对城市生活产生了重大的影响,甚至给人类社会带来灾难性的后果。

气候变化可能会在全球范围内影响各个城市的供水、生态系统、能源供给、交通系统以及公共健康,还会扰乱当地经济并让城市居民遭受财产和生计损失。在不同的地区和城市,不同的经济部门和社会经济群体中,这些影响不是均衡分布。城市受到气候变化的影响较大,这是因为城市的人口和物质资产聚集程度高,并且地理上多位于沿海和河谷地带,同时许多世界大城市位于沿海地区,使得城市更容易受到海平面上升和风暴潮的影响,这将给城市的发展带来诸多潜在威胁。虽然城市地区仅占世界土地面积的 2%,但全球几乎近 13% 的城市人口生活在这些地区。持续升高的海平面对这些沿海大城市的影响越来越显著,极易受到洪水和风暴潮的影响。而不断增加的热浪等极端气候事件,加重了气候变化对城市的负面影响。

气候变化对城市的供水资源有显著影响。气候变化引起降水的分布变化,影响河川径流流量和分布。随着气温升高、降水量减少、蒸发量增大、海平面上升引起盐水入侵等问题不断发生,城市工业和生活用水日趋紧张。城市人口激增和工业化的快速发展,使得城市缺水问题也日趋严重,供水不足将对城市的可持续发展造成刚性制约,甚至会成为部分城市发展的最大威胁。研究显示,海平面上升,加上长江口水下地形及航道和滩涂的变化,使得上海长江口水源地取水保证率指标由原来的 97% 左右下降至 90% 左右。海平面上升还导致了高潮位的增加,例如当海平面上升 16 cm 时,20 年一遇重现期的设计高潮位上升了 16 cm,50 年一遇重现期的设计高潮位值上升了 16~17 cm,由此造成现有标准下的海塘设防能力的不达标[3]。

随着全球气候变化导致的极端气候灾害的频率和强度的增加,城市交通所受影响也日趋严重。在各种交通运输中,影响高速公路、电气化铁路和民航的气候因子较多。暴雨、雨雪冰冻天气会造成公路、铁路和民航运输的瘫痪;大雾是高速公路和机场关闭的重要原因,许多船舶碰撞事故也主要由浓雾引起的;强雷电天气对电气化铁路尤其是目前运营的客运专线威胁很大;而暴雨洪涝、大风等极端天气事件则会对地铁运营造成影响。短时强降水可能造成城市交通干线积水,引起交通拥堵甚至瘫痪。近年来,高温日数增多,造成的交通事故也有所增加。例如,2005 年第 9 号台风"麦莎"于 8 月 5 日傍晚到 7 日影响上海。前期以大风灾害为主,市区最大风力 8~10 级;后期以集中强降雨灾害为主,全市普遍出现了暴雨和大暴雨,局部地区为特大暴雨。"麦莎"台风对上海市政、交通、供电、农业以及人民财产等各方面均造成了较大损失。受大风、暴雨影响,浦东和虹桥两大机场 30 h 内取消航班 1 000 余架次,造成国内和国外机场滞留旅客 10 万余众。上海全市 84 条马路积水严重,由于防汛排水泵站来不及排水,部分路面积水倒灌入轨道交通一号线常熟路站至徐家汇站之间的隧道,导致地铁列车因大量积水无法正常运行,部分区间停运 4 个小时。

气候变化也影响着城市能源消费。气候变化对能源的影响包括直接影响和间接影响两个方面。直接影响是指气候变化引起的气象条件改变或气候事件出现的频率及强度改变对能源活动造成的影响,间接影响是指应对气候变化而采取的各种政策措施对能源活动造成的影响。其中,气候变化对于生活能源的影响比较显著:对气候变化最为敏感的是生活电力消费。一方面,夏季气温升高使夏季空调的使用量增加,进而增加生活电力消费;另一方面,冬季气温升高使城市出现暖冬现象,从而减少城市冬季取暖电力消费。据新闻报道显示,2018年是韩国有记录后111年来最热的夏天,由此造成了韩国的家庭用电量创历史新高,也是首尔有记录后自1993年以来的最高值,这主要是由于酷热导致空调降温能源需求的增加,使得家庭用电量的急剧增加造成的。

气候变化对人类健康影响显著,一些是明显和直接的,而另一些则更为复杂和间接。气温增加,城市热岛效应和空气污染更为显著,给许多疾病的繁殖、传播提供了适宜的温床,一些热带流行的疾病如痢疾、血吸虫病等向北传播,增加了防病治病的难度。气候变暖会导致极热天气的出现频率增加,使心血管和呼吸疾病的死亡率增高。气候变化最直接的影响是较高的温度会导致日死亡人数增加(特别是心脏病患者)。2003年夏天,高温热浪席卷了印度和整个欧洲,我国中、南部也受到了影响,世界各地气温破纪录地高达38~42.6℃。这次热浪导致整个欧洲大约7万人的死亡,其中大多都是老年人。由此可见,气候变化对人体健康的影响十分显著。

本章以上海为例,针对城市交通、防汛、健康和能源重点领域开展气候变化影响评估,了解城市的主要气候变化风险,绘制了上海市不同领域的气候变化风险地图,并给出了相应的气候变化适应性对策和措施。

3.2 上海地区重点领域气候变化风险

3.2.1 交通领域气候变化风险评估及风险区划图

从影响交通的主要气象风险因子历史变化规律可以看出,近几十年来,上海地区除了大雾日数呈现减少的变化趋势外,其他气象风险因子均呈现增加的变化趋势。本节以高温日数、暴雨日数和大雾日数作为交通气象风险因子,以道路密度、人口密度和人均GDP作为脆弱性评价指标,根据历史影响案例和经验分析,同时结合专家调研确定指标权重,构建了上海交通风险区划指标体系(图3-1)。并以此指标体系为基础,将上海划分为10个区域,其中杨浦、普陀、虹口、长宁、徐汇、静安、黄浦、闸北合记为市区,南汇和金沙合记为浦东新区,详细评估了上海交通领域(主要是地面交通)的风险现状。

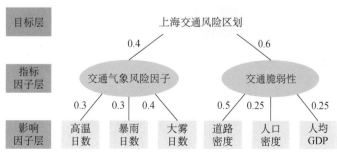

图 3-1 上海交通风险评价指标体系及权重

1. 上海交通气象风险因子评价

基于上海各区县气象站点年平均(1981—2010 年)高温日数、暴雨日数和大雾日数,利用线性函数转换公式

$$y = \frac{x - x_{\min}}{x_{\max} - x_{\min}} \tag{3-1}$$

式中　x 和 y——转换前和转换后的值;

　　$x_{\max}$ 和 $x_{\min}$——样本的最大值和最小值。

将各站常年平均的高温日数、暴雨日数和大雾日数归一化为 0～1 值,分别记为高温指数、暴雨指数和大雾指数(图 3-2)。

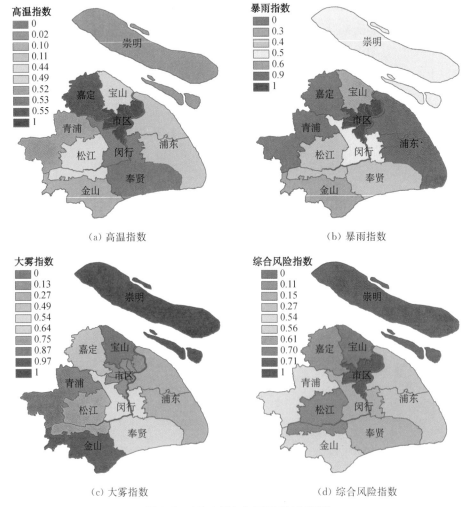

(a) 高温指数　　　　　　　　　(b) 暴雨指数

(c) 大雾指数　　　　　　　　　(d) 综合风险指数

图 3-2　上海交通气象因子风险指数图

1981—2010 年期间,上海高温指数的空间分布表现为西北部大于东南部,市区最大,嘉定、闵行和青浦较大,归一化指数都在 0.5 以上;奉贤最小,崇明、金山和浦东较小,归一化指数都在 0.2 以

下[图 3-2(a)]。暴雨指数的空间分布与高温指数相反,表现为东部大于西部,市区最大,浦东和宝山较大,归一化指数都在 0.6 以上;嘉定和青浦最小,金山较小,归一化指数在 0.3 以下[图 3-2(b)]。大雾指数在崇明最大,宝山最小,其他区域的大雾风险值西南部大于东北部,金山、青浦、松江和奉贤较大,归一化指数都在 0.7 以上,徐家汇和浦东较小,归一化指数在 0.3 以下[图 3-2(c)]。

根据交通风险区划对高温指数、暴雨指数和大雾指数赋予的权重指标进行空间加权,同样利用式(3-1)进行归一化处理,得到上海市交通气象因子综合风险指数[图 3-2(d)]。

上海 10 个区域交通气象因子综合风险指数从高到低依次为市区、崇明、松江、闵行、金山、青浦、浦东、奉贤、嘉定、宝山(表 3-1)。市区由于高温、暴雨指数均为最大,因此交通气象综合风险指数也最大;崇明由于大雾指数最大,暴雨指数较大,加之大雾指数 40% 的权重,交通气象综合风险指数第二;松江三项指数均在 0.4 以上,交通气象综合风险指数第三;宝山由于大雾指数最小,使之成为交通气象综合风险指数最小的区;嘉定由于暴雨指数最小,使之成为交通气象综合风险指数次小的区。

表 3-1   1981—2010 年上海交通气象因子风险指数值

风险指数	高温指数	暴雨指数	大雾指数	综合风险指数
闵行	0.52	0.50	0.54	0.61
宝山	0.49	0.60	0.00	0.00
嘉定	0.55	0.00	0.49	0.11
崇明	0.02	0.50	1.00	0.71
市区	1.00	1.00	0.13	1.00
浦东	0.11	0.90	0.27	0.27
金山	0.10	0.30	0.97	0.56
青浦	0.52	0.00	0.87	0.54
松江	0.44	0.40	0.75	0.70
奉贤	0.00	0.40	0.64	0.15

2. 上海交通脆弱性评价

同样强度的高温、暴雨和大雾在经济发达、人口密集、道路密集的地区可能造成的风险和损失往往要比人口较少、经济相对落后、道路较少地区要大得多。

基于上海 1:50 000 基础地理信息数据,提取上海道路分布信息,包含道路编号、等级、建造材料、车道、路宽、路长、车向(单/双向)等。按照我国对公路等级的划分标准,绘制了上海市高速公路、一级公路、二级公路、三级公路和四级公路在各区县的空间分布图(图 3-3)。截至 2010 年,上海市公路总里程为 11 682 km,其中高速公路 778 km,普通国省干线

图 3-3 上海市不同级别道路分布

公路 811 km,县道 2 340 km,农村公路 7 753 km,桥梁总数达到 9 493 座,公路密度达到 184 km/100 km²。

根据图 3-3 所示的上海不同级别道路在各区县的分布,结合各区县面积,计算出各区县辖区范围内的道路密度,利用式(3-1)进行归一化处理,得到上海道路密度分布[图 3-4(a)]。可以看出,道路密度高值区主要分布于上海南部和中部,东北部地区道路密度相对较小。闵行道路密度最大,市区和金山道路密度较大,青浦道路密度最小,崇明和浦东较小。

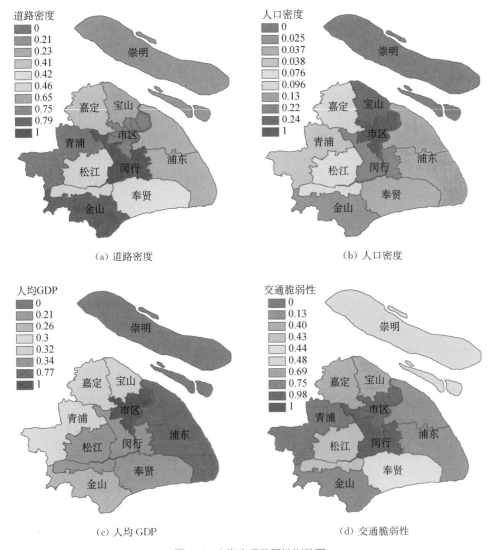

(a) 道路密度

(b) 人口密度

(c) 人均 GDP

(d) 交通脆弱性

图 3-4　上海交通脆弱性指数图

同样利用式(3-1)将上海各区县的人口密度和人均 GDP 进行归一化处理,得到上海市人口密度和人均 GDP 的空间分布。可以看出,上海市人口密度从市中心向郊区逐渐减少,其中市区最大,宝山、闵行次之,崇明最小,金山、奉贤、青浦、松江和嘉定较小,归一化值均在 0.1 以下[图

3-4(b)]。人均 GDP 的最大值(市区)和最小值(崇明)与人口密度相一致,但是空间分布上存在差异,除崇明以外,上海北部地区人均 GDP 值要高于南部地区[图 3-4(c)]。

人均 GDP 的大小反映了该区域抵御交通风险的能力,人均 GDP 越高,交通脆弱性越小。因此,在计算交通脆弱性指数时,将人均 GDP 指标取其倒数值。在 ArcGIS Grid 模块中,根据图 3-1 所示的权重对道路密度、人口密度和人均 GDP 的倒数进行空间相加,并利用式(3-1)进行归一化处理,得到上海交通脆弱性指数图[图 3-4(d)]。总体而言,上海闵行区、市区的交通脆弱性最高,其次是宝山和金山,青浦和浦东的交通脆弱性最低。闵行区和市区由于其道路密度最高,加上较高的人口密度,使之成为交通脆弱性最高的区域。青浦由于其道路密度和人口密度均较低,使之成为交通脆弱性最低的区域;浦东由于其人均 GDP 较高,具有较高的抵御交通风险的能力,因此交通脆弱性相对较低(表 3-2)。

表 3-2　　　　　　　　　　　上海交通脆弱性指数

脆弱性	道路密度	人口密度	人均 GDP 的倒数	交通脆弱性指数
闵行	1.00	0.22	0.33	1.00
宝山	0.65	0.24	0.34	0.69
嘉定	0.41	0.10	0.18	0.40
崇明	0.21	0.00	1.00	0.48
市区	0.75	1.00	0.00	0.98
浦东	0.23	0.13	0.11	0.13
金山	0.79	0.02	0.20	0.75
青浦	0.00	0.03	0.19	0.00
松江	0.46	0.08	0.18	0.43
奉贤	0.42	0.04	0.22	0.44

3. 上海交通领域的风险现状评价

在 ArcGIS Grid 模块中,根据图 3-1 所示的权重对上海气象因子综合风险指数和上海交通脆弱性指数进行空间相加处理,并利用式(3-1)进行归一化处理,然后对指数乘以 100 后取整,得到上海交通风险指数[图 3-5(a)]。利用表 3-1 对上海交通风险指数进行分类,得到上海交通风险区划图[图 3-5(b)]。对上海交通风险指数及区划分析表明,上海交通的高风险区主要集中于市区和闵行区,次高风险区主要分布于金山区,崇明区、宝山区和松江区为中等风险区,浦东新区、奉贤区、嘉定区和青浦区为低风险区(表 3-3)。

表 3-3　　　　　　　　　　　上海交通风险等级划分

风险等级	低风险	中等风险	次高风险	高风险
交通风险指数	1～25	26～50	51～75	76～100

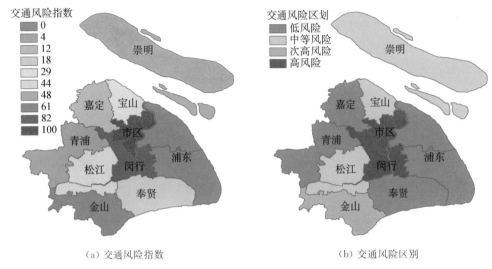

（a）交通风险指数　　　　　　　　　（b）交通风险区别

图 3-5　上海综合交通风险指数及风险区划图

4．上海市交通领域适应气候变化的未来可能风险

《上海市综合交通发展"十三五"规划》指出，未来上海交通的发展势头和发展规模将持续扩大。按照目前增长趋势，全市常住人口预计每年增长 1.5%，这势必加大全市交通需求总量，交通供给能力需要与之适应。同时，随着郊区新城镇建设、大浦东战略推进、虹桥商务区开发以及重大基础设施项目落地等一系列新部署，城市空间布局势必发生重大调整，中心城用地饱和将促使人口、岗位和交通分布逐步向郊区转移，新城交通投入力度将逐步加大。

3.2.2　防汛领域气候变化风险评估及风险区划图

承灾体的暴露度特征反映了特定社会的人们及其拥有的财产对水灾的易损性。在同等致灾条件下，暴露度越高的承灾体，灾害造成的损失愈大。有人认为随着城市的现代化，城市的防洪排涝能力也自然有所加强，防灾减灾能力得到提高，城市洪涝灾害应该有所减轻。而事实正相反，越是现代化的城市，对城市洪涝灾害的暴露度越高。因为城市人口与财产密度加大，这导致同样的洪涝所造成的生命财产损失加大；城市地下设施，如交通、仓库、商场、管线等大量增加，抗洪能力降低；维持城市正常运转的生命线系统发达，如电、气、水、油、交通、通信、信息等网络密布，若一处发生故障，将产生较大面积的辐射影响；同时，比较有利的地势已经被老城区占据，人口和资产只能向防洪薄弱的低洼地区集中。总的看来，城市经济类型的多元化及人类活动的影响使城市的综合减灾能力越来越脆弱了，导致在同等致灾条件下其损失总量在不断上升。

本书选用 2010 年上海市人口密度、耕地面积比重、地均 GDP 来表示暴雨洪涝灾害的社会经济暴露度，此外虽然 2009 年南汇区并入浦东新区，但是南汇区的社会经济发展状况和原浦东新区差异较大，在考虑人口密度、耕地比例和地均 GDP 时，仍将现浦东新区分为原浦东新区和原南汇区两部分考虑。上海市人口密度以市区最高,其次为浦东区(不包括原南汇区)以及近郊的闵行及宝山区,崇明区人口密度最低[图 3-6(a)]。耕地比例的分布基本和人口密度分布相反,以远郊的崇明区、嘉定区和奉贤区耕地比例最高,市区、闵行区和浦东新区(不包括原南汇区)最低[图 3-6(b)]。上海市地均 GDP 的分布和人口密度的分布较为类似,同样是市区和近郊高,远郊比较低[图 3-6(c)]。

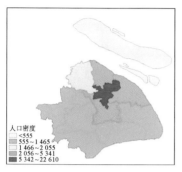 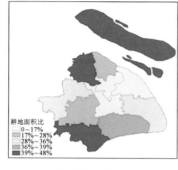 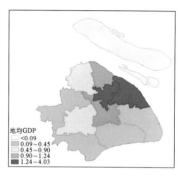

(a) 人口密度   (b) 耕地面积比重   (c) 地均 GDP

图 3-6 上海市人口密度、耕地面积比重、地均 GDP 分布图

1. 洪涝脆弱性分析

1) 高程和地形标准差

上海是长江河口的一块冲积平原,境内除西、南部有十余座基岩残丘外,均为坦荡平原,平均地面高程为 2.3 m(黄海高程,下同),地形特征是东高西低(图 3-7)。上海西部因临太湖及其四周小湖群,故地势最为低洼,青浦区、松江区大部分及金山区北部,是全市地势最低地区,平均

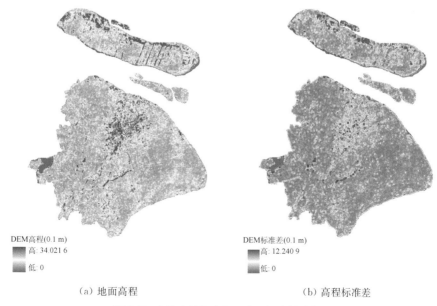

(a) 地面高程   (b) 高程标准差

图 3-7 上海市地面高程及高程标准差分布图

地面高程为 1.0～1.5 m；中北部包括中心城区、浦东新区西部、嘉定和宝山相对西部较高，地面高程为 2.0～3.0 m；东南部的闵行南部、浦东新区东部、奉贤、南汇是上海地势最高的地带。长江的入海口有崇明、长兴和横沙三个岛屿，崇明岛平均地面高程为 2.5 m 左右，长兴岛、横沙岛地势较低，高程为 1.5～2.5 m。所以，地势低平、地下水位高(特别在低洼地区)、明涝暗渍较严重是上海地区的重要特点。

同时考虑相邻范围内的地形起伏变化来确定洪水危险程度的大小，即计算某个栅格单元相邻范围内的高程相对标准差。标准差越小，表明该处附近地形起伏较小，越容易形成洪水；相反，标准差越大，表明该处附近地形起伏较大，形成洪水的危险性也较低，本书通过 GIS 空间分析功能的领域分析，计算 DEM 栅格周围邻域内 25 格(包括自身)栅格高程的标准差。如图 3-7 所示，上海市中心城区及长江入海口沿岸，松江和闵行区的部分地区及崇明岛北部地形起伏相对较大，其余部分地形较小，相对洪涝风险较大。

2) 河湖网络及海岸带

评价区域发生洪灾的概率与区域内河网的分布情况有关。距离江、河、湖、库等越近，则洪水危险程度越高。河流级别越高，水域面积越大，其影响范围越大。河网越密，发生洪涝的可能性以及产生的危害也越大。上海境内江河纵横，水网稠密，是湖源型平原感潮河网地区，平均每平方公里的河流长度达 4.36 km，河网以西部最为稠密，崇明、南汇和奉贤沿海河网也相对稠密(图 3-8)。主要河流有黄浦江及其支流苏州河。黄浦江是太湖流域的主要排水河道，黄浦江、苏州河都是感潮河道，因此，当暴雨连日、太湖水涨、水流下泄时，如遇长江洪水或河口潮水顶托，往往造成上海西部低洼地区受到严重的洪涝灾害。另外上海拥有几百公里长的海岸线，海岸带地区易遭受灾害性海浪的冲刷，也存在着洪涝灾害的风险，根据距离海岸线及江河湖库等面状水体越近，洪水危险程度越高的原则，可以通过建立缓冲区来表达洪水危险程度。在本书中，一般将海岸带的影响利用一级和二级缓冲区表示，其中一级缓冲区 4 km，二级缓存区 6 km。对于面状水域如黄浦江干流和淀山湖我们同样通过建立缓冲区的方法考虑其洪涝影响，其中黄浦江干流的一级、二级缓冲区宽度分别为 2 km 和 4 km，湖面水域的缓冲区范围为 0.5 km 和 1 km，在所有一级、二级和非缓冲区，我们将海岸带和面状水域的影响因子分别定义为 0.8、0.6 和 0.1。河网密度是流域结构特征的一个重要指标，其定义为单位面积内河道的总长度，可用式(3-2)表示：

$$D = \frac{L}{A} = \frac{nl}{na} = \frac{l}{a} \qquad (3-2)$$

式中　L——流域内河流总长度；

　　　A——流域面积；

　　　n——流域内河段总段数；

　　　l——为平均河长；

　　　a——平均相邻面积。

在实际计算中,可计算每个格网内的河流长度,因不同级别对于涝灾的影响程度不同,对线状河流根据等级赋权重后再进行河网密度的计算。

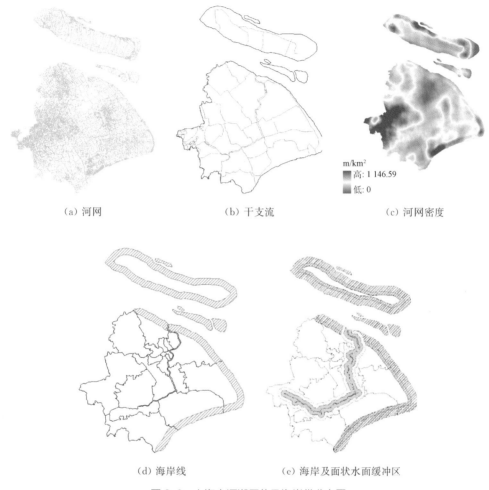

（a）河网　　　　　　　　　　（b）干支流　　　　　　　　　　（c）河网密度

m/km²
■ 高: 1 146.59
■ 低: 0

（d）海岸线　　　　　　　　　　（e）海岸及面状水面缓冲区

图 3-8　上海市河湖网络及海岸带分布图

3）土地利用类型及土壤

土地利用类型如植被覆盖和土壤类型对洪涝灾害的危险性分布具有一定的影响。植被覆盖与土壤类型对降雨的入渗有较大影响,其中,丰富的植被分布具有涵养水源、调节径流、保持水工等多种生态功能,肥沃的土壤蓄水保水能力较强,可减弱降水对地面侵蚀的动能,能在一定程度上减弱洪峰流量,延缓洪峰到来的时间,因此可见,土地利用类型和土壤性质直接影响了下垫面土壤的透水能力,在相同洪水和内涝气象致灾因子的影响下,土地利用类型和土壤透水力决定了灾情被排除的及时程度。如图 3-9 所示,上海市主要水体(淀山湖和黄浦江干流)及中心城区核心区由于城市建设导致的下垫面大面积硬化,其都被视为几乎不透水的区域,崇明岛南部下垫面透水能力高于北部。上海大部分地区由于其土壤特性,透水

能力一般,只有在浦东和金山沿海以及松江的
东北部地区有排水能力较好的下垫面地表
分布。

4) 防汛工程设计标准

依据上海的河网分布和地势特点,上海市
采取"分片控制,洪、涝、潮、渍、旱、盐、污综合治
理"的治水方针。1980 年,上海市水利局编制
完成《上海郊区水利建设规划(1981—1990
年)》草案,正式提出把全市分为 14 个水利控制
片进行综合治理。14 个水利控制片合计面积
6 158.62 km²,占全市总面积的 97.1%。水利控
制片基本上由外围一线堤防、水闸、泵闸、片内
河道以及圩区组成。水利控制片的基本情况如
图 3-10 所示。

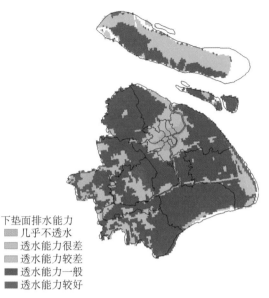

下垫面排水能力
　几乎不透水
　透水能力很差
　透水能力较差
　透水能力一般
　透水能力较好

图 3-9　上海市下垫面排水能力空间分布

从各水利控制片内河堤防设标准来看(图 3-11),蕴南片、浦南西片和商榻片的设计水
位标准最高,分别为 4.44 m,4.25 m 和 4.25 m。长兴岛和横沙岛设计水位标准最低为
2.70 m。

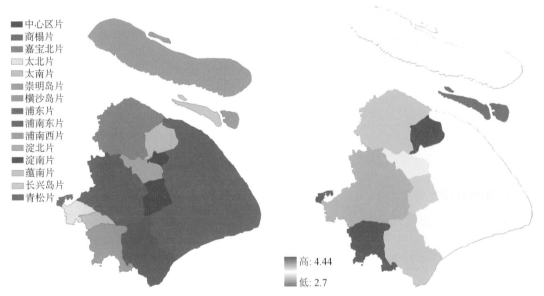

■中心区片
■商榻片
■嘉宝北片
□太北片
■太南片
■崇明岛片
■横沙岛片
■浦东片
■浦南东片
■浦南西片
■淀北片
■淀南片
■蕴南片
■长兴岛片
■青松片

高: 4.44
低: 2.7

图 3-10　上海市水利分片空间分布　　　　　图 3-11　上海市内河堤防设计标准空间分布

圩区是指地势低洼的独立排涝区域,据 1999 年上海市水资源普查对市郊低洼圩区的 30 个
属性数据的调查分析,市郊共有圩区 385 个,总控制面积 186 万亩(1 亩≈667 m²),其中耕地
135 万亩,上海市共有 9 个区县存在圩区,青浦区圩区最多,为 143 个,占圩区总数的 38%,松江

有 303 个圩区,占圩区总数的 36%。圩区数最少的为嘉定和奉贤两区,各有 8 个圩区,圩区的排涝能力也可以代表上海市对于洪涝灾害的脆弱性,其表现为近郊圩区排涝能力强,远郊圩区排涝能力较弱的特点(图 3-12),其中松江、金山、青浦地区是上海市低洼地比较集中的地区,而其排涝标准较低,易发生涝灾。

上海市已建成一线海塘 523.484 km,其中达到 200 年一遇潮位加 12 级风防御标准的有共114.775 km,占 22%;达到 100 年一遇潮位加 11 级以上风防御标准的共 296.273 km,占56.6%;其余 111.417 km 则是 100 年一遇潮位加不足 11 级风防御标准的海塘,占 21.3%。上海市海堤设计标准空间分布如图 3-13 所示,200 年一遇潮位加 12 级风防御标准的高标准海堤主要修建在宝山、浦东和金山区的沿岸。区域海岸线大多数以中等标准的 100 年一遇潮位加 11 级以上风防御标准为主。崇明岛的海堤防护标准较低,除了 100 年一遇潮位加 11 级以上风防御标准外,在崇明岛的东部海岸线,海堤只有 100 年一遇潮位不足 11 级风防御标准(图 3-13)。

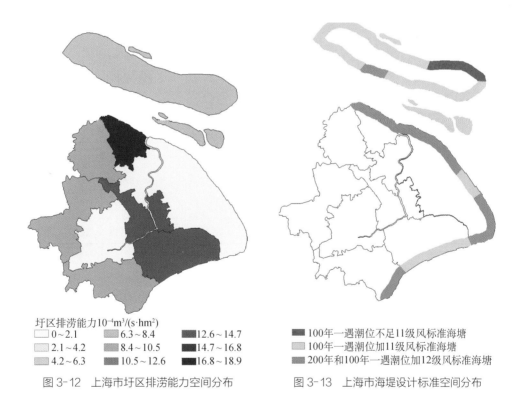

图涝能力10^{-4}m³/(s·hm²)
□ 0~2.1   ■ 6.3~8.4   ■ 12.6~14.7
□ 2.1~4.2   ■ 8.4~10.5   ■ 14.7~16.8
□ 4.2~6.3   ■ 10.5~12.6 ■ 16.8~18.9

■ 100年一遇潮位不足11级风标准海塘
■ 100年一遇潮位加11级风标准海塘
■ 200年和100年一遇潮位加12级风标准海塘

图 3-12 上海市圩区排涝能力空间分布   图 3-13 上海市海堤设计标准空间分布

2. 上海市防汛排涝领域洪涝灾害风险评价指标体系

根据上述城市洪涝灾害发生机制下上海市洪涝灾害的致灾因子、脆弱性和暴露度的分析,并综合考虑数据的可获得性,通过搭建不同层次的目标层、决策层、指标层、子指标层架构,基于专家打分和层次分析的主观结合客观的评价方法,确定各层次上要素的权重值,提出上海市洪涝灾害风险评价的指标体系,并为了消除不同指标层指标之间的量纲差异,对各层指标进行归一化处理,对于和风险呈正相关的因子采用式(3-1),对于和风险呈反相关的因子采用式(3-1)进行数据的归一化(表3-4)。

表3-4　　　　　　　　　　　　上海市防洪排涝领域指标体系

目标层	决策层	权重	指标层	权值	子指标层	权重
上海市防洪排涝领域指标体系	致灾因子	0.33	降雨因素	0.43	年均暴雨日数	0.32
					平均3 d最大降水量	0.36
					小时降水大于35.5 mm	0.32
	脆弱性	0.36	河湖海岸因素	0.25	河网密度	0.58
					面状水域缓冲区	0.21
					海岸缓冲区	0.21
			地形因素	0.30	DEM高程	0.41
					高程标准差	0.59
			土壤因素	0.15	土壤排水力	1
			防汛工程设计标准	0.30	内河堤防设计标准	0.37
					圩区排涝标准	0.28
					海堤设计标准	0.35
	暴露度	0.31	人口因素	0.37	人口密度	1
			经济因素	0.35	GDP密度	1
			耕地因素	0.28	耕地密度	1

3. 上海市防汛排涝领域灾害风险地图

将各区县的不同降雨因素的致灾因子归一化后,对年均暴雨日数、年均3d最大降水量和小时降水大于35.5 mm的降水总时数分别取权重值0.32,0.36和0.32,采用加权综合评价法计算得到到各区县致灾因子的危险性指数,结果最大值达75.8(中心城区)、最小值为25.2(青浦区)(表3-4)。图3-14是上海全市的致灾因子危险性指数的空间分布图。分布图表明,气候致灾因子最大值分布在上海的中心城区及其东南部,最小值分布在西部和崇明岛。

根据致灾因子危险性指数大小,利用自然断点分级法将上海市11个区县划分为高危险区、较高危险区、中等危险区、较低危险区、低危险区。结果是中心城区和闵行区为上海市的致灾因子高危险区,奉贤区和浦东新区为较高危险区,原南汇区、宝山区为中等危险区,崇明区、松江区、金山区和嘉定区为较低危险区,青浦区为低危险区(表3-6)。

对河湖海岸因素、地形因素、土壤因素和防汛工程设计标准的归一化指标分别取0.25,

0.30,0.15 和 0.30 为权重,计算上海市洪涝灾害脆弱性指数。图3-15 显示了上海市洪涝灾害脆弱性空间分布,中心城区脆弱性较低,西部脆弱性较高,此外部分沿海岸线的地带由于风暴潮的影响和海堤防御标准低于其他地段致使其脆弱性也较高,比如崇明岛的北岸和奉贤区的南部海岸地区。

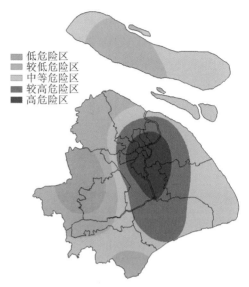

图 3-14 上海市致灾因子危险性区划图

根据敏感性指数大小,利用自然断点分级法将上海市 11 个区县划分为高脆弱区、较高脆弱区、中等脆弱区、较低脆弱区、低脆弱区。结果是松江区和青浦区为上海市的洪涝灾害的高脆弱区,崇明和原南汇区为较高脆弱区,奉贤和浦东区为中等脆弱区,金山、闵行和市区为较低脆弱区,宝山为低脆弱区(表3-5)。

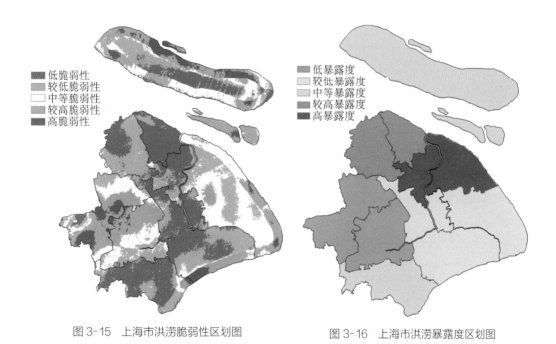

图 3-15　上海市洪涝脆弱性区划图　　　　图 3-16　上海市洪涝暴露度区划图

将上海各区县的与洪涝灾害承灾体相关的社会经济指标数据归一化后,取人口密度的权重为 0.37,GDP 密度的权重为 0.35,耕地比重的权重为 0.28,采用加权综合评价法计算得到各区县的承灾体的暴露度指数,最大值是 60(中心城区),最小值为 30(闵行区)(表 3-6)。图 3-16 是上海全市的承灾体暴露度因子指数的空间分布图。分布图表明,暴露度因子最高值分布在上海的中心城区及浦东区,最低值分布在西部的青浦区和松江区。

根据承灾体的暴露度指数大小,利用自然断点分级法将上海市 11 个区县划分为高暴露度区、较高暴露度区、中等暴露度区、较低暴露度区、低暴露度区。结果是中心城区和浦东为上海市的承灾体高暴露度区,宝山区和嘉定区为较高暴露度区,金山区和崇明区为中等暴露度区,奉贤区、闵行区和原南汇区为较低暴露度区,松江区和青浦区为低暴露度区。

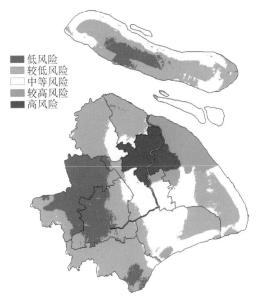

图 3-17 上海市洪涝灾害风险区划图

综合上述上海市防洪排涝领域的致灾因子、脆弱性和暴露度的评估结果,分别对致灾因子取权重 0.33,孕灾环境取权重 0.36,承灾体部分取权重 0.31,得出上海市洪涝灾害的风险区划图(图 3-17)。市区及周边地区由于"雨岛效应"的影响,气象致灾因子危险性较高,同时由于市区人口及经济活动密集,其承灾体暴露度也最高,所以上海市市区及周边区域的洪涝灾害风险最高。上海市西部地区的青浦和松江虽然洪涝灾害的脆弱性较高,但是由于洪涝灾害的气象致灾因子危险性较小,加之承灾体的暴露度在各区县中排在靠后的位置,所以总体而言洪涝灾害风险最低。崇明岛、长兴岛等由于受河网、海岸的共同影响也属于洪涝灾害较高的区域。从总体洪涝灾害风险的区划来看,上海市洪涝灾害的风险空间分布特征表现为以市区为高值中心,东北高西南地低的特点。

根据灾害风险指数大小,利用自然断点分级法将上海市 11 个区县划分为高风险区、较高风险区、中等风险区、较低风险区、低风险区。其中市区和原浦东新区为高风险区,闵行区和原南汇区为较高风险区,奉贤、崇明和嘉定为中等风险区,金山和宝山为较低风险区,松江和青浦区为低风险区。

表 3-5　　　　　　　　上海市分区县致灾因子、脆弱性和暴露度指数

上海区县	市区	崇明	宝山	嘉定	青浦	松江	金山	奉贤	南汇	浦东	闵行
致灾因子	75.8	42.5	47.4	39.1	25.2	35.8	43.2	57.4	53.9	62.5	67.5
脆弱性	20.8	30.3	16.1	22.3	33.7	31.4	21.3	24.9	30.3	27.4	20.7
暴露度	98.5	42.1	49.2	55.2	36.6	36.7	44.8	38.7	37.9	75.6	38.1
风险指数	63.0	37.6	36.3	37.6	31.2	33.9	35.4	39.6	40.1	53.9	41.2

4. 上海市防汛排涝未来可能风险预估

未来气候变化背景下,全球极端气候事件将可能更加频繁地发生,加之上海市城市化的推进,城市"热岛效应"和"雨岛效应"的特征可能将更加明显,这些都会增加上海市洪涝灾害气象

致灾因子的危险性。随着海平面的上升,沿海地带遭受破坏性海浪的危险加大,城市建设造成的河道减少和地面进一步硬化,使得城市自然排涝能力下降,河道潮位将可能继续呈上升趋势。上海作为国家的经济中心,未来经济的发展还将伴随人口的继续膨胀和经济活动的更加密集。上海有相当数量的工厂企业布局在沿海地带,在未来海平面上升和风暴潮加剧的背景下,其存在的风险会进一步上升。虽然经济的发展可以使上海市防灾减灾能力在未来得到提升,但总体而言上海市防汛排涝暴露度在未来仍然很有可能会上升。

3.2.3　上海市能源消费领域风险评估及风险区划

上海市影响能源消费的主要气象因子是高温,本节选择三个指标来进行描述:最高气温高于35℃的日数、最低气温高于28℃的日数及历年高温热浪频次。近几十年来,上海地区平均气温以升温趋势为主。本节以最高气温35℃以上日数、最低气温28℃以上日数和高温热浪频次作为生活能源消费风险因子,以人口密度和地均GDP作为暴露度因子,大雾、大风和雷暴日数作为脆弱性因子,同时结合专家调研确定指标权重,构建了上海能源消费风险区划指标体系(表3-6)。以此指标体系为基础,将上海划分为10个区,其中杨浦、普陀、虹口、长宁、徐汇、静安、黄浦、闸北合记为市区,南汇和浦东合记为浦东新区,详细评估了上海能源领域(主要是生活能源)的风险现状。

表3-6　　　　　　　　　　上海能源消费领域风险评价指标体系及权重

目标层	指标层	权重	子指标层	权重
能源领域适应气候变化水平指数	极端天气气候事件(综合风险)	0.4	最高气温高于35℃日数	0.3
			最低气温高于28℃日数	0.3
			高温热浪频次	0.4
	暴露度	0.3	人口密度	0.5
			地均GDP	0.5
	脆弱性	0.3	大雾日数	0.3
			大风日数	0.3
			雷暴日数	0.4

1. 上海能源消费气象风险因子评价

基于上海各区县气象站点年平均(1981—2010年)最高气温35℃以上日数、最低气温28℃以上日数和历年高温热浪发生次数,利用线性函数转换公式$y=(x-x_{min})/(x_{max}-x_{min})$($x$和$y$分别为转换前和转换后的值,$x_{max}$和$x_{min}$分别为样本的最大值和最小值),将各站常年平均的高温日数、低温日数和热浪日数归一化为0~1值,分别记为高温指数、低温指数和热浪指数(图3-18)。

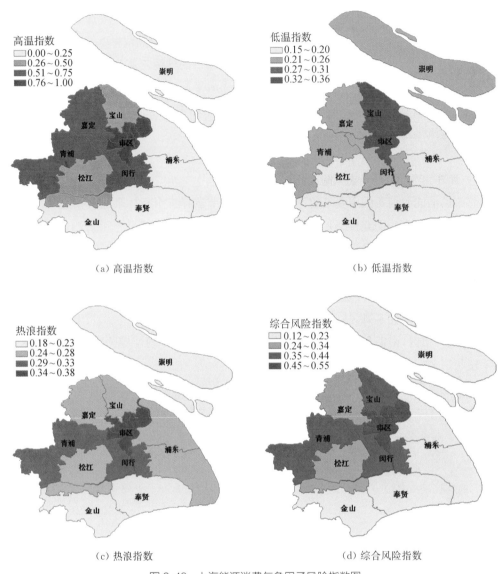

图 3-18 上海能源消费气象因子风险指数图

1981—2010 年期间,上海高温指数的空间分布表现为西北部大于东南部,市区最大,嘉定、闵行、青浦和宝山较大,崇明、金山和浦东较小,奉贤最小[图 3-18(a)];低温指数的空间分布与高温指数类似,表现为西部大于东部,市区和宝山最大,嘉定、闵行、青浦和崇明相近,位居次席,而浦东、金山、奉贤和松江最低[图 3-18(b)];热浪指数在市区最大,崇明、金山和奉贤最小,其他区域热浪指数相类似,表现出明显的城市化特征[图 3-18(c)]。

根据能源消费领域指标体系对高温指数、低温指数和热浪指数赋予的权重指标(表 3-7)进行空间加权,同样利用公式 $y = (x - x_{\min})/(x_{\max} - x_{\min})$ 进行归一化处理,得到上海市能源消费气象因子综合风险指数[图 3-18(d)]。

上海 10 个区能源消费气象因子综合风险指数从高到低依次为市区、宝山、闵行、青浦、松江、嘉定、浦东、崇明、金山、奉贤[图 3-18(d)]。上海城市能源消费气象风险指数呈现出明显的城市效应,上海市区由于三项指标均位于首位,所以综合风险指数也最大,达到 0.55,远高于第二层次的闵行、宝山、青浦和松江。

表 3-7   1981—2010 年上海能源消费气象因子风险指数值

风险指数	高温指数	低温指数	热浪指数	综合风险指数
闵行	0.52	0.24	0.30	0.35
宝山	0.49	0.36	0.28	0.37
嘉定	0.55	0.22	0.26	0.24
崇明	0.02	0.25	0.21	0.17
市区	1.00	0.34	0.38	0.55
浦东	0.11	0.18	0.24	0.18
金山	0.10	0.18	0.19	0.16
青浦	0.52	0.22	0.29	0.34
松江	0.44	0.17	0.28	0.30
奉贤	0.00	0.15	0.18	0.12

2. 上海能源消费暴露度评价

上海城市生活能源消费与人口密度和地均 GDP 紧密相关,选用人口密度和地均 GDP 表示上海能源消费的暴露度评价指标(表 3-8)。

利用式(3-1)将上海各区县的人口密度和地均 GDP 进行归一化处理,得到上海市人口密度和地均 GDP 的空间分布。可以看出,上海市人口密度从市中心向郊区逐渐减少,其中市区最大,宝山、闵行次之,崇明最小,金山、奉贤、青浦、松江和嘉定较小,归一化值均在 0.1 以下[图 3-19(a)]。地均 GDP 的大小反映了该区域社会经济暴露度的高低,地均 GDP 越高,暴露度越大[图 3-19(b)]。可见,上海地均 GDP 以市区最高,宝山、闵行、浦东次之,青浦、松江再次,而崇明、嘉定、金山和奉贤相对较低。

总体而言,上海市区能源消费暴露度最高,其次是闵行、宝山和浦东,再次是嘉定和松江,奉贤、青浦、金山和崇明的能源消费暴露度最低。

表 3-8   上海能源消费暴露度指数

暴露度	人口密度	地均 GDP	能源暴露度指数
闵行	0.22	0.18	0.2
宝山	0.24	0.18	0.21
嘉定	0.10	0.08	0.09
崇明	0.00	0.00	0

暴露度	人口密度	地均 GDP	能源暴露度指数
市区	1.00	1.00	1
浦东	0.13	0.19	0.16
金山	0.02	0.02	0.02
青浦	0.03	0.04	0.04
松江	0.08	0.07	0.08
奉贤	0.04	0.03	0.04

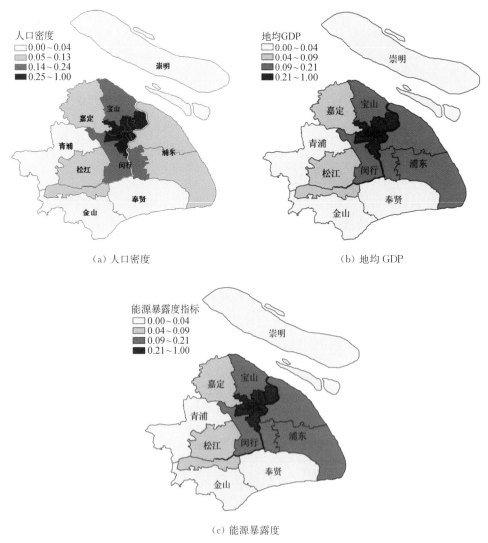

（a）人口密度 （b）地均 GDP

（c）能源暴露度

图 3-19　上海能源消费暴露度指数图

3. 上海能源消费脆弱性评价

在假定上海城市供电基础设施全市一致的前提下,极端气象灾害对电网造成的损失是上海市能源脆弱性的一个重要缘由。本节主要分析大雾、大风和雷暴日数对于电网可能造成的影响程度(表3-9)。

同样利用式(3-1)将上海各气象因子脆弱性指标进行归一化处理,并加权处理,得到上海市能源消费脆弱性指标的空间分布(图3-20)。

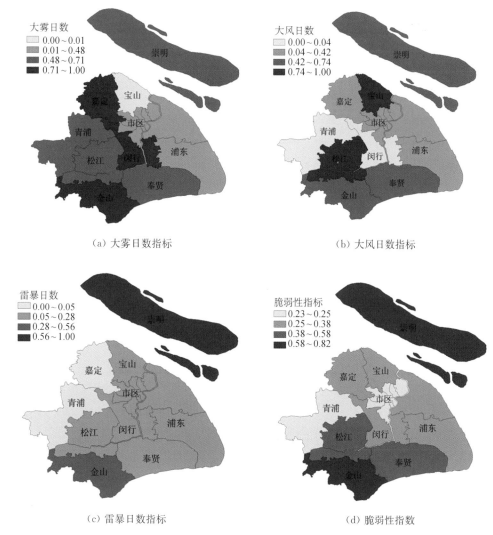

（a）大雾日数指标　　　　　　　　　　　　　（b）大风日数指标

（c）雷暴日数指标　　　　　　　　　　　　　（d）脆弱性指数

图3-20　上海能源消费脆弱性指数图

可以看出,上海市雷暴日数指标基本表现为市区较大、郊区较小的分布形态;大风日数指标分布形态相反:市区风速指标较小而郊区风速指标较大;雷暴日数指标除崇明和金山相对较大外,全市差别不大。总体而言,上海市区和青浦的能源消费脆弱性最低,闵行、宝山、嘉定和浦东次之,再次是松江和奉贤,而金山和崇明的能源消费脆弱性最高。

表 3-9 　　　　　　　　　　　　　上海能源消费脆弱度指数

脆弱度	大雾日数	大风日数	雷暴日数	能源脆弱度指数
闵行	0.85	0.00	0.13	0.31
宝山	0.00	1.00	0.19	0.38
嘉定	0.84	0.19	0.00	0.31
崇明	0.66	0.74	1.00	0.82
市区	0.32	0.29	0.17	0.25
浦东	0.48	0.42	0.19	0.35
金山	1.00	0.69	0.56	0.73
青浦	0.67	0.04	0.05	0.23
松江	0.60	0.97	0.28	0.58
奉贤	0.71	0.60	0.17	0.46

4. 上海能源消费领域的风险现状评价

根据表 3-6 所示的权重对上海气象因子综合风险指数、能源暴露度指数和脆弱性指数进行空间相加处理,对指数乘以 100 后取整,得到上海能源消费风险指数,利用表 3-10 对上海能源消费风险指数进行分级,得到上海能源消费风险区划图(图 3-21)。对上海能源消费风险指数及区划分析表明,高风险区主要集中于市区;次高风险区主要分布于宝山、闵行、松江、金山和崇明;而嘉定、青浦、浦东和奉贤为低风险区。

表 3-10 　　　　　　　　　　　　　上海能源风险等级划分

风险等级	低风险	中等风险	高风险
能源风险指数	<22.5	22.5~32.5	>32.5

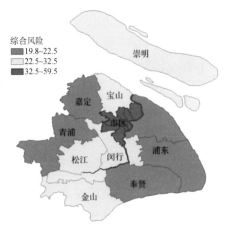

图 3-21　上海能源消费综合风险区划图

3.2.4　上海人体健康领域风险区划

根据最新的灾害评估方法,我们从极端事件、暴露度和脆弱性三个指标层考虑,进行高温风险的区划,并根据数据的可获取性以及分析的需要,筛选出三个指标层下的子指标,构建适合高温风险评价指标体系,如表 3-11 所示。我们将从以下三个指标层分析上海地区的高温风险。

表 3-11　　　　　　　　　　　　高温风险评价指标

指标层	子指标	指标数据来源
极端事件	高温日数	1961—2012 年
	大于 35℃的年平均积温	1961—2012 年
	炎热指数	1961—2012 年
暴露度	65 岁以上的人口密度	2010 年
	14 岁以下的人口密度	2010 年
脆弱性	万人医生数	2012 年
	万人病床数	2012 年
	医疗机构数	2012 年

1. 极端高温事件因子分析

极端高温事件的三个子指标分别为年高温日数、年积温和炎热指标。这三个指标分别代表高温的频数、高温的强度和高温的炎热程度与舒适度。从这三个角度可以比较全面地分析高温事件的影响程度。

图 3-22 给出的是 1961—2012 年的高温日数的空间分布图。由图中可以看出,上海地区的市中心的高温日数明显高于郊区。形成西高东低的走势,其中南汇地区的高温日数最少,只有 165 d,而徐家汇市中心的高温日数则为 655 d。

图 3-23 为 1961—2012 年高于 35℃的年积温的空间变化图。11 个站的平均年积温为 428℃/年。同样是市中心徐家汇站的积温最高,其次为闵行地区;而年积温较低的为南汇、崇明、奉贤和金山郊区,平均年积温分别为 142℃/年、219℃/年、243℃/年和 298℃/年。由此可看出城市中心的热岛效应较为明显。

上海地区的夏季 6~9 月份的炎热指数的空间差异性较小(图 3-24),夏季的炎热指数平均值均在 82 左右,但是与高温频次和强度空间分布略有不同的是:夏季炎热指数呈现西高东低的趋势。上海西部的徐汇、闵行、松江、青浦、嘉定等地区的炎热指数较高,而南汇、浦东和崇明等地区的炎热指数相对略微偏低一些。这可能是由于这几个郊县都位于沿海地区,有海风扩散等作用,造成其炎热程度低于内陆的几个区县。

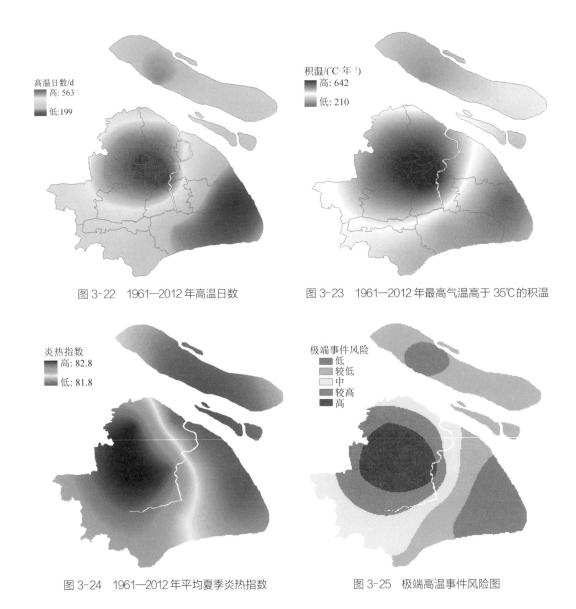

图 3-22　1961—2012 年高温日数　　　　　图 3-23　1961—2012 年最高气温高于 35℃ 的积温

图 3-24　1961—2012 年平均夏季炎热指数　　　图 3-25　极端高温事件风险图

　　根据以上分析,分别对高温日数、年积温和夏季炎热指数三个指标进行归一化处理,并分别取权重 0.4,0.4 和 0.3,采用加权综合评价法计算得到各区县极端高温事件的危险性指数,结果表明危险指数较高的地区为中心城区,最小值为南汇地区。图 3-25 是上海全市的极端高温事件危险性指数的空间分布图。分布图表明,危险性因子最大值分布在上海的中心城区及其东北部,最小值分布在西部和崇明岛。利用自然断点方法,分别划分出低、较低、中等、较高和高风险 5 个风险区域。

　　2. 高温暴露度分析

　　这里极端高温事件中的暴露度主要考虑为人口因素。研究显示,受高温热浪事件影响较大的脆弱人群主要为老人和儿童,因此这里主要选取了 65 岁以上老人和 14 岁以下儿童的人口密度作为暴露度的两个子指标,用以分析高温热浪极端事件的暴露度情况。

根据 2010 年的第四次人口普查数据,我们手工绘制了上海市的街道级别的人口密度分布图。其中,图 3-26 为上海地区 65 岁以上的人口密度分布图。上海地区的 65 岁以上的老人的密度空间差异性较大。其中,中心城区的老年人口密度最高,密度最大的地区超过 3 000 人/km^2,而密度较小的崇明地区可能每平方千米只有 1~2 个老年人。从图中也可看出,上海地区的老年人口基本是以中心城区向外呈环状逐渐减少,中心城区老年人口最多,郊区逐渐减少。但郊区区县中心的老年人口密度相对会略高,这主要因为区县中心的总人口密度较高。

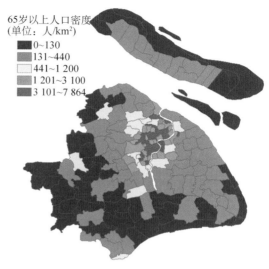

图 3-26 65 岁以上老人的人口密度

14 岁以下的儿童的人口密度与老年人口的分布基本一致(图 3-27),也是中心城区的密度最高,并以中心城区为中心,向外呈现圆环状的减少趋势。中心城区的儿童人口密度较高的街道均在 1 600 人/km^2,而人口较低的郊县地区则低于 95 人/km^2。但嘉定、青浦和奉贤等地区也出现了具有较高的儿童人口密度的街道,这些地区均是这些区县经济发展程度较好、人口密度较高的地区。

根据以上的分析,同样对老年人口密度和儿童人口密度两个指标进行归一化处理,对两个指标取等权重 0.5,通过加权综合评价方法,得出上海地区的暴露度指标分布图,如图 3-28 所

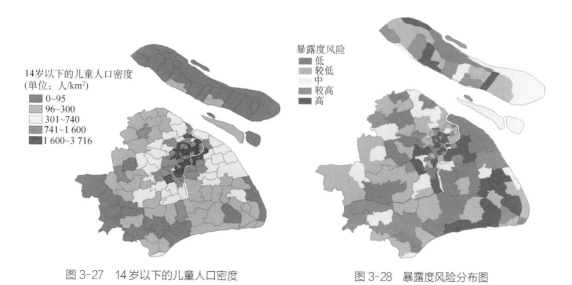

图 3-27 14 岁以下的儿童人口密度   图 3-28 暴露度风险分布图

示,并利用自然断点法,划分出低、较低、中等、较高和高五个风险区域。由此可见,上海地区暴露度风险较高的地区为中心城区、崇明、浦东、南汇、奉贤和金山地区。

3. 健康领域脆弱性风险分析

根据数据的可获取性,以及研究的需要,选取了万人床位数、万人医生数和医疗机构数三个子指标代表上海市医疗机构适应气候变化的能力水平,作为综合评价高温热浪脆弱性的指标。由于数据的有限性,三个子指标的数据均只有区县空间级别的数据。

图3-29为上海各区县的万人医生数和万人床位数的空间分布图。从图中可以看出上海市医疗基础设施主要集中在市区。其中静安区的万人床位数和医生数均最高,分别为230张/万人和124位/万人,其次较高的地区是黄浦区、徐汇区,医疗资源较少的为嘉定、宝山、青浦和松江等区县,万人床位数均为25张/万人,万人医生数也低于15位/万人。医疗机构数目较多的为浦东区,为606个医疗机构数;而闵行、嘉定和宝山地区的医疗机构较少,基本为200~300个;奉贤的医疗机构最少,只有81个。由医疗资源配置来看,医疗资源比较丰富的为市区,

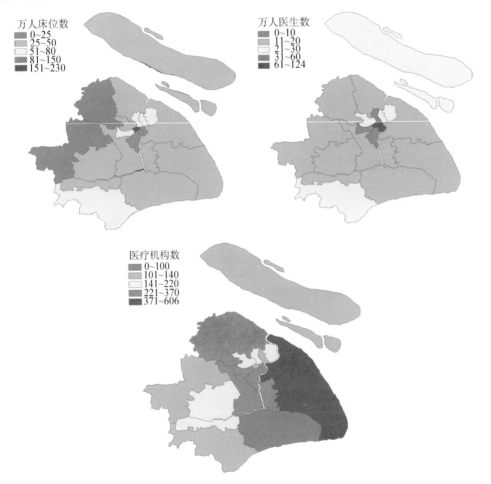

图3-29 上海万人床位数、医生数和医疗机构数分布图

近郊地区的医疗资源较少,而远郊的崇明、金山等地则最少。

同样对万人床位数、万人医生数和医疗机构数进行归一化处理,三个子指标分别取权重0.2、0.3和0.5,并进行加权综合平均,计算获得上海市高温脆弱性风险区划图(图3-30)。从图中可见,上海市高温脆弱性风险较高的地区为松江、青浦和奉贤等地,风险较低的地区为市区和崇明等地。

4. 高温热浪风险区划

综合上述上海市极端高温事件、暴露度和脆弱性的评估结果,根据公式计算获得高温综合风险指数,并给出上海市高温风险区划图。其中高温风险指数的计算见式(3-3):

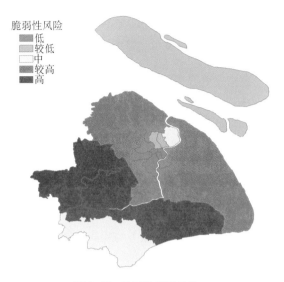

图 3-30　高温脆弱性风险

$$高温风险指数＝极端事件指数×暴露度指数×脆弱性指数 \qquad (3-3)$$

图 3-31 为上海市高温热浪灾害的风险区划图,由于市区及近郊地区人口密度较大,老年人口密度和儿童人口密度较高,再加上"热岛效应"的影响,极端高温事件的影响较大,虽然市区的医疗资源较为丰富,但综合分析,市区及近郊地区的高温风险最高。上海金山地区北部由于老年人口密度和儿童人口密度较高,而医疗资源相对匮乏,造成该地区的高温风险较高。

根据高温风险指数大小,利用自然断点分级法将上海市地区划分为高风险区、较高风险区、中等风险区、较低风险区、低风险区。其中市区、浦东新区西北地区、闵行西北和东南地区为高风险区,黄浦区、长宁区和浦东新区西北地区和金山地区西北地区为较高风险区,金山大

图 3-31　上海市高温风险区划

部分地区、奉贤东南地区、崇明地区和嘉定西部地区为中等风险区,宝山、松江、青浦等地为低风险区。

5. 未来气候变化对人体健康的影响

根据未来气候变化情景预估可以看出,上海未来的高温日数有所增加,一定程度说明未来的极端高温天气会有所增加。高温热浪或寒潮都会增加,增加了不同慢性疾病的发病率和死亡

率。儿童和老人及体弱的人,面对气候变化,承受力弱,容易产生负面健康效应。气候变暖对空气、水和土壤等环境也会造成一定负面影响,从而可能对人体健康带来危害。

6. 上海市健康领域气候变化适应性对策

1) 加强气候变化对人体健康影响研究,建立和完善气候变化对人体健康影响的监测预警系统

研究气候变化对居民健康和疾病传播的影响,特别是高温热浪、冰冻严寒、雾霾等极端天气事件对不同脆弱群体呼吸系统、心脑血管疾病发生率的影响,建立更有效的早期监测预警和应急响应系统,及时监测对公众卫生具有重大影响的疾病,防止疾病和公共卫生问题因气候变化而加剧,提升城市脆弱人群的风险防护能力。

2) 加强公共卫生服务与疾病控制能力建设

气候变化对人体健康产生的影响会受到很多条件的影响,如发展的水平、贫困和受教育的程度、公共卫生基础设施、土地利用等。贫困和营养不良严重、卫生基础设施薄弱的地区,在应对气候变化时将面临巨大的挑战。因此,需要建立健全疾病监测网络和预警体系,以提高全民应对气候变化带来的各种突发事件的能力。同时,加强对重点职业人群、脆弱区域及脆弱人群的监测,对特殊人群采取有效地保护措施,以减轻部分职业人群因高度暴露于各种有害因子中引起的高疾病负担。

3) 减缓城市热岛,改善居住环境

华东地区特别要注重城市化带来的热岛效应以及海洋和水体环境的保护。需要合理进行城市规划和布局以减缓城市热岛效应,改善人居条件与自然生态环境,采取科学的方式,不断改善住所的生态环境,减少气候变化对健康的负面影响。禁止或减少森林砍伐、保持物种多样性、保持良好的生态环境也是非常重要的措施。

4) 提高与人体健康相关的适应对策实施力度

加强国际和国内多领域、多学科的合作,研究和探索气候变化对人体健康影响的作用机制、评价和预测模型,研究各种与人体健康相关的适应技术,开发建立气候变化与人体健康早期预警系统和应急预案等相应的适应技术。气候变化对人体健康的影响是多方面的,需要气候学、医学、生物学、社会学以及经济学等多领域、多学科间的密切合作,在气候变化影响的敏感区域开展综合应对措施,制定适合公共卫生领域的适应气候变化政策。

5) 发挥保险业在应对气候变化中的作用

保险业与气候变化有着天然的联系,是检测气候变化影响的一个重要窗口。人身险是最重要的险种之一,保险业对气候变化的敏感性决定了保险同时是解决气候变化风险带来的问题的重要途径,是人类社会应对气候变化风险的排头兵。因此,保险公司应该在理解和管理人类应对气候变化影响方面发挥更多的指导作用。

6) 加强宣传教育,提高全民应对气候变化的自我保护意识

对社会各阶层公众进行气候变化方面的宣传活动,鼓励和倡导可持续的生活方式,提高全

社会应对气候变化风险意识。强化健康教育,加强公众自我保护意识的宣传,开展健康教育活动,使公众充分认识到气候变化对人体健康的可能影响,提高民众的自我保护能力。

3.3 上海市气候变化适应性对策研究

3.3.1 城市适应气候变化的方式

从城市系统对气候变化适应的方式来看,可以分为城市的主动适应、被动适应和自适应。

(1)主动适应是城市对于已经发生和预计发生的气候变化做出相应的改善和调整措施,以减轻未来气候变化带来的负面影响或规避不必要的风险,如各城市制定的气候变化战略规划、低碳发展规划等。主动适应能够对预先判断的气候变化时间做出积极回应,尽可能规避风险,但气候变化的不确定性往往给策略制定带来困难。从城市发展战略方面来,主动适应应该得到极大提倡。

(2)被动适应是城市对于已经影响到和观察到的气候变化现象做出的调整和应对,发生在气候变化事件之后。被动适应常见于对极端气候导致的灾害的处理过程中。

(3)自适应是指城市某子系统对于气候变化能够自动调整内部结构,以减轻气候变化的不利影响或适应新的气候条件。生态系统具有对气候变化的自适应机制,能够发挥气候调节、水文调节、涵养水源等方面的生态系统服务功能,改善局地的气候变化趋势、减轻气候变化的影响。城市自适应机制往往与城市防灾相结合,城市各种防灾规划的制定即是一种自适应方式。IPCC进一步提出了增量适应和转型适应的概念,以进一步分析适应措施制定和行动的过程中可能产生的一系列影响。

3.3.2 上海市气候变化适应性城市空间格局的构成要素

从适应性城市空间格局的概念来看,其构成要素要具有降低城市对气候变化的暴露度、敏感度以及提高适应度方面的功能(且具有空间意义),因此可以分为降低暴露度、敏感度要素和提高适应度要素;从城市空间的构成要素特性来看,可以分为空间要素和非空间要素。非空间要素主要是经济、社会领域的各种适应性举措;空间要素即城市空间组成的物质实体,包括建筑、道路、绿地、市政基础设施、社会公共服务设施、绿色基础设施等。具体如下。

(1)降低城市在气候变化暴露度方面的要素。观察与气候变化(尤其是城区年平均气温变化)相关性较高的城市空间发展因子,包括第一产业、非农业人口、工业能源消费量、年末实有铺装道路长度、基础设施投资额、机动车数量,这些反映了城市的产业结构变化、能源消费和机动车数量(本质也是能源消费和废气排放),主要反映了能源消费需求,它们对局地气候变化的形成具有较大的贡献。因此可以断定,降低城市在气候变化的暴露度方面就是要减少温室气体的排放,而其中最主要的非空间要素是调整产业结构、降低能源消费量,空间要素是构建低碳城市空间。

(2)降低城市在气候变化敏感度方面的要素。敏感度反映了城市经济社会复合生态系统受到气候变化影响后的受损程度,敏感度越高的地区一旦受到气候变化的不利影响,往往会有较大的风险,造成人员伤亡、经济损失等。降低城市对气候变化的敏感度,以非空间要素为主,需要对城市产业、对人口合理布局,对生态敏感区积极保护。

(3)提高城市在气候变化适应度方面的要素。从要素构成看,城市适应气候变化的要素包括城市功能运转、保障城市安全的城市基础设施(包括市政基础设施和公共服务设施),能够调节气候、减轻气候灾害的绿色基础设施(自然生态系统的组成部分),调节城市微气候的城市风道,增加城市反射率的建筑色彩。从非空间要素构成来看,包括了为了适应气候变化所制定的各种战略、政策、技术、标准、规划、信息系统等(软措施),是空间物质要素实施的保障。

3.3.3 上海市气候变化适应性城市空间格局构建的原则

1. 战略性与现实性相结合的原则

应对气候变化是一个长期的议题,需要广泛的、战略性的对策,而气候变化的不确定性增加了制定对策的难度,也要求城市发展的政策要不断调整以选择更具有可靠性的城市发展路径。对上海来说,应对气候变化也会是长期的、艰巨的任务,应该随着当前世界主流从低碳城市建设走向适应性城市建设。适应性城市空间格局的构建应该考虑上海长期的发展战略,向着可持续的全球城市目标迈进。在具体的构建框架和举措上要立足长远,认识到气候变化对城市发展战略的影响和城市空间的战略性布局。现实性则需要考虑上海能够更好地适应极端气候事件带来的影响,也需要从上海应对气候变化的可行性路径出发,从上海当前经济社会发展的基本背景、城市不同区域发展的现实出发,不能脱离实际构建一个理想的框架。

2. 与经济社会协调原则

经济社会发展水平是城市系统应对气候变化的根本保障。一般来说,经济水平越高、社会发展程度越高,适应气候变化的能力也越强。因此提高上海应对气候变化的能力,根本着眼点在于提高上海的经济社会发展水平。上海的经济社会发展水平在全国处于前列,也就决定了其具有较高的潜力应对气候变化。在足够强大的经济保障、全社会对应对气候变化的重视和具备应对灾害的能力等方面构建一个更为韧性、更为智慧的上海城市系统。适应性城市空间格局的构建和经济社会协调发展的原则表现在两个方面:一方面,应对气候变化的适应性城市空间格局的构建也应当立足于经济社会发展水平,符合并能一定程度上促进经济社会的发展,考虑到经济社会发展对土地、水等资源和能源的需求,并能前瞻性地提出重要的保障性措施,以协调好当前与长远的发展需求;另一方面,经济社会发展政策也要随着气候变化的不同时期、不同状况进行调整,将经济社会发展政策和战略置于应对气候变化的大框架下。

3. 与生态环境协调的原则

一个城市乃至地区的生态环境本底是形成其气候特点的根本。城市生态环境特征反映了城市生态环境系统演变特征及规律,同时也是人类与生态环境相互作用的结果。上海具有河口城市、地域狭窄、人口密度高、自然资源相对贫乏、能源依靠外部供给、城乡并存等特点,表现出建设用地比重过高、生态用地比重低且逐渐减少、生态承载力较低等生态环境问题和隐患,也存在环保投入滞后于经济发展、农业生态保护任务艰巨、人口集聚对区域资源环境带来巨大压力、生态进步目标实现程度下降等问题。这些特点导致了上海对气候变化表现出较高的脆弱性,城郊温差大,气候变化幅高于周边地区、极端气候灾害发生频率高、城市系统的暴露度和敏感度也高于一般城市。这就决定了在构建上海应对气候变化的适应性城市空间格局时,要充分考虑和尊重上海的生态环境本底特征,并以解决生态环境问题和隐患及其所带来的负面影响为目标之一,将解决生态环境问题和应对气候变化并重,提出与生态环境协调的城市空间要素布局。尤其是要加强对绿色基础设施布局和生态环境特色相结合,发挥生态空间的生态系统服务功能,如调节气候、涵养水源、保持水土、预防灾害等方面的功能,通过生态空间,在减缓和适应气候变化方面充分提高城市系统的自适应能力。也要认识到,将重要生态空间的保护作为安全原则的重点,使上海的建设用地占行政辖区的比重和生态用地占行政辖区的比重控制在一个安全的水平上,宝贵的各类生态用地(如湿地、森林、水体或生态保育区等)资源必须得到切实的维护;单位用地人口数量应控制在一个利于人群健康、利于城市健康运营、满足可持续发展的水平上,降低对气候变化的敏感度。

基于以上分析,上海气候变化适应性城市空间格局的构建要充分考虑长远发展战略,解决当前城市安全问题,从地域狭窄、人口高度密集、资源短缺等缺陷出发,发挥上海的经济社会及技术等发展水平在全国居于前列的优势,充分扬长避短,利用有利条件,克服不利因素,针对性地提出能够更好地适应气候变化的城市空间要素布局对策,实现上海全球城市、可持续城市、韧性城市的建设目标。

3.3.4 上海市气候变化适应性对策

基于以上分析,上海市适应气候变化的对策主要从降低暴露度、降低敏感度、提高适应度等方面着手,并在城市空间格局的构建和应对气候变化的框架上加以保障。

1. 降低暴露度对策:低碳城市建设

降低暴露度就是降低气候变化的风险,也就是减缓局地气候变化的幅度。具体来讲,就是发展低碳城市,减缓城市空间发展对气候变化的胁迫作用。

城市近郊区的着力点在于进一步优化产业结构,加快第三产业发展;城市远郊区要提高产业市场准入标准,淘汰高耗能、高污染行业,有效降低单位GDP碳排放的强度;全市要调整能源消费结构,控制和削减化石能源消耗,加快发展风能、太阳能、潮汐能等可再生能源的开发利用;加强能源生产、输送、利用方面的技术,提高了能源使用效率,在电力、冶金、石化、化工、建材、交通、建筑等部门开展技术创新,使得单位生产总值的能耗和电耗不断下降;建筑领域,需要推广环保建筑、绿色建筑;大力发展公共交通方式以尽量减少小汽车的刚性需求,研发混合燃料汽车、电动汽车等新能源汽车,降低城市交通系统燃油消耗和尾气排放,减轻交通运输对环境的压力。

上海市在未来的发展中,对土地资源和水资源的刚性约束将更加明显。为在保障城市建设的同时提高城市地区应对气候变化的能力,要继续优化和控制上海城市建设用地规模,合理优化上海城市空间布局,构筑空间紧凑化的多级网络拓展模式;从土地利用与交通互动角度出发,提倡土地功能的混合利用,减少交通出行需求和出行距离,大力发展公共交通,促进城市交通的可持续发展;将上海的城市空间置于更广的区域系统,考虑与周边的互动、联动发展,采用智慧发展的模式构筑可持续的城市空间。

2. 降低敏感度对策:城市空间开发强度调控

降低城市对气候变化的敏感度,主要通过合理布局人口、产业等要素,使其避开气候变化的高风险区,因此城市空间调控是降低城市对气候变化敏感度的主要对策。

尽管调控城市人口密度和城市空间开发强度对于减缓上海气候变化的意义较小,但是对于优化上海城市空间格局、降低城市化和对气候变化的脆弱性来说却具有一定作用。当前,上海城市核心区(静安区和黄浦区)已经出现了人口密度降低的趋势,这说明调控人口的合理布局具有现实可操作性。当然,上海目前城市中心区的人口密度还在增加,城市近郊区人口增加的幅度更为明显。城市中心区的城市空间开发强度也在保持着增长的态势,这固然是经济社会发展的客观规律,但是也有必要通过产业结构调整和城市空间合理规划引导不同区域城市空间开发强度维持在一个较合理的水平。根据各个气候变化分区的空间类型特征,对城市中心区应该保持目前较为稳定的开发强度,城市近郊区则要限制城市空间开发强度,必须严格控制好组团间的生态隔离带,防止城市摊大饼式蔓延;以生态空间为主的黄浦江上游、淀山湖地区和东滩片区,则要将生态敏感性较高的地区划分为限制建设区或禁止建设区,保护好上海地区脆弱的生态环境系统和水文水资源系统;其他远郊区则应适当提高开发强度,节约利用土地资源,适当将乡村人口集聚,也是减缓气候变化的方法。

3. 提高适应度对策之一:城市基础设施空间布局

城市基础设施在应对气候变化、提高城市的适应度方面具有关键性作用,也是最具现实操作性的途径,其布局必须结合城市空间特征和在应对气候变化方面的弊端和不足出发,用以弥补由于开发建设导致的生态系统灾害处理能力下降的问题,因此其空间布局也应该具有针对性,并非均衡布局。城市中心区的人口密度最高,人口数量最大,因此各种基础设施的供应要求均高于其他地区,相对而言,目前在交通运输系统方面比其他地区更具优势。以生态空间为主的淀山湖地区、黄浦江上游地区、崇明东滩地区对城市基础设施的供应需求则最低,因为其生态系统服务功能高于其他地区,且人口分布较少。其他地区对城市基础设施的供应要求则介于两者之间,但是对于不同的地区,由于产业结构、人口数量和密度、地形地貌等不同以及已有的基础设施条件不同,应该分区区别对待。

分区来看,城市中心区、城市近郊区由于人口数量大,居民耗能和第三产业耗能较高,金山区、浦东新区中部工业耗能较高,因此这些地区是能源供应的重点地区。基于目前交通设施的可达性分析,金山、奉贤、南汇等地区的轨道交通发展较为缓慢,和主城之间联系不够紧密,因此是交通设施建设的改善区;除崇明东滩和淀山湖地区外,其他地区的交通运输系统也需要优化,以提高交通系统的综合运输效率,提高交通系统在适应气候变化方面的重要作用。根据人口的分布特点,城市中心区、城市近郊区是城市供水的重点地区,其次为青浦—松江片区,再次为奉贤、金山等南部各区。根据对上海的高程分析和对上海主要河流的缓冲区分析,城市防涝泵站主要布局于黄浦、静安、虹口等城市中心区,松江—青浦片区和横沙岛、长兴岛,城市防洪堤坝则根据实际已经发生灾害的情况布局于主要河流分布地区。综合来看,城市中心区和城市近郊区主要需要应对极端高温、洪涝灾害带来的风险,奉贤、崇明主要要应对台风、风暴潮带来的风险,因此是防灾安全设施布局的重要分区;金山、南汇片区对气候变化的适应能力较好,和其他区域是城市防灾安全设施布局的一般分区。

基于目前重要医疗设施(三甲医院)布局的情况和可达性来看,奉贤区、南汇片区要改善高等级医院不足的情况,城市中心区和近郊区要对医疗卫生的不均衡分布进行改善,除生态空间为主的区域外其他地区要优化已有的医疗卫生设施格局,全面提高医疗卫生机构在长期和短期防灾应急系统中的重要作用。

4. 提高适应度对策之二:绿色基础设施空间布局

根据每个分区的发展现状和地域特征,应该采取不同的绿色基础设施建设途径(表 3-12)。对上海而言,控制城市蔓延的重要手段之一就是确定基本生态网络,划分严格保护区,这不仅与绿色基础设施的空间布局是相辅相成的,同时也从政策上予以保护生态空间,即形成中心城以"环、楔、廊、园"为主体,中心城周边地区以市域绿环、生态间隔带为锚固,市域范围以生态廊道、生态保育区为基底的"环形放射状"的生态网络空间体系。

表 3-12 不同分区的绿色基础设施建设途径

气候变化分区	绿色基础设施建设途径
城市中心区	绿色街道+立体绿化+绿色停车场
城市近郊区	绿色街道+立体绿化+滨水区河道岸带
黄浦江上游地区	滨水区河道岸带
青浦—松江片区	生物滞留+滨水区河道岸带
浦东中部地区	绿色开放空间+绿色廊道
崇明东滩片区	人工湿地+绿色开放空间
嘉定北部片区	绿色开放空间+滨水区河道岸线
奉贤区	人工湿地+绿色开放空间+绿色廊道
淀山湖片区	人工湿地+滨水区河道岸带
崇明北部片区	人工湿地+绿色开放空间+绿色廊道
南汇片区	人工湿地+绿色开放空间+绿色廊道
金山区	人工湿地+绿色开放空间+绿色廊道

　　此外,绿色基础设施建设也适用于沿海地区应对海平面上升的策略中。根据遥感影像解译和高程分析,适应海平面上升的重点地区主要分布在崇明岛东端和南端沿海地区、长兴岛、横沙岛、浦东新区沿岸和奉贤、金山沿海部分地区。这些地区是沿海湿地的重要保障,在居民分布较多的地区要进行隔离壁、海堤、大坝、防洪堤、护岸等设施的建设。对于一般的农田、湿地地区,一些工程性措施在直接预防灾害的同时也对当地的生态系统进行了阻隔和破坏,则建议采用人工湿地、人工育滩、沿海防护林等生态措施进行防护,且能够发挥气候调节、干扰调节、栖息地保护、废物处理等生态系统服务功能,降低海水对沿海地区的侵蚀率。同时建立应对海平面上升的应急措施,加强海洋和海岸带生态系统的监测和保护,增设沿海和岛屿以及水源地的观测网点,对气候变化可能造成的威胁进行监控,建立沿海潮灾预警和应急系统,建立区域性海平面上升影响评估系统,提高灾害预警预防能力。同时在近海工程项目建设和经济开发活动中,充分考虑海平面上升的影响,在防潮堤坝、沿海公路、港口和海岸工程的规划设计过程中,将海平面上升作为重要的影响因素加以考虑,提高设计标准。

　　绿色基础设施的建设也应该与生态空间的保护密切关联,包括以下几个方面:

　　(1) 严格保护生态敏感区域。长江口岛群、淀山湖水源地、杭州湾海湾休闲地带和东海海域湿地及与之相依存的自然保护区、崇明东滩等主要滩涂湿地,黄浦江上游和长江口重要水源地、长江口南岸和杭州湾北岸沿岸、淀山湖一带的洼地、东平国家森林公园、佘山森林国家、黄浦江等主要水系和湖泊区域,不仅对于气候变化极为敏感,对于人类活动和城市开发建设也具有很高的敏感度,因此必须严格保护,划为禁建区,维护水资源平衡、保护生物多样性。

　　(2) 划定基本生态功能区。除了严格保护的自然保护区外,由农田、森林等组成的生态空间是维系上海生态安全的重要保障,因此要在数量上保证上海的基本生态空间,在要素上保护和存续上海珍贵的、不可再生的生态用地,在格局上通过构建合理科学的结构保证上海的生态环境安全,以提高全市适应气候变化的能力。要坚持生态优先的发展底线,严格控制城市发展规模,坚决遏制城市无序蔓延,严守生态底线,加强重要生态空间的保护和修复[来自《关于上海新一轮城市总体规划编制的指导意见(征求意见稿),2013 年》];优化市域生态空间格局,形成以"环、带、廊、区"为特征的基本控件格局,构建生态网络体系,形成以生态保育区、生态廊道为基底,以绿环、生态间隔带为锚固的生态网络空间体系,促进市域生态空间结构布局优化;强化生态载体,将郊野公园、城市绿道等作为推进上海生态环境建设的物质性载体,通过郊野公园和城市绿道的建设,保护和改善上海的乡村自然风貌,优化城乡空间布局,推进南郊区功能发展。

　　总体来说,在生活空间为主的分区以加强城市基础设施建设、提高公共服务设施水平为提高适应度的主要措施;生产空间(主要指工业等二产)为主的分区以城市土地利用的合理布局、基础设施建设和绿色基础设施建设为主要的适应措施;生态空间(农田、森林、城市公园等)为主的分区以发挥生态系统在调节气候、涵养水源、减轻污染、调节雨洪等方面的生态系统服务功能为主,通过构筑绿色基础设施,设计减缓和适应气候变化;沿海地区则适时适地采取防护、后退、适应等措施,以提高沿海地区对海平面上升的适应度。

5. 将适应性城市空间格局构建纳入城市规划

以法律法规、政策、规划等为主的"软"措施是适应气候变化的重要保障。世界诸多城市都提出气候变化的行动规划或者计划,但是在具体内容上具有多样性,交通、紧凑社区、绿色建筑等是普遍采用的内容。必须结合上海当前开展的城市总体规划编制、城市基本生态控制区规划等,将适应性城市空间格局的构建纳入法定城乡规划中,作为合理进行土地利用布局和基础设施布局的依据之一,将适应气候变化与气候灾害风险管理纳入城乡规划,构架具有可操作性的城市应对气候变化的规划体系。适应性规划是城市应对气候变化的软措施之一,应该开辟城市绿色基础设施建设、城市基础设施建设和其他软措施的发展路径,能够降低气候变化对城市系统的不利影响,提高其适应能力。

针对上海地区这样一个巨型城市,应对气候变化也是一个巨型工程。作为公共政策的城乡规划,应当在应对气候变化方面发挥关键性作用,可以通过两种方式进行:一是单独编制《上海应对气候变化规划》,从研究层面展开减缓和适应气候变化的具体行动,将适应性城市空间格局的构建作为适应行动的主要内容之一,平衡减缓气候变化和适应气候变化两方面在城市密度、土地利用方面的矛盾,提出城市应对气候变化的战略性、有效性、综合性策略;二是将应对气候变化的城市空间格局的理念、目标、策略纳入其他规划编制中,尤其是城市总体规划和城市防灾规划的制定中,将应对气候变化(减缓和适应)的目标作为城市与区域发展目标之一,在不同规划编制层面提出城市空间开发强度调控、城市基础设施(工程和非工程)、绿色基础设施的规划安排。

与本研究提出的气候变化适应性城市空间格局构建直接相关的是城市应对气候变化的适应性规划(Urban Adaptation Planning for Climate Change,以下简称适应性规划),是城市应对气候变化的重要软措施之一,是在对城市适应性能力评估的基础上,以城乡规划的方式提出绿色基础设施和灰色基础设施建设要求,以确保城市能够更好地适应气候变化。借鉴欧洲城市适应性规划六个阶段,上海市适应性规划可以分为准备阶段、气候变化的影响和城市的适应度评估阶段、适应性措施(包括适应性城市空间格局)的识别阶段、适应性措施的评估和相关规划整合阶段、适应性规划实施阶段、监测和评估适应性规划的实施等阶段。

6. 建立应对气候变化框架

应对气候变化仅依赖于城乡规划还远远不够,需要将其纳入一个更为广泛的城市气候变化应对框架中。上海城市人口规模巨大、城市大气和水等环境问题突出、典型的河口城市地理位置给上海的可持续发展带来风险和挑战。因此除了从适应性城市空间格局、适应性规划方面提高上海城市对气候变化的适应能力外,更需要将其纳入上海应对气候变化的评估与监测、规划与设施体系中,需要多部门横向和纵向的沟通与参与,切实保障上海向着更为弹性、智慧、生态、可持续的方向发展。

首先,完善上海应对气候变化的评估与监测体系,包括气候变化长期的监测,城市的脆弱性、风险性和适应性评估体系,以及在应对气候变化措施实施过程中的监测与评估体系。

其次,深化城市应对气候变化的城乡规划体系,包括减缓规划和适应规划两部分。

最后,城市应对气候变化的实施体系,包括能源、交通、国土、环境、防灾等多个部门的共同行动,更需要全社会居民的广泛参与。

其中,评估与监测是规划制定、修改的基础和依据,并将评估和实施效果反馈,进行规划与实施方案的调整。规划体系是适应性措施实施的依据,其目标、对象与评估和监测体系具有一致性。实施体系是规划的保证和落实,实施效果也是监测和评估的对象。三者是循环、往复的过程。

参考文献

[1] IPCC. Climate Change 2014:impacts,adaptation,and vulnerability. Contribution of working group Ⅱ to the third assessment report of the Intergovernmental Panel on Climate Change [M]. Cambridge, UK:Cambridge University Press,2014.

[2] IPCC. Climate change 2001:impacts,adaptation,and vulnerability. Contribution of working group Ⅱ to the third assessment report of the Intergovernmental Panel on Climate Change [M]. Cambridge, UK:Cambridge University Press,2001:145-190.

[3] 程和琴,陈吉余. 海平面上升对长江河口的影响研究[M]. 北京:科学出版社,2016.

4 城市气象灾害影响预报和风险预警

城市气象灾害影响预报和风险预警业务需要在精细化天气要素预报基础上，通过充分挖掘用户的数据信息，结合下垫面地理环境特征，将天气要素预报信息转换成与用户生产生活密切相关的天气影响要素信息，再结合用户决策过程，开展天气事件对生命财产安全、经济生产、社会活动、自然环境的定量影响评估和风险分析。以暴雨内涝灾害为例，要做到对暴雨的内涝影响进行预报预警，就需要解决四个关键问题：下多大雨？积多少水？产生多大影响？如何应对？针对这四个问题的解决方法，可以从技术流程上把暴雨内涝影响预报预警划分为暴雨预报、内涝评估、内涝影响预报预警、联动响应四个技术环节，这四个技术环节又分别涉及风险普查、精细化预报、气象影响精细化评估建模、业务流程制定、服务产品研发、预警信息发布和联动响应等相应内容的研发。

4.1 城市气象灾害风险普查

风险普查特指开展影响预报和风险预警业务所需数据的普查，风险普查内容需要根据影响预报和风险预警的不同专业方向进行划分。从气象灾害的角度来划分，大致可以分成三类：气象灾害影响数据、气象灾害脆弱性数据和气象灾害暴露度数据。这三类数据需要根据不同的专业方向结合业务开展所在地区的实际情况进行细化。

4.1.1 暴雨内涝风险普查

暴雨内涝风险普查的范围主要包括：地理信息资料、经济社会人口数据、气象水文资料、土地利用数据、灾害数据、防灾能力数据等。

通过开展普查，可以收集到以下数据：各区基础地理信息数据、区县基础数据、内涝风险隐患点、排水防涝设施数据（根据各区具体情况选择性普查），并对收集到的数据进行空间化处理，录入暴雨内涝基础数据库，为各区暴雨内涝风险预警服务提供支撑。

1. 基础地理信息数据（必须）

基础地理信息数据包括：各区 1∶2 000 以上比例尺全要素地形图（GIS 通用格式）；1∶2 000 以上比例尺土地利用分类图（GIS 通用格式）或用于土地利用分类解译的空间分辨率5 m 以下的遥感影像数据（遥感通用格式）；1∶2 000 以上比例尺数字高程模型（GIS 通用格式）。

2. 各区基础数据(必须)

各区基础数据包括:各区网格化管理区划图(GIS 通用格式);居委边界(GIS 通用格式);居委基础信息(负责人、手机号码、管辖小区等,电子表格格式);小区边界图(GIS 通用格式);各小区建筑及人口信息(建筑数量、建筑年代、总户数、常住人口、人口比例等,电子表格格式)、各区重要场所信息(学校、医院、社区服务中心、老年服务中心、社区文化中心等,电子表格格式)。

3. 各区内涝风险隐患点(必须)

各区内涝风险隐患点包括:区内易积水道路、易积水居民小区两类,重点普查道路和小区的历史内涝灾害情况(电子表格格式)。

4. 各区排水防涝设施数据(可选)

排水防涝设施是区域内具有排水防涝功能的各类公共排水设施和自建排水设施的统称,包括雨水口、检查井(窨井)、排水管渠、排水泵站、闸阀、截流设施、调蓄设施、溢流堰、排放口等。应按住建部《城市排水防涝设施普查数据采集与管理技术导则(试行)》规定的格式获取(电子表格格式)。2013 年 6 月,住建部下发通知,要求各地按照《国务院办公厅关于做好城市排水防涝设施建设工作的通知》(国办发〔2013〕23 号)明确提出的"全面普查摸清现状下"的要求,按导则开展城市排水防涝设施现状普查,建立设施普查数据库,为建立城市排水防涝的数字信息化管控平台创造条件,加快城市排水防涝数字化管控平台建设。该部分数据主要用于进行基于排水管网数据的内涝风险评估,对基于排水管网概化的内涝风险评估结果进行对比和修正。考虑到排水防涝设施数据普查的难度较高,该类数据不作强制要求。

5. 建立暴雨内涝基础数据库

基于以上四类数据,建立暴雨内涝基础数据库。该数据库为 GIS 空间数据库,所存储数据均为 GIS 通用格式,其中各区基础数据和内涝风险隐患点数据每年度更新一次,其他两类数据则不定期更新。暴雨内涝基础数据库的基本框架和更新频率如图 4-1 所示。

4.1.2 大风灾害风险普查

根据上海市《户外广告设施设置技术规范》(DB 31/283—2015),户外广告设施分为独立式广告和附属式广告两大类。独立式广告是指自身具有独立结构支撑的广告设施;附属式广告是指依附于建筑物、构筑物等设置的广告设施。其中,独立式广告包括立杆式设施、大型落地式广告设施、独立柱广告设施等,附属式广告包括平行于墙面广告设施、垂直于墙面广告设施、屋顶广告设施、依附于电话亭及候车亭广告设施等。本章研究的广告牌包括独立柱广告牌、屋顶广告牌和垂直于墙面广告牌三类,其结构尺寸如下。

1. 独立柱广告牌

独立柱广告牌主要有两种结构形式:双面式和三面式。具体支撑形式不统一。上海市《户外广告设施设置技术规范》(DB 31/283—2015)规定城市快速通道及公路两侧设置的大型独立

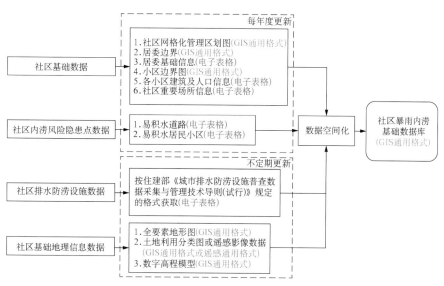

图 4-1 暴雨内涝基础数据库基本框架和更新频率

柱户外广告牌设施高度不宜超过 22 m(总高度),面板尺寸见表 4-1。根据独立柱广告牌的结构形式特性,分别模拟双面式和三面式两种结构形式。鉴于广告牌之间间距较大(最小为 1 400 m),可以不考虑广告牌之间的相互干扰情况。

表 4-1   大型独立柱户外广告设施牌单面尺寸

道路类别	牌面尺寸/m
一、二级公路	5×15
高速公路	6×18

2. 屋顶广告牌

设置于屋顶上的广告牌结构形式主要是单面形式(附有广告的一面朝外),但是宽度不一。宽度主要与建筑物宽度有关,可绕建筑物屋顶四边设置,因此宽度不定。从支撑结构上看,广告牌有整体和独立两种形式。总体来说,实际情况比较复杂。屋顶上广告牌所受的风荷载除了与结构自身外形有关外,还受到建筑物顶部外形的影响。且建筑物与周围建筑之间间距较小时,还会受到周边建筑的干扰。上海市《户外广告设施设置技术规范》(DB 31/213—2015)规定屋顶广告设施应与建筑物外墙面平行,不得超出建筑物屋顶层四周围墙,广告设施的最大高度见表 4-2。

表 4-2   屋顶户外广告设施高度规定

建筑物层数或高度	最大总高度/m
≤3 层(10 m)	3
>3 层(10 m)~≤8 层(24 m)	4
>8 层(24 m)~≤18 层(55 m)	5

3. 垂直于墙面广告牌

垂直于墙面广告牌与其他形式的广告牌相比,尺寸相对较小,形状及尺寸大小没有统一规定。

4.1.3 海洋气象风险普查

基于上海港及其邻近水域在 2010—2014 年期间,5 年的险情数据资料,对因强天气原因造成的海难事故进行分析,一方面可在强对流灾害风险预警平台上建立强天气灾害历史数据库,另一方面可为强对流天气风险评估模型提供数据基础支撑。分析包括灾害事故的季节分布、受灾区域和气象条件分析。

上海港及邻近水域灾害事故季节分布特征:险情发生总数以 11 月为最多,其次为 4 月和 10 月,2 月和 6 月两个月份为最少;11 月主要是受北方冷空气的影响,加上又是冬汛捕捞旺季,事故的发生频率特别高;4~5 月恰是春季海雾和低气压发展多发时机,容易引发碰撞和低压大风翻船事故,8~9 月则主要是台风和高压后部的偏南大风引起的;2 月和 6 月可能因为休渔期,出海渔船较少,并且台风等重大灾害时已经提前做好公众服务提醒,多数出行船只能够避开灾害发生时段,所以险情发生频率低。险情事故发生频率如表 4-3 所示,不同等级险情数量分布如图 4-2 所示。

表 4-3　　　　　　　　　　险情事故发生频率（2010—2014 年)

月份	1	2	3	4	5	6	7	8	9	10	11	12
频率	8.18	4.77	8.76	10.22	8.28	6.13	7.50	7.79	8.76	9.74	10.61	9.25

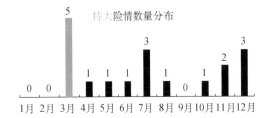

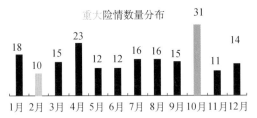

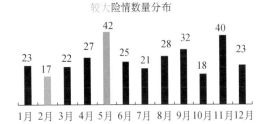

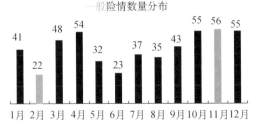

图 4-2　不同等级险情数量分布

上海港及邻近水域灾害事故地域分布特征:险情事故发生的地点基本上可分为三类,近海风浪大,是险情事故发生的重要地点,近海发生船沉人亡等重大海损事故的主要原因是船员主观过失和预报精细化程度不够;第二类是在航道或者水道内,里面的船只同大轮或其他船只发生碰撞;第三类在避风港和码头,这里水深较浅或船只来不及及时转港,往往易发生自沉、机损事故(图 4-3)。

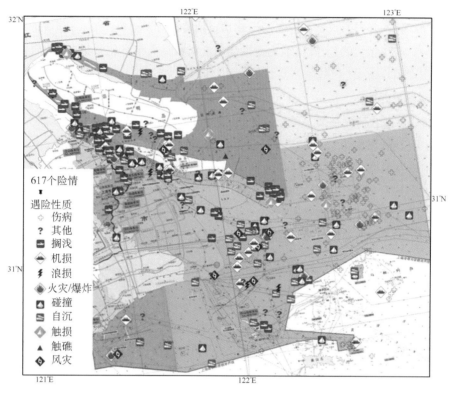

图 4-3　险情事故发生区域分布

上海港及邻近水域灾害事故气象条件分析:大风、雾是造成事故的主要原因,100~500 t 的船受风险概率较大,以干货船的遇险次数占比最高。其中,突发性的 7~8 级海上大风极易造成海上交通事故,如果风力在 10 级以上,则更易发生海难事故。海上大风浪易导致船舱进水、倾覆或沉船事故,走锚造成主机失控而搁浅或搁浅后船体破损导致沉船事故,未使用安全行速导致碰撞事故。

4.2　天气要素精细化预报

上海及华东区域是我国经济发展中心,实行精细化预报是上海气象局的工作重点,是中国气象局深化气象预报预测业务的改革要求,也是发展社会经济和提高人民生活水平的保障。因此,将观测与数值模式相结合,通过精细化的观测对数值模式结果进行评估与订正,从而得到更佳的精细化站点及格点的数值模式适用产品,是当前业务发展中的迫切需求。

4.2.1　暴雨精细化预报产品

暴雨预报从时间尺度上可以分为短临、短期和中长期预报,从空间尺度上可以分为 9 km 格点、3 km 格点和 1 km 格点等不同大小格点预报产品,从预报概率角度可以分为确定性预报和概率预报。精细化的暴雨预报是暴雨内涝影响预报预警的首要前提。

根据上海中心气象台的《上海精细化预报产品说明》,目前格点化预报分 0～6 h(雷达数值融合格点预报产品)、0～24 h(短临格点预报产品)和 0～72 h(短期格点预报产品)三种,主要为要素的确定性预报。

(1) 雷达数值融合格点预报为二进制存放,分辨率 0.03°,0～6 h 逐 10 min 预报,每 30 min 更新,要素为 10 min 雨量。

(2) 短临格点预报为二进制存放,分辨率 0.03°,0～24 h 逐 1 h 预报,每天 6 时、11 时、16 时、21 时更新四次,要素包括小时雨量、温度、相对湿度、风、天气现象、云量等。

(3) 短期格点预报为二进制存放,分辨率 0.05°,0～72 h 逐 3 h 预报,每天 8 时和 20 时更新两次,要素包括 3 h 雨量、温度、相对湿度、风、天气现象、云量等。

4.2.2　大风精细化预报产品

大风精细化预报主要提供上海、长三角、华东区域的不同高度的 500 m 分辨率精细风速预报产品,所有产品每天 8 时、20 时更新,预报时效为 0～240 h,0～72 h 逐 3 h 预报,72～240 h 逐 6 h 预报。

4.2.3　海洋精细化预报产品

海洋预报产品按模式输出要素则主要有波浪、海流、风暴潮及海雾等产品,按预报范围可以分为区域模式及全球模式。精细化的模式预报输出在波浪对船舶影响预报中至关重要。

波浪对船舶影响预报主要涉及 EC 细网格模式海浪预报、全球及西北太平洋海域的风浪数值预报业务系统(STI-GWAVE 和 STI-NWPWAVE)、海浪数值预报业务系统(STI-FWAVE)以及精细化风暴潮数值预报业务系统(STI-FVCOM)。

(1) EC 细网格模式海浪预报,分辨率为 0.25°×0.25°,预报时效为 240 h,前 72 h 逐 3 h 预报,之后每 6 h 预报,每天 8 时和 20 时更新两次,要素为有效波高和有效风浪波高。

(2) 全球及西北太平洋海域的风浪数值预报业务系统(STI-GWAVE 和 STI-NWPWAVE),该系统以 WAVEWATCH Ⅲ 海浪模式为基础,全球海浪模式分辨率为 0.5°×0.5°,西北太平洋海域模式分辨率为 0.1°×0.1°,预报时效为 168 h,每天 8 时和 20 时更新两次。要素为有效波高、波周期和浪向、涌浪波高等。

(3) 海浪数值预报业务系统(STI-FWAVE),基于 SWAN 海浪模式,采用无结构网格,模式范围覆盖渤海、黄海、东海海域,在长三角沿海海域具有很高的空间分辨率,尤其在上海洋山港等重点海域中最高分辨率达 20 m。预报时效为 72 h,每天 8 时和 20 时更新两次。要素为有效波高、波周期和浪向、涌浪波高等。

(4) 精细化风暴潮数值预报业务系统(STI-FVCOM),基于 FVCOM 三维海洋环流模式,采用贴合岸线的无结构网格系统,模式范围包括渤海、黄海、东海和南海海域,并在长三角沿海、珠江三角洲沿海、瓯江口、闽江口等我国重要河口具有较高的空间分辨率,最高分辨率达 100 m 左右。预报时效为 72 h,每天 8 时和 20 时更新两次。模式输出产品包括我国沿海风暴潮增水的空间分布、潮流的空间分布,我国沿岸 85 个主要验潮站位上风暴潮增水和全潮位要素的时间变化序列,并指示各站的警戒水位等。

4.3　气象精细化影响评估建模

影响评估主要包括影响区域评估、影响程度评估、受影响承灾体数量评估、价值量及可能的经济损失评估等。影响评估可以综合考虑脆弱性、暴露度信息,分析各灾种在脆弱性和暴露度中的对应时空变化关系并对风险进行综合分析。由于不同专业方向的影响对象不同,其致灾机制及需采用的建模方法也存在较大差异,需要针对不同方向进行分析建模,但总体而言,在建模过程中需要综合考虑致灾因子、脆弱性和暴露度三方面因素。

4.3.1　暴雨内涝精细化评估建模

对于暴雨内涝灾害而言,由内涝产生的道路、居民区等的积水是致灾因子。要对暴雨内涝积水的影响因素进行评估,需要分析地形起伏、下垫面土地利用分类、排水情况、河道水位等参数对积水影响,建立极端性暴雨内涝精细化评估模型。

上海市气象部门自行研发的城市暴雨内涝评估模型(Shanghai Urban flooding assessment Model,SUM)可分别针对产流和汇流两部分进行模拟计算,得到在不同降雨情景下上海市中心城区的内涝积水深度、积水时间及受淹房屋分布等信息,为暴雨内涝的影响预报和风险预警提供一定的技术支持。

1. 城市地表产流模型

城市地表产流过程是指降雨量扣除损失形成净雨的过程,其中降雨损失包括植物截留、下渗、填洼和蒸发等,对于城市而言,产流作用以下渗为主。岑国平等人研究[7-8]表明,城市不透水区的比例对地表产流和径流滞时有较大影响,而随着不透水区比例的增加,径流系数也随之增大,因此将透水区和不透水区分开处理。由于暴雨通常历时短、强度高,在较高强度的暴雨期间基本无法蓄满便产流,所以透水区内的产流可采用 Horton 下渗曲线法进行模拟。对于不透水面积,其降雨损失主要有注蓄、植物截留和缝隙下渗等,研究表明,变径流系数法比较适用于不透水区的产流计算,综上所述,分别采用 Horton 下渗曲线法和变径流系数法模拟城市透水区和不透水区的产流过程。

1) 城市透水区产流计算

Horton 下渗模型是由 R. E. Horton 于 1933 年提出的一个经验模型,它描述了土壤下渗能力由初始的最大值随时间通过指数形式衰减至一定的稳定入渗率(最小入渗率)的过程。该模型需要确定研究区域的最大入渗率、最小入渗率、入渗衰减系数等参数,其基本方程如式(4-1)所示。

$$f_t = f_\infty + (f_0 - f_\infty)e^{-kt} \tag{4-1}$$

式中　f_t——t 时刻的下渗率(mm/min);

　　f_0,f_∞——初始下渗率和稳定下渗率(mm/min);

　　t——时间(min);

　　k——下渗率减系数(min^{-1})。

内涝模型中,需要计算累积下渗量,因此取式(4-1)的积分形式,如式(4-2)所示。

$$F_t = \oint_0^t f_t \mathrm{d}t = f_\infty \cdot t + \frac{f_0 - f_\infty}{k}(1 - e^{-kt}) \tag{4-2}$$

式中,F_t 为 t 时段内的累积下渗量(mm)。

本书根据研究区实际情况结合相关文献[1],将初始下渗率、稳定下渗率以及入渗衰减系数分别取值 2.8,0.2 和 0.04。研究中,为了便于进行逐时段的内涝模拟,通常取前后 2 个时间段内的累积下渗量之差作为该时段的下渗量。

$$\begin{cases} \Delta F_t = F_t & t = 1 \\ \Delta F_t = F_{t+1} - F_t & t > 1 \end{cases} \tag{4-3}$$

式中,ΔF_t 为前后 2 个时段内的累积下渗量之差(mm),对于第 1 个时段而言,ΔF_t 与 F_t 相等。

2) 城市不透水区产流计算

在一场降雨中,降雨开始时洼蓄、下渗等损失量较大,径流系数较小,而随着降雨的持续,损失减小,径流系数增大,径流系数的变化可用式(4-4)表示。

$$\psi = \psi_e - (\psi_e - \psi_0)e^{-cP} \tag{4-4}$$

式中　ψ——降雨过程中的径流系数;

　　ψ_e——最终径流系数;

　　ψ_0——初始径流系数,

　　P——累积雨量;

　　c——常数。

由于相关参数值难以确定,因此本书依据武晟等[2]对城市硬化地面径流系数随时间变化关系的实验研究结果计算不透水区产流,其最优拟合方程表示为式(4-5)。

$$\frac{1}{\psi} = 1 + \frac{a}{t-b} \tag{4-5}$$

式中　t——时间(min);

　　a, b——拟合系数,分别取值 1.9 和 0.53[2]。

在一场降雨过程中,径流系数是个变量,因此模型同样取式(4-5)的积分形式,可以得到 t 时段内的平均径流系数 ψ_t。

$$\psi_t = \frac{\int_0^t \psi \mathrm{d}t}{t} = \frac{t - a\ln(t-b+a)}{t} \tag{4-6}$$

由于产流量 R_t 可以直接通过径流系数 ψ_t 与降雨强度 i 求到,因此计算不透水区 t 时段内的平均产流量 R_t 如式(4-7)所示。

$$R_t = i \cdot \psi_t \tag{4-7}$$

研究中,同样取前后 2 个时段内的产流量之差作为该时段的值。

$$\begin{cases} \Delta R_t = R_t & t = 1 \\ \Delta R_t = R_{t+1} - R_t & t > 1 \end{cases} \tag{4-8}$$

式中,ΔR_t 为前后 2 个时段内的产流量之差(mm);对于第 1 个时段而言,ΔR_t 与 R_t 相等。

2. 排水能力概化

根据目前排水区块设计,上海市中心城区大部分区域的设计排水能力为 27～36 mm/h,在缺乏管网数据的情况下可以采用社区内涝风险隐患点的内涝灾害资料,通过模型反算的方式计算排水量,以此对区块排水能力进行校正。选取社区历史暴雨过程,反查当时降雨实况,分别设置不同小时的排水量进行模拟,同时结合隐患点的历史积水深度数据进行匹配,并采用式(4-9)校正区块排水能力。

$$Q'_{\mathrm{pipe}} = \frac{Q_{\mathrm{pipe}}}{V_\mathrm{p}} \times V_i \tag{4-9}$$

式中　Q'_{pipe}——校正后的排水能力(mm/h);

　　Q_{pipe}——所在区块的排水能力(mm/h);

　　V_p——模型反算得到的排水量(mm/h);

　　V_i——待校正像元所在区块的设计排水量(mm/h)。

《室外排水设计规范》(GB 50014—2006,2014 版)已发布,其中雨水管渠的设计重现期大幅提高。同时,《城市暴雨强度公式编制和设计暴雨雨型确定技术导则》也于 2014 年发布,各地将陆续开始编制工作,因此排水能力的细化工作应按年度定期开展。

3. 城市地表汇流模型

地表汇流过程是指将各部分净雨汇集到出口断面排入城市河网和雨水管网的过程[3]。研究中,对管道排除的水量以相应排水区块的设计排水能力进行概化处理,模型考虑了城市地表高程以及建筑物分布对地表径流的影响,利用等体积法模拟暴雨内涝的积水区域和积水深度。对于单个排水区块,t 时段内的总径流量计算如下:

$$\Delta W_i = \begin{cases} Q_{add} + \sum_{i=1}^{n}(P_t - \Delta F_t - Q_{piple} \times t) \cdot S_i / 1\,000 & \mu = 1(t=1, 2, \cdots, n) \\ Q_{add} + \sum_{i=1}^{n}(\Delta R_t - Q_{piple} \times t) \cdot S_i / 1\,000 & \mu = 0(t=1, 2, \cdots, n) \end{cases} \quad (4\text{-}10)$$

式中　μ——土地利用类型,若为透水区,则 $\mu=1$,若为不透水区,$\mu=0$;

　　　ΔW_t——t 时段内该排水区块的总径流量(m^3);

　　　P_t——t 时段的降雨量(mm);

　　　ΔF_t——t 时段的累积下渗(mm);

　　　ΔR_t——t 时段的累积产流(mm);

　　　Q_{pipe}——排水量(mm/min);

　　　t——降雨历时(min);

　　　S_i——像元面积(m^2);

　　　n——排水区块内所含像元数;

　　　Q_{add}——建筑体积修正量(m^3),其初始值为 0。

在得到排水区块总径流量的基础上,设置模拟水深的增加步幅为 0.01 m,采用等体积法迭代计算该排水区块的内涝积水深度。

依据《民用建筑设计通则》(GB 50352—2005),建筑物室内地面宜高出室外地面 0.15 m,但棚户等旧式住宅往往并不满足这一设计要求。考虑到建筑物离地高度与建筑年代、建筑层数存在一定关联,因此,在参考前人研究的基础上[4-5],对不同类型房屋分别设置离地高度值参与运算(表4-4)。如果积水深度尚未达到建筑离地高度,建筑内部未受淹,则逐像元累加得到建筑体积修正量 Q_{add},并迭代计算 ΔW_t;反之,则认为积水已漫入建筑物底层。

$$Q_{add} = \begin{cases} \sum_{i=1}^{n} H_i \times S_i & \mu=1 \ (i=1, 2, \cdots, n) \\ 0 & \mu=0 \end{cases} \quad (4\text{-}11)$$

式中　μ——土地利用类型,若为建筑,则 $\mu=1$,反之,则 $\mu=0$;

　　　n——汇水区内所含像元数;

　　　H_i——积水深度(m);

　　　S_i——像元面积(m^2)。

表 4-4 不同类型建筑物离地高度

类别	类别名称	建筑类型	离地高度/cm
C	公共设施建筑	办公、商业、科教文卫及其他公共建筑	35(层数>9,取60)
M	工业建筑	工矿企业的生产车间、库房及其他附属建筑	20(层数>9,取60)
R1	一类居住建筑	花园洋房、别墅	35(层数>9,取60)
R2	二类居住建筑	1988年以前的高程公寓和新村住宅	35(层数>9,取60)
R2N	二类居住建筑	1988年以后的居住小区、商品房	35(层数>9,取60)
R3	三类居住建筑	新、旧里弄住宅,三类职工住宅	10
R4	四类居住建筑	棚户简屋	5

在降雨初期,由于地表的下渗作用较强,产流较小,往往不容易产生积水,而随着降雨的持续,产流量迅速增大,内涝范围也明显增加。模型运算中,如果上一时段的径流量 ΔW_{-t-1} 大于0,那么考虑到径流量的叠加效应,在计算 ΔW_t 时需要累加其上一时段的径流量迭代计算;同样,在降雨后期,雨量减小,内涝积水开始逐渐消退,此时 ΔW_t 趋于减小并逐渐变为负数,因此该时段的径流累加量也逐渐减小,并重新趋于0。在模型运算中,为了与短临格点化预报产品的时效相匹配,选用1 h时间间隔进行连续模拟,通过输入1~24 h的逐小时雨量,即可分别计算得到相应时次的城市内涝模拟结果。

4. 城市设计暴雨雨型

在城市内涝的模拟过程中,除了考虑总雨量以外,降雨的时程分布形式也是决定内涝的重要影响因素。由于降雨量的大小显著影响径流的产生,而地表径流的损失随时间逐渐减小并最终趋于稳定,所以当上述各部分的值越大或当雨峰的位置越向降雨总历时的后端推移时,暴雨所产生的径流峰值也越大[6-7]。由此可见,在城市内涝估算中,需要首先考虑降雨过程的时间分布,即雨型对城市地表径流的影响。

常用设计雨型方法有CHM法(也称KC法)、Huff法、Yen & Chow法和Pilgrim & Cordery法。根据前人的比较分析,国内适用性较好的是由Keifer和Chu提出的芝加哥雨型(CHM法)[8],该雨型过程线对任何暴雨历时降雨均适用,假设暴雨强度公式如式(4-12)所示。

$$i = \frac{A}{(t+b)^n} \tag{4-12}$$

式中,i 为 t 时段内的平均雨强(mm/min),由式(4-12)可求得 t 时段内的总降雨量为

$$H = i \cdot t = \frac{At}{(t+b)^n} \tag{4-13}$$

121

用时刻 t 对该时段内的降雨量求导,得出 t 时刻的瞬时雨强为

$$I = \frac{\mathrm{d}H}{\mathrm{d}t} = \frac{A[(1-n)t+b]}{(t+b)^{n+1}} \tag{4-14}$$

式中,H 为 t 时段内的总降雨量(mm)。

在芝加哥雨型中,降雨过程的雨峰出现在降雨开始后其历时的某一比例 r 处。将降雨过程线分为峰前和峰后降雨,其过程线可用式(4-15)表示:

$$I_1 = \frac{A}{(t_1/r+b)^n}\left(1-\frac{nt_1}{t_1+rb}\right)$$

$$I_2 = \frac{A}{[t_2/(1-r)+b]^n}\left[1-\frac{nt_2}{t_2+(1-r)b}\right] \tag{4-15}$$

式中 I——瞬时降雨强度(mm/min);

    t_1——峰前历时(min);

    t_2——峰后历时(min);

    r——雨峰相对位置,即雨峰系数;

    A,b,n——暴雨强度公式参数。

根据上海市气候中心 2014 年给出的本市暴雨强度公式即可得到暴雨强度公式中相应的参数值:

$$i = \frac{8.811\,2 + 7.871\,7\,\lg T_e}{(t+6.100\,5)^{0.645\,3}} \tag{4-16}$$

式中 i——设计暴雨强度(mm/min);

    t——降雨历时(min);

    T_e——设计降雨重现期(a),雨峰系数 r 取 0.398[9]。

5. 暴雨内涝情景模拟

在构建城市内涝模型的基础上,分别模拟了 1 h,3 h 和 6 h 不同降雨情景下的城市内涝分布,其中对于 3 h 和 6 h 的模拟采用芝加哥雨型作为输入(图 4-4)。图中蓝色部分的深浅表示不同的内涝积水深度,可以看到,不同降雨情景下上海市中心城区的内涝状况存在显著差异,而随着降雨量的增大,积水面积呈现出显著增加的趋势,且增幅逐渐变大。由此可见降雨越集中,总雨量越大,城市就越容易遭受暴雨内涝灾害。

6. "9 · 13"上海强对流天气暴雨内涝案例分析

2013 年 9 月 13 日午后,上海地区发生强对流过程,中心城区局地雨量达大暴雨级别,导致了城区多处内涝积水。强降水发生在下班高峰时段,给城市交通造成了严重影响。本书针对该次暴雨内涝过程进行了内涝模拟,并依据报警灾情数据和区内部分积水监测数据对内涝模拟结果进行了评估。所用面雨量基于中心城区 199 个自动站(雨量站)插值得到;灾情数据来源于上

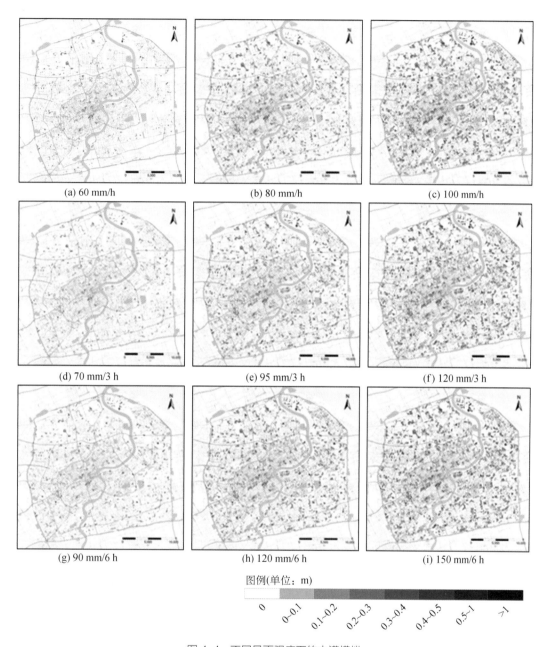

图例(单位：m)

| 0 | 0~0.1 | 0.1~0.2 | 0.2~0.3 | 0.3~0.4 | 0.4~0.5 | 0.5~1 | >1 |

图 4-4　不同暴雨强度下的内涝模拟

海市气象局公共服务平台接入的二级公安接警系统，积水监测数据则来源于上海中心气象台于
2012 年在杨浦区建立的 4 个积水监测站。

　　图 4-5 为 2013 年 9 月 13 日强降雨过程的内涝模拟结果及灾情分布图，从图中可以看到，
该次暴雨的灾情主要集中在上海市黄浦区、浦东新区中西部以及长宁和徐汇区部分地区，其中
位于浦东新区的崂山新村、招远小区、潍坊新村以及徐汇区东安新村等小区受灾较为严重，经调

查,上述小区均为 20 世纪 80 年代前竣工的老式公房,由于地势低洼和排水不畅等原因造成暴雨内涝灾害频发。图 4-5 中蓝色部分为模拟得到的内涝积水区域,可以看到模拟的城市内涝区域与上述灾情高发区较为吻合。此外,由于报灾位置大多基于基站定位方式获取,对于城市区域在一般情况下其定位精度可达 50～200 m[10],因此取 50 m 缓冲区,分析其与模拟结果的匹配程度。结果表明,在接报的 823 起灾情中有 617 起与模拟结果相一致,模拟准确度达到74.97%,可以较好地模拟上海市中心城区在一定降雨强度下的内涝空间分布,其准确度可以满足一般的业务需要。

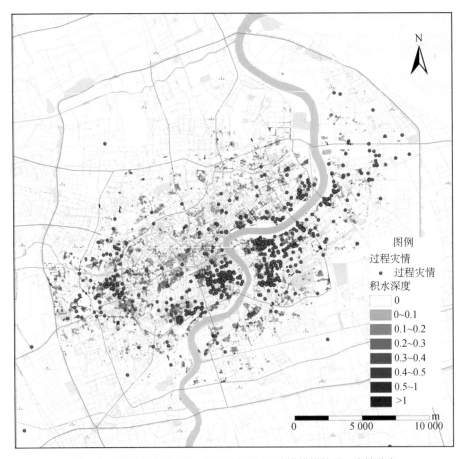

图 4-5　2013 年 9 月 13 日上海强降雨过程内涝模拟结果及灾情分布

在与报警灾情进行对比分析的基础上,本书还采用区内积水监测数据对模拟结果进行了评估,所用积水监测数据分别取自杨浦区八一小区、多伦小区、商业一村和玉田新村 4 个积水监测站。从表 4-5 中可知上述 4 个积水站在此次暴雨过程中均在不同程度上受淹,其中商业一村和玉田新村站的积水最深,达 13 cm。从表 4-5 中可以看到,模拟结果与实测内涝积水数据相比,均存在一定的偏差,误差最大值出现在多伦小区站,为 4.95 cm,四个站点的平均相对误差为30.18%,可见利用该模型得到的积水深度与实测结果大体吻合。

表 4-5 模拟积水深度与积水实测值对照表

站点名称	模拟积水深度/cm	实测积水深度/cm	绝对误差/cm	相对误差/%
八一小区	4.40	4	0.40	10
多伦小区	12.95	8	4.95	61.88
商业一村	10.16	13	2.84	21.85
玉田新村	9.49	13	3.51	27
平均值			2.93	30.18

4.3.2 大风灾害精细化评估建模

1. 户外广告牌刚性模型风洞试验

1）结构原型

风洞试验方法研究的独立柱广告牌包括两面式、三面式两种组合形式，共两种原型结构（图 4-6）。其中，两面式广告牌面板平行，三面式广告牌面板夹角为 60°。主体结构包括立柱、面板结构和支撑体系，面板结构表面覆盖铁皮和 PVC 膜布。结构总高为 22 m，其中立柱高 20.55 m，直径为 1.35 m，壁厚 0.02 m。面板尺寸为 18 m×6 m，覆面铁皮厚 0.6 mm。面板骨架构件包括 H 型钢和角钢∟75×5。支撑体系构件由 H 型钢、角钢∟75×5 和钢管梁组成。钢管梁直径为 0.53 m，壁厚 0.011 m。构件材质均为 Q235 钢。独立式广告牌的结构形式及构件参数取值主要参考了《户外钢结构独立柱广告牌》标准图集。

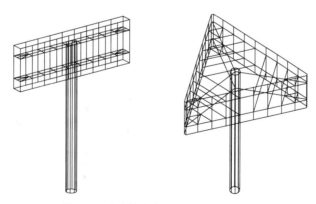

图 4-6 独立柱广告牌及面板组合示意图

2）风洞设备及数据采集系统

（1）风洞设备

风洞试验在同济大学土木工程防灾国家重点实验室风洞试验室的 TJ-2 大气边界层风洞中进行。该风洞是一座回流式低速风洞。试验段尺寸为 3 m 宽、2.5 m 高、15 m 长。空风洞试验风速范围为 0.5～68 m/s，风洞配有自动调速、控制与数据采集系统，建筑结构模型试验自动转盘系统。转盘直径为 1.8 m,其转轴中心距试验段进口为 10.5 m。流场性能良好,试验区均匀流场的速度不均匀性小于 1%、湍流度小于 0.46%、平均气流偏角小于 0.5°。风洞构造及试验段如图 4-7 所示。

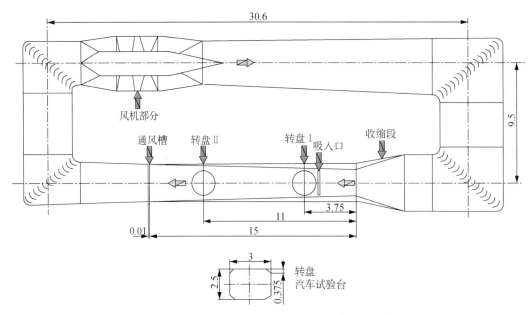

图 4-7 同济大学 TJ-2 大气边界层风洞 (单位: m)

(2) 数据采集系统

试验流场的参考风速用皮托管来测量和监控。风压时程信号的采集、记录及数据基本处理由美国 Scanivalve 扫描阀公司的量程为 ±245 mm 和 ±508 mm 水柱的 DSM3000 电子式压力扫描阀、A/D 数据采集板、PC 机和自编的信号采集及数据处理软件组成的风压测量系统进行。

3) 风场模拟结果

风场模拟装置由放置在风洞入口的尖塔、挡板以及沿风洞底板布置的粗糙元组成。独立柱广告牌风洞试验的大气边界层流场模拟采用 B 类地貌风场 (图 4-8)。

4) 刚性模型制作及测点布置

独立柱广告牌试验模型的面板部分采用双层有机玻璃板制作,立柱与支撑体系采用钢材制作,模型几何缩尺比为 1∶25 (图 4-9)。模型整体具有足够的强度和刚度,在试验风速下不发生变形,不出现明显的振动现象。试验时将

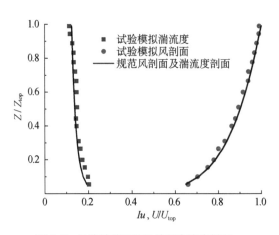

图 4-8 B 类地貌平均风速和紊流度剖面

模型放在转盘中心,通过旋转装盘模拟不同风向。

(a) 两面独立式广告牌　　　　(b) 三面独立式广告牌

图 4-9　广告牌风洞试验模型

试验模型均内外表面对应布点。其中,两面独立柱广告牌模型的每块面板单面布置 90 个测点,两块面板正反面共计 360 个测点(图 4-10);三面独立柱广告牌模型的每块面板单面布 72 个测点,三块面板正反面共计 432 个测点(图 4-11)。

图 4-10　面板测点布置 1(缩尺后 720×5240 mm)

5) 数据测量及采集参数

在风洞中选一个不受建筑模型影响、且离风洞洞壁边界层足够远的位置作为试验参考点。在该处设置一根皮托管来测量参考点风压。

独立柱广告牌的试验参考点选在 0.88 m 处,参考点风速为 10.97 m/s,风速比为 1∶3.03。测压信号采样频率为 312.5 Hz,每个测点采样样本的总长为 63 000 个数据,采样时长为 201.6 s。

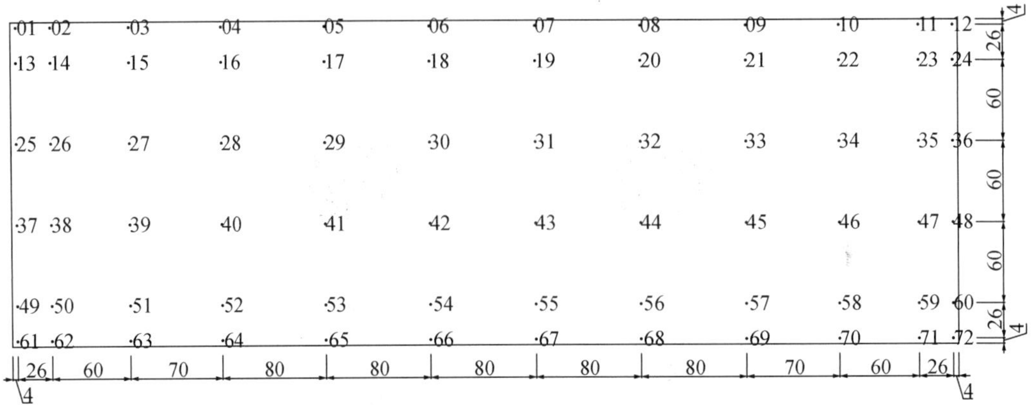

·01 ·02 ·03 ·04 ·05 ·06 ·07 ·08 ·09 ·10 ·11 ·12
·13 ·14 ·15 ·16 ·17 ·18 ·19 ·20 ·21 ·22 ·23 ·24
·25 ·26 ·27 ·28 ·29 ·30 ·31 ·32 ·33 ·34 ·35 ·36
·37 ·38 ·39 ·40 ·41 ·42 ·43 ·44 ·45 ·46 ·47 ·48
·49 ·50 ·51 ·52 ·53 ·54 ·55 ·56 ·57 ·58 ·59 ·60
·61 ·62 ·63 ·64 ·65 ·66 ·67 ·68 ·69 ·70 ·71 ·72
4 26 60 60 60 26 4
4 26 60 70 80 80 80 80 80 70 60 26 4

图 4-11　面板测点布置 2（缩尺后 7 205 240 mm）

由于压力信号通过测压管路系统后发生了一定的畸变，利用测压管路系统的传递函数对试验采集的风压数据进行了修正。风压符号的约定为：压力作用向测量表面（压力）为正，而作用离测量表面（吸力）为负。

6）试验工况

风向角定义如图 4-12 所示。广告牌测压风洞试验工况见表 4-6。

Line2
面板3
面板2
Node1
Line3
Line1
面板1
面板2
Line1
Node1
面板1
0°
15°
30°
45°
60°
75°
90°

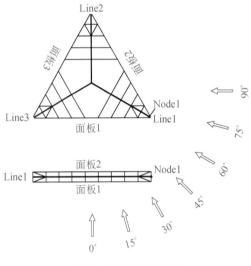

图 4-12　风向角定义

表 4-6　试验工况

模型名称	模型编号	风场	面板数/个	风向（间隔）
双面独立柱	DSC	B 类	2	0°～90°(7.5°)
三面独立柱	TSC	B 类	3	0°～60°(7.5°)

2. 户外广告牌风灾危险性评估方法

随着经济的发展,都市之中广告牌已无处不在。户外广告牌在为商家和消费者之间建立信息传递纽带的同时,在一些突发灾害中也严重威胁着人们的生命安全,并造成重大经济损失。风荷载是户外广告牌的主要控制荷载,前文的分析结果表明,户外广告牌所承受的风荷载大小不仅与风速有关,还受到风向的影响。采用有限元方法建立户外广告牌的力学模型,计算不同风向、风速下户外广告牌的顶点位移及横梁相对位移,并对计算结果进行拟合,给出结构位移随风速、风向变化的拟合公式,在此基础上,可以利用 GIS 软件将拟合公式与上海地区的自动气象观测站资料相结合,进行户外广告牌风灾危险性评估。

1) 独立柱广告牌风灾危险性

(1) 有限元建模方法

双面式、三面式独立柱广告牌模型主体结构包括立柱、面板结构和支撑体系,面板结构表面覆盖铁皮和 PVC 膜布。立柱高 20.55 m,直径为 1.35 m,壁厚 0.02 m。面板尺寸为 18 m×6 m,覆面铁皮厚 0.6 mm。面板骨架构件包括 H 型钢和角钢∟75×5。支撑体系构件由 H 型钢、角钢∟75×5 和钢管梁组成。钢管梁直径为 0.53 m,壁厚 0.011 m。构件材质均为 Q235 钢。

图 4-13 为有限元软件 ANSYS 中建立的广告牌主体结构模型。其中立柱及面板骨架构件以及支撑构件采用 BEAM44 单元,覆面铁皮采用 SHELL63 单元,所有连接点均假设为刚性结点。

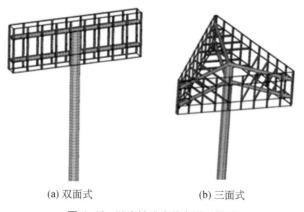

(a) 双面式　　　　　　　(b) 三面式

图 4-13　独立柱广告牌有限元模型

(2) 计算参数

采用静力计算方法分析独立柱广告牌在不同风速及风向下的位移响应。各计算参数如下:

① 面板的风压系数采用风洞试验方法结果。

② 参考点风速取值范围为 2~46 m/s,参考点高度为广告牌面板中心高度即 19 m。

③ 双面式独立柱广告牌的计算风向为 0°~90°,30°为间隔;三面式高立柱广告牌的计算风向为 0°~60°,15°为间隔。

④ 双面式、三面式独立柱广告牌弯矩振动的风振系数分别为 1.51 和 1.59,扭转风振系数分别为 1.63 和 2.65。

（3）位移响应随风速变化特性

对于独立柱广告牌而言,整体结构的倾倒及面板的弯曲破坏是两种非常危险的破坏形式,而与这两种破坏形式相对应的位移指标为立柱的顶点位移及横梁两端的相对位移,因此主要对这两种位移响应进行详细分析。

① 双面式独立柱广告牌

图 4-14 给出不同风速风向下,双面式独立柱广告牌的立柱顶点位移及横梁两端相对位移的计算值及拟合值。其中,拟合值为 f_U 和 f_θ,f_U 和 f_θ 分别考虑了风速、风向对位移的影响。立柱顶点位移拟合值由式(4-17)和式(4-18)给出,横梁相对位移拟合值由式(4-19)和式(4-20)给出。这里给出的横梁两端相对位移是所有横梁中相对最大的值。

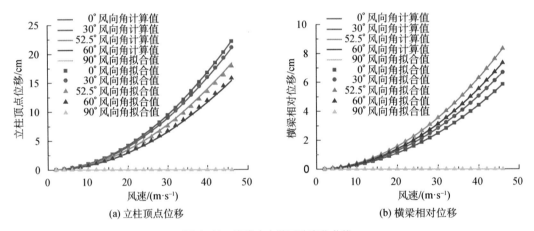

(a) 立柱顶点位移　　　　　　　　(b) 横梁相对位移

图 4-14　位移响应随风速变化曲线

$$f_U = 0.010\,5U^2 \tag{4-17}$$

$$f_\theta = -0.000\,001\,72\theta^3 - 0.000\,048\theta^2 - 0.001\,5\theta + 1 \tag{4-18}$$

$$f_U = 0.002\,8U^2 \tag{4-19}$$

$$f_\theta = 0.000\,000\,36\theta^4 - 0.000\,074\theta^3 + 0.004\,3\theta^2 - 0.068\,5\theta + 1 \tag{4-20}$$

从图 4-14 可以看出,立柱顶点位移及横梁相对位移都随着风速的增加而增大。对比不同风向下的计算结果可以发现,在相同风速下,立柱顶点位移在 0°风向角达到最大值,而横梁两端相对位移则在 52.5°风向角达到最大值。可见,当来流方向与广告牌面板的法线成不同夹角时,双面式独立柱广告牌产生的破坏形式可能是不同的。因此,必须获得广告牌所在位置的风场资料,才能对广告牌的危险状态作出正确的判断。

② 三面式独立柱广告牌

图 4-15 给出不同风速风向下,三面式独立柱广告牌的立柱顶点位移及横梁两端相对位移

的计算值及拟合值。其中,拟合值为 f_U 和 f_θ,f_U 和 f_θ 分别考虑了风速、风向对位移的影响。
立柱顶点位移拟合值由式(4-21)和式(4-22)给出,横梁相对位移拟合值由式(4-23)和式(4-24)
给出。这里给出的横梁两端相对位移是所有横梁中相对最大的值。

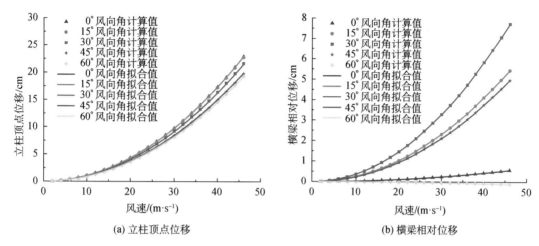

(a) 立柱顶点位移　　　　　　　　　　　　(b) 横梁相对位移

图 4-15　位移响应随风速变化曲线

$$f_U = 0.010\ 9U^2 \tag{4-21}$$

$$f_\theta = 0.000\ 002\ 5\theta^3 - 0.000\ 25\theta^2 + 0.003\ 1\theta + 1 \tag{4-22}$$

$$f_U = 0.002\ 7U^2 \tag{4-23}$$

$$f_\theta = 0.000\ 007\ 4\theta^2 - 0.000\ 88\theta^3 + 0.017\ 9\theta^2 + 0.471\ 2\theta + 1 \tag{4-24}$$

三面式独立柱广告牌的立柱顶点位移及横梁相对位移随风速的变化趋势与双面式独立
柱广告牌相同。从图 4-15 可以看出,不同风向角下立柱顶点位移随风速的变化曲线基本重
合,说明结构整体倾倒的破坏形式对风向并不敏感,而横梁两端相对位移则在 30°风向角达
到最大值。

(4)上海地区独立柱广告牌风灾危险性

上海地区的独立柱广告牌主要分布在上海绕城高速、外环高速、华夏高速、迎宾高速、沪嘉
高速、沈海高速、京沪高速、沪渝高速、沪昆高速、申嘉湖高速、沪金高速、沪芦高速、新卫高速两
侧(图 4-16)。假设高速公路两侧的双面式独立柱广告牌面板垂直于高速公路切线,而三面式
独立柱广告牌面板的一个面板与高速公路切线平行(图 4-17)。

① 计算方法

通常情况下建筑结构按承载能力极限状态和正常使用极限状态进行设计,因此在进行风灾
危险性评估时,可以针对这两种极限状态进行安全验算。前者用荷载与抗力的设计值作比较,
以结构完全破坏为失效准则;而后者是采用荷载标准值效应(挠度、裂缝宽)与规定的判据指标
(如允许挠度、允许裂缝宽)比较,以结构超出正常使用状态为判断依据。一般情况下,当结构超

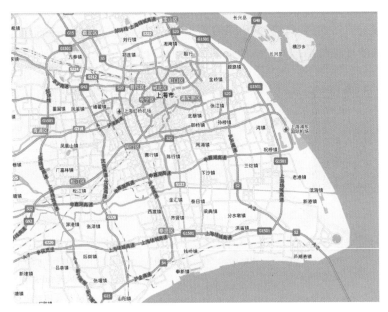

图 4-16　上海地区主要高速公路分布图

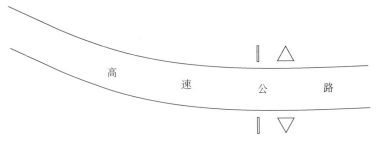

图 4-17　独立柱广告牌与高速公路相对位置示意图

出正常使用状态时,并没有完全破坏。对于独立柱广告牌而言,当其变形超出相关规定时,可以认为已经失去了使用功能,因此以正常使用极限状态为目标进行独立柱广告牌的风灾危险性评估。

采用风灾危险因子 R 来衡量独立柱广告牌在极端大风天气下可能的风灾危险程度。风灾危险因子定义为某种破坏形式量化指标与相对应阈值之比。独立柱广告牌存在着两种较危险的损坏形式:立柱顶点位移超过规定值而产生结构整体倾倒;横梁两端相对位移超过规定值而产生面板弯曲破坏。对于同时存在的多种损坏形式,风灾危险因子取最大值。因此独立柱广告牌的风灾危险因子表达式为:

$$R = \max\left\{ \left(\frac{f_U f_\theta}{\Delta}\right)_{\text{top}}, \left(\frac{f_U f_\theta}{\Delta}\right)_{\text{torsion}} \right\} \tag{4-25}$$

其中,下标 top 表示立柱顶点位移,下标 torsion 表示横梁相对位移。Δ 为阈值,取值依据上海市《户外广告设施设置技术规范》(DB 31/283—2015)对结构变形的规定:大型独立柱广告牌结构顶点水平位移不应大于 $H/150$,H 为顶点离地面高度;横梁挠度值不应大于 $L/150$,L 为横梁跨度。量化指标为 f_u、f_θ,f_u、f_θ 分别考虑了风速、风向对量化指标的影响。详细计算过程如下:

(a) 对自动站风速资料进行插值,得到广告牌所处位置的风速风向数据;

(b) 计算高速公路任意位置的切向向量,即广告牌面板的法向向量;

(c) 计算来流风向与广告牌面板法向向量夹角;

(d) 将风速及夹角值代入式(4-25),得到风灾危险因子;

(e) GIS 软件给出高速公路两侧广告牌风灾危险因子分布图。

② 台风"海葵"案例分析

以台风"海葵"影响上海期间,34 个自动站记录的风速资料作为输入数据,来考察方法的实用性。

台风"海葵"于 2012 年 8 月 8 日凌晨 3 时 20 分在浙江省象山县鹤浦镇沿海登陆。登陆时中心附近最大风力为 14 级(42 m/s)。受"海葵"影响,上海市普遍出现 7~9 级阵风,沿江沿海地区最大风力达到 12 级,其中以吴淞口风力达 34.7 m/s 为最大、浦东滴水湖风力达 33.0 m/s 次之。另外,洋山港区小洋山观测站最大风力达 14 级(41.7 m/s)。

按照风灾风险因子的大小,独立柱广告牌风灾危险性共分为 5 个等级,见表 4-7。当 $R>1$ 时,说明独立柱广告牌已经超出正常使用极限状态,可以认为结构已经完全破坏。图 4-18、图 4-19 为"海葵"期间独立柱广告牌的风灾危险因子分布图。

表 4-7　　　　　　　　　　　独立柱广告牌风灾危险性等级划分依据

等级	低危险	较低危险	中等危险	较高危险	高危险
范围	0<R≤0.25	0.25<R≤0.5	0.5<R≤0.75	0.75<R≤1	1<R

气象站的风速资料一般为 10 m 高度观测结果,计算时需要将其转换为面板中心高度风速(面板中心高度为 19 m)。图中结果显示,总体上双面式、三面式独立柱广告牌的风灾危险性等级分布规律相似,中部及北部地区处于中等危险以下,而南部地区处于中度及以上危险状态,这是受整体天气状况的影响。但是在部分路段,相比之下,三面式广告牌的危险性等级要高于双面式广告牌,说明在"海葵"台风期间,这些路段的双面式广告牌偏于安全。

需要说明的是,由于钢构件锈蚀等原因会造成户外广告牌结构的刚度降低,因此在实际应用过程中,应依据广告牌的具体情况对给出的公式进行适当修正。此外,台风"海葵"案例属于已经发生的天气过程,因此给出的广告牌风灾危险因子是确定性分析结果。对于一次即将发生的天气过程,可以结合气象部门的预报产品,对户外广告牌的风灾危险性进行概率性分析。

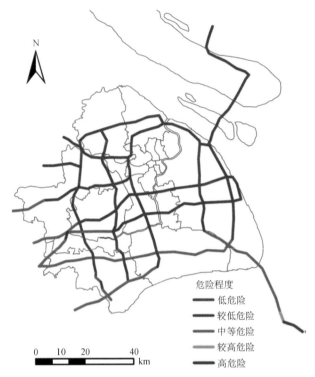

图 4-18 "海葵"期间双面式高立柱广告牌风灾危险因子分布图

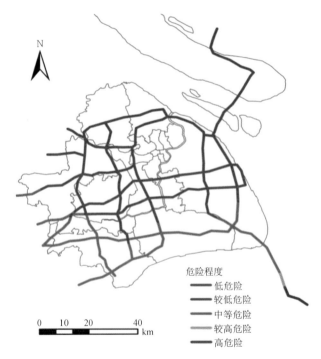

图 4-19 "海葵"期间三面式高立柱广告牌风灾危险因子分布图

2）高层建筑顶部广告牌风灾危险性

（1）有限元建模

高层建筑顶部广告牌由面板结构和支撑体系组成，面板结构表面覆盖铁皮和 PVC 膜布。面板尺寸为 30 m×5 m，覆面铁皮厚 0.6 mm。面板骨架构件包括 H 型钢和角钢∟75×5。支撑体系构件由 H 型钢、角钢∟75×5 和钢管梁组成。构件材质均为 Q235 钢。

图 4-20 为在有限元软件 ANSYS 中建立的高层建筑顶部广告牌模型。其中面板骨架构件以及支撑构件采用 BEAM44 单元，覆面铁皮采用 SHELL63 单元，所有连接点均假设为刚性结点。

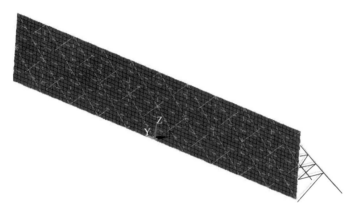

图 4-20　高层建筑顶部广告牌有限元模型

（2）计算参数

采用静力计算方法分析高层建筑屋顶广告牌在不同风速及风向下的位移响应。各计算参数如下：

① 面板的点体型系数采用数值风洞方法计算结果；

② 参考点风速取值范围为 2～60 m/s，参考点高度为广告牌面板中心高度 2.5 m；

③ 高层建筑屋顶广告牌的计算风向为 0°～180°，30°为间隔；

④ 风振系数取 1.0。

（3）位移响应为风速变化特性

对于高层建筑顶部广告牌而言，面板结构横梁的弯曲破坏是非常危险的破坏形式，而与这种破坏形式相对应的位移指标为横梁的最大位移，因此主要对位移响应进行详细分析。

图 4-21 给出不同风速风向下，高层建筑顶部广告牌面板的横梁最大位移的计算值及拟合值。其中，拟合值为 f_U 和 f_θ，f_U 和 f_θ 分别考虑了风速、风向对位移的影响，由式(4-26)和式(4-27)给出。

$$f_U = 0.000\ 361\ 5U^2 \tag{4-26}$$

$$f_\theta = 1.015\ 1 \times 10^{-11}\theta^6 - 5.620\ 2 \times 10^{-9}\theta^5 + 1.128\ 9 \times 10^{-6}\theta^4 -$$
$$9.770\ 2 \times 10^{-5}\theta^3 + 0.003\ 2\theta^2 - 0.015\ 4\theta + 1 \tag{4-27}$$

从图 4-21 可以看出，横梁位移随着风速的增加而增大。在相同风速下，横梁位移在 30°风向角达到最大值。

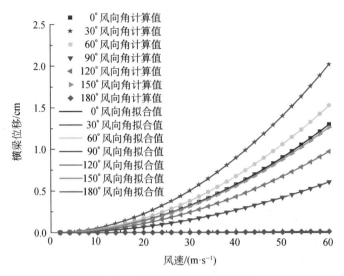

图 4-21　位移响应随风速变化曲线

（4）上海徐家汇高层建筑楼顶广告牌风灾危险性

假设上海徐家汇地区广告牌主要位于主道路两侧高层建筑楼顶，且广告牌面向主道路。

① 计算方法

高层建筑顶部广告牌的风灾危险因子计算方法与独立柱广告牌相似，由式（4-28）给出：

$$R = \frac{f_U f_\theta}{\Delta} \tag{4-28}$$

式中，Δ 为阈值；f_U，f_θ 取值见 4.3 节。

由于徐家汇地区高层建筑密集，风场受建筑的干扰影响非常大，因此在计算广告牌风灾危险因子时需要利用 CFD 计算结果对来流风速及风向进行修正，详细计算过程如下：

（a）利用徐家汇地区风场 CFD 计算结果对广告牌所处位置的风速风向数据进行修正；

（b）计算广告牌面板的法向向量；

（c）计算来流风向与广告牌面板法向向量夹角；

（d）将风速及夹角值代入式（4-28），得到风灾危险因子；

（e）由 GIS 软件给出徐家汇地区高层建筑楼顶广告牌风灾危险因子分布图。

② 台风"海葵"案例分析

以台风"海葵"影响上海期间，34 个自动站记录的风速资料作为输入数据，来考察方法的实用性。

按照风灾危险因子的大小，徐家汇地区广告牌风灾危险性共分为 4 个等级，见表 4-8。图 4-22 为"海葵"期间徐家汇地区广告牌的风灾危险因子分布图。

表 4-8　　　　　　　　　　徐家汇地区广告牌风灾危险性等级划分依据

等级	低危险	较低危险	中等危险	高危险
范围	$0 < R \leqslant 0.25$	$0.25 < R \leqslant 0.5$	$0.5 < R \leqslant 0.75$	$0.75 < R \leqslant 1$

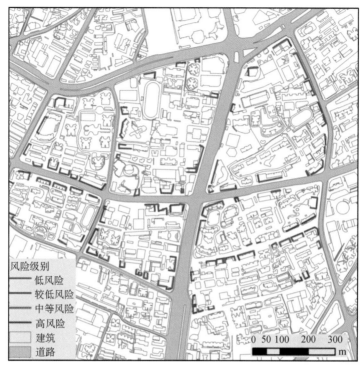

图 4-22　"海葵"期间徐家汇地区广告牌风灾危险因子分布图

4.3.3　海洋气象灾害精细化评估建模

海洋气象灾害可建立基于用户脆弱性和暴露度的影响指数。发展气象派出机构,深入港口、航运等涉海用户,收集在特定海洋气象条件下影响用户的暴露度和脆弱性因子,建立浅滩效应、船舶谐摇等海洋气象影响指数。基于影响概率和影响指数,划分灾害风险等级,给每一个特定的行业用户建立一套专门的风险矩阵,为面向涉海机构和专业用户开展有针对性地海洋气象风险预警服务奠定基础。

4.4　暴雨内涝影响预报和风险预警业务流程及产品

2017 年起上海市气象局联合水务、民政等部门在上海市杨浦区试点开展了城市暴雨内涝影响预报和风险预警业务,与暴雨预警相比,暴雨内涝影响预报和风险预警着眼于区域内可能产生的内涝积水风险,更加贴近实际需求。本节以上海市气象局在杨浦区的业务试点为例,介绍暴雨内涝影响预报和风险预警业务流程及产品。

4.4.1　影响预报业务流程及产品

暴雨内涝影响预报是通过内涝模型评估结合人工修正,对杨浦区内可能产生的内涝影响进行评估和预测,其预报时效取决于模型输入的降雨预报产品,通常为 24 h 左右。

　　根据杨浦区暴雨内涝风险矩阵,暴雨内涝的影响预报集合了暴雨内涝的发生概率和影响程度两个维度,暴雨内涝风险矩阵根据所使用的预报产品来确定其形式。在应用集合预报和概率预报时,暴雨内涝风险矩阵为可能性和影响组成的二维矩阵。在应用确定性预报时,暴雨内涝风险矩阵压缩为影响的一维矩阵,即可能性维度只有很高这一个选项。

　　根据杨浦区不同降雨条件的内涝模拟计算和影响分析,综合区防汛防台应急预案中雨、潮、灾的响应标准,居民内涝敏感程度,市防汛部门相关规定,与区防汛管理人员共同确定以积水面积百分比对应暴雨内涝对杨浦区的四级影响(与四级应急响应标准对应),因此依据模型运算结果,以内涝面积百分比作为影响程度的判定标准,并据此进行内涝影响等级的划分。在此基础上,经由当天值班人员对影响等级进行评估和修正后,基于影响预报和风险预警产品制作系统发布针对杨浦区的暴雨内涝影响预报产品,并提供决策支撑。杨浦区暴雨内涝影响预报业务流程如图 4-23 所示。

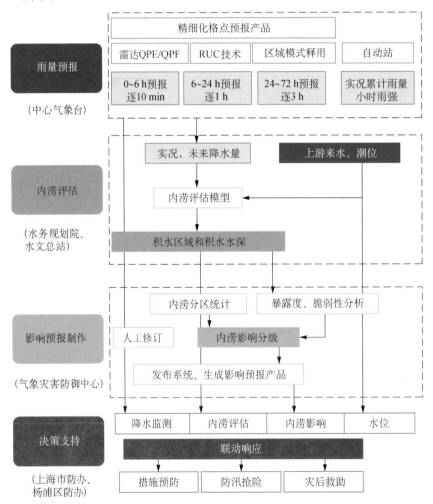

图 4-23　杨浦区暴雨内涝影响预报业务流程

在影响预报中,首先需要针对不同强度的暴雨内涝事件对杨浦区的实际影响程度确定其不同的影响等级,在参考现有防汛应急预案的基础上,在小区、道路和社区重要场所等区域分别建立了影响评估指标,并用于杨浦区暴雨内涝影响预报中影响等级的判别。

此外,业务中基于影响预报和风险预警产品制作系统实现暴雨内涝影响等级的系统辅助评估和流程化产品发布:通过接入内涝模拟结果并进行影响等级分级,在此基础上套用影响预报模板,由系统自动生成影响预报产品,同时将评估结果发至决策支持系统,作为前台显示。

1. 杨浦区暴雨内涝影响分析

根据《2014年上海市防汛防台专项应急预案》,防汛预警级别依据可能造成的危害性、紧急程度和发展势态,一般分为四级:Ⅰ级(特别严重)、Ⅱ级(严重)、Ⅲ级(较重)和Ⅳ级(一般),依次用红色、橙色、黄色和蓝色表示。对应四级影响如表4-9所示。

表4-9　　　　　　　　　　防汛预警级别对应影响等级

一般影响	较重影响	严重影响	特别严重影响
雨:12 h 50 mm(暴雨蓝色)	雨:6 h 50 mm或1 h 20 mm(暴雨黄色)	雨:3 h 50 mm或1 h 30 mm(暴雨橙色)	雨:3 h 100 mm或1 h 60 mm(暴雨红色)
潮:黄浦江苏州河口潮位超过4.55 m(警戒水位)	潮:黄浦江苏州河口潮位超过4.91 m	潮:黄浦江苏州河口潮位超过5.10 m	潮:黄浦江苏州河口潮位超过5.29 m
灾:造成一般等级灾害(民居进水100户以上、300户以下;农田受淹或农作物及设施受损1000亩以上、1万亩以下;房屋倒塌5间以上、50间以下;因汛死亡1~2人等)	灾:造成较大等级灾害(民居进水300户以上、1000户以下;农田受淹或农作物及设施受损1万亩以上、5万亩以下;房屋倒塌50间以上、150间以下;因汛死亡3~9人等)	灾:造成重大等级灾害(民居进水1000户以上、5000户以下;农田受淹或农作物及设施受损5万亩以上、10万亩以下;房屋倒塌150间以上、500间以下;因汛死亡10~29人;轨道交通区间严重积水部分停运等)	灾:造成特大等级灾害(民居进水5000户以上;农田受淹或农作物及设施受损10万亩以上;房屋倒塌500间以上;因汛死亡30人以上;轨道交通1条线路以上因严重积水全线停运)

根据《2014年新江湾城街道防汛防台应急预案》,社区防汛防台等突发性事件按照性质、严重程度、可控性和影响范围等因素,分为四级:Ⅳ级(一般)、Ⅲ级(较重)、Ⅱ级(严重)、Ⅰ级(特别严重)四个响应等级。对应四级影响如表4-10所示。

表4-10　　　　　　　　　街道社区防汛防台四级响应对应影响等级

一般影响	较重影响	严重影响	特别严重影响
雨:12 h 50 mm(暴雨蓝色)	雨:6 h 50 mm或1 h 20 mm(暴雨黄色)	雨:3 h 50 mm或1 h 30 mm(暴雨橙色)	雨:3 h 100 mm或1 h 60 mm(暴雨红色)
潮:黄浦江苏州河口潮位超过4.55 m,或吴淞口潮位超过4.80 m,或米市渡水位超过3.80 m	潮:黄浦江苏州河口潮位超过4.91 m,或吴淞口潮位超过4.91 m,或米市渡水位超过4.04 m	潮:黄浦江苏州河口潮位超过5.10 m,或吴淞口潮位超过5.46 m,或米市渡水位超过4.13 m	潮:黄浦江苏州河口潮位超过5.29 m,或吴淞口潮位超过5.64 m,或米市渡水位超过4.25 m

(续表)

一般影响	较重影响	严重影响	特别严重影响
灾:出现居民家进水低洼地区道路积水等灾情	灾:出现居民家进水、房屋倒塌、部分道路积水等灾情	灾:防汛墙发生险情,居民家较大面积进水、房屋倒塌、部分道路积水等较为严重灾情	灾:沿黄浦江、内河防汛墙出现较为严重的险情,居民家大面积进水,房屋倒塌,道路积水等严重灾情

《室外排水设计规范》(GB 50014—2006,2014 年版)也给出了内涝防治重现期及对应的地面积水设计标准,如表 4-11 所示。

表 4-11 　　　　　　　　　　　　内涝防治设计重现期

城镇类型	重现期/年	地面积水设计标准
特大城市	50~100	1. 居民住宅和工商业建筑物的底层不进水;
大城市	30~50	2. 道路中一条车道的积水深度不超过 15 cm
中等城市和小城市	20~30	

综上所述,应根据暴雨内涝对各小区、道路、重要场所等的影响建立影响评估指标。小区影响指标考虑小区积水范围、最大积水深度、积水影响建筑物栋数和影响人数。道路影响指标考虑道路积水长度、最大积水深度、积水影响交通等级(根据道路的分级确定)。重要场所影响指标考虑最大积水深度、积水影响程度(根据场所重要程度确定)。根据不同降雨情景模拟计算的内涝范围及积水深度,基于各小区建筑分布、人口分布、社区重要场所分布、道路分布等数据,通过 GIS 叠加分析,计算不同降雨情景下内涝对杨浦区及区内各个街道社区或排水区块的影响程度。

1) 暴雨导致小区积水的影响分析方法

根据调查得到的门槛高度(依据民用建筑设计通则的相关规定及相关研究文献),对比暴雨内涝模拟模型输出的积水深度来确定哪些房屋进水,并根据小区积水深度初步判定影响级别。

小区影响级别的初步判定标准(需根据不同社区进行调整)如下:

(1) 一般:积水深度小于 5 cm,未超过棚户简屋门槛离地高度;

(2) 较重:积水深度 5~15 cm,未超过里弄住宅门槛离地高度;

(3) 严重:积水深度 15~35 cm,未超过一般住宅小区门槛离地高度;

(4) 特别严重:积水深度大于或等于 35 cm,超过一般住宅小区门槛离地高度。

结合该居民小区的居住密度、房屋空置率等数据估算内涝的影响人数,并根据影响人数的多少对上述影响级别进行调整。若影响人数较多,则适当调高影响级别;若影响人数较少,则相应调低影响级别。

2) 暴雨导致交通受阻的影响分析方法

根据市路政、水务部门相关规定,结合《室外排水设计规范》(GB 50014—2006,2014 年版)中内涝防治路面积水设计标准,确定交通禁行的积水深度指标,明确路面积水对交通出行的影响评估方法,并建立路面积水深度与积水时长对道路通行的影响级别。

道路影响级别的初步判定标准如下:

(1) 一般:路面积水最深处小于 15 cm(室外排水设计规范中内涝防治道路积水设计标准 15 cm);

(2) 较重:路面积水最深处 15 cm～20 cm;

(3) 严重:路面积水最深处 20 cm～25 cm(上海路政、水务 2014 年新规,积水达 20 cm 时限行);

(4) 特别严重:路面积水最深处大于 25 cm(上海路政、水务 2014 年新规,积水达 25 cm 时封交禁行)。

3) 暴雨导致杨浦区内涝积水的影响分析方法

综合防汛防台应急预案中雨、潮、灾的响应标准,居民内涝敏感程度,市防汛部门相关规定,与区防汛管理人员共同确定内涝对杨浦区的四级影响(与区四级应急响应标准对应),并确定对应的四级内涝影响级别和可接受的四级概率大小,建立杨浦区暴雨内涝风险矩阵。杨浦区暴雨内涝风险矩阵根据所使用的预报产品来确定其形式。在应用集合预报和概率预报时,暴雨内涝风险矩阵为可能性和影响组成的二维矩阵。在应用确定性预报时,社区暴雨内涝风险矩阵压缩为影响的一维矩阵,即可能性维度只有很高一个选项。由于所说明的降雨预报产品为确定性预报产品,因此,仅以一维影响矩阵作为杨浦区内涝积水的影响判定标准。

根据杨浦区防汛实际需要,杨浦区内涝积水影响以区内每个社区(街道)或每个排水区块分别进行评估,各个街道(排水区块)的内涝影响程度以区内积水面积百分比进行判定,根据《上海市防汛手册》,防汛部门将积水深度大于等于 10 cm,积水时间大于等于 0.5 h(雨停后),积水范围大于等于 100 m² 的区域定义为积水。在杨浦区影响预报中,以积水深度大于 10 cm 且积水面积百分比占全区面积(0, 1.25%]的街道(排水区块)作为Ⅳ级内涝影响;以积水深度大于 10 cm 且积水面积百分比占全区面积(1.25%, 2.5%]或最大积水深度大于 15 cm 的街道(排水区块)作为Ⅲ级内涝影响;以积水深度大于 10 cm 且积水面积占全区面积(2.5%, 5%]或最大积水深度大于 35 cm 的街道(排水区块)作为Ⅱ级内涝影响;以积水深度大于 10 cm 且积水面积占全区面积(5%, ∞)或最大积水深度大于 50 cm 的街道(排水区块)作为Ⅰ级内涝影响。分级标准详见表 4-12。

表 4-12　　　　　　　　　　　　暴雨导致社区内涝积水影响等级标准

	一般影响 (Ⅳ级)	较重影响 (Ⅲ级)	严重影响 (Ⅱ级)	特别严重影响 (Ⅰ级)
社区内涝影响程度	出现居民家进水、低洼地区道路积水等灾情	出现居民家进水、部分道路积水等灾情	居民家较大面积进水、部分道路积水等较为严重灾情	居民家大面积进水、道路积水等严重灾情
社区内涝等级标准(积水面积百分比)	大于 0,小于或等于 1.25%	大于 1.25%,小于或等于 2.5%或最大积水深度大于 15 cm	大于 2.5%,小于或等于 5%或最大积水深度大于 35 cm	大于 5%或最大积水深度大于 50 cm

注:1. 根据《上海市防汛手册》,防汛部门规定街坊(社区)积水定义:积水深度大于或等于 10 cm,积水时间大于或等于 0.5 h(雨停后),积水范围大于等于 100 m²。

2. 积水面积百分比采用内涝模拟结果中积水深度大于 10 cm 的积水面积进行计算。

3. 该等级标准由社区防汛工作人员根据实际工作经验与需要来确定。

2. 杨浦区暴雨内涝影响预报产品

在杨浦区影响预报业务中,将两套暴雨内涝模型的运算结果实时传输至影响预报和风险预警云平台并实时入库存储,系统后台会自动对两套模型的运算结果按街道和排水区块进行空间叠加分析,分别计算每个街道(排水区块)中对应积水面积的百分比,再套用上述分级标准进行等级判断,分别给出每个街道和排水区块的影响等级。在此基础上,为确保评估结果的真实可靠,在实际业务中还将由当天值班人员对模型评估结果进行确认和等级修正。修正后各个街道(排水区块)的影响等级将由业务系统套用杨浦区影响预报产品模板,经人工编辑后以文档形式发送给杨浦区防汛值班人员。

4.4.2 风险预警业务流程及产品

风险预警作为影响预报的重要补充,在强降水发生前,依据雷达、自动气象站等观测资料和短时临近降水外推预报产品,并结合模型反算的阈值对各个区块的内涝风险进行提醒和预警,其预警时效通常为 0~2 h。

风险预警业务主要包括实况监测及风险预估、风险预警制作、决策支持三个环节。实况监测与风险预估依赖于雷达、自动气象站等的实时观测资料以及短临降水外推产品和短临内涝评估模型。通过实况监测,值班人员可以大致判断当前上游强降雨的位置以及相应的强度,通过分析其移动方向,结合雷达外推产品的分析,值班人员可以预估在一定时效内强降雨落区是否会包含杨浦区以及未来其可能的降雨强度。通过对比模型事先反算得到的四级暴雨内涝致灾阈值,以及短临暴雨内涝评估模型的分析结果,结合实况已经出现的暴雨内涝灾情,值班人员将判别强降雨对杨浦区的可能影响程度和等级,从而基于影响预报和风险预警产品制作系统,针对杨浦区发布强降水消息或暴雨内涝风险阈值产品。各决策对象在接收到预警后,采取相应的预防或抢险救助措施。杨浦区暴雨内涝风险预警业务流程如图 4-24 所示。

开展风险预警业务时,预警产品制作人员需要关注上游及本地降水实况、雷达监测产品、各类降水外推产品,以及自动预警的提示结果,结合各排水区块的致灾阈值判定各个区块的预警级别,然后根据预警模板和影响区块形成预警文字,修改无误后发布给各个决策对象。

1. 致灾阈值的分析计算

杨浦区内各个街道(排水区块)的暴雨内涝风险判定标准同样根据不同降雨强度造成的积水面积百分比来加以确定,其中对于面积百分比的分级标准与表 4-12 相同,即以积水深度大于 10 cm 且积水面积百分比占全区面积(0, 1.25%]的街道(排水区块)作为 IV 级内涝风险;以积水深度大于 10 cm 且积水面积百分比占全区面积(1.25%, 2.5%]或最大积水深度大于 15 cm 的街道(排水区块)作为 III 级内涝风险;以积水深度大于 10 cm 且积水面积占全区面积(2.5%, 5%]或最大积水深度大于 35 cm 的街道(排水区块)作为 II 级内涝风险;以积水深度大于 10 cm 且积水面积占全区面积(5%, ∞)或最大积水深度大于 50 cm 的街道(排水区块)作为 I 级内涝风险。

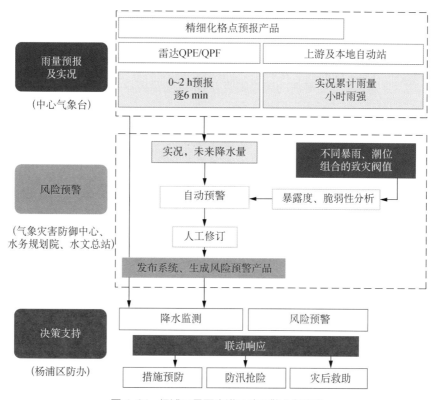

图 4-24 杨浦区暴雨内涝风险预警业务流程

区内各个街道(排水区块)的四个等级阈值指标通过模型代入不同降雨量进行反算得到,即将降雨量从小到大分别输入模型中进行内涝情景的计算,并针对不同雨量值分区统计积水面积百分比和最大积水深度(图 4-25)。在雨量值对应从小到大排列的情况下,对于某一区域来说,

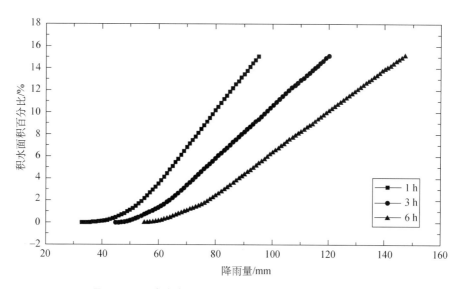

图 4-25 上海市中心城区积水面积百分比随降雨量变化图

如果在某一雨量值下，其计算结果刚好出现最大积水深度大于 10 cm 的积水，则这一雨量值就是该区域的Ⅳ级雨量阈值；如果在某一雨量值下，其计算结果刚好出现最大积水深度大于15 cm 或积水面积百分比大于 1.25％的积水，则这一雨量值就是该区域的Ⅲ级雨量阈值，依此类推，分街道（排水区块）分别计算四个等级的风险阈值，用作风险预警业务中的雨量阈值参考。

2. 杨浦区暴雨内涝风险预警产品

暴雨内涝风险预警产品同样基于影响预报和风险预警产品制作系统实现产品的制作和一键式发布功能。值班人员可以根据降雨量的实况监测和各类降水外推产品并结合不同排水区块（街道社区）的致灾阈值于制作系统中进行预警等级的编辑，并经由系统套用风险预警模板进行预警信息的短信推送和决策支持系统的前台推送。

风险预警业务产品以短信为载体，其产品发布模板如表 4-13 所示。

表 4-13　　　　　　　　　　杨浦区暴雨内涝风险预警发布模板

预警级别	预警发布模板
Ⅳ级	上海中心气象台×年×月×日×时×分发布杨浦区暴雨内涝风险Ⅳ级预警：受强降水影响，未来 2 h 内××××区块有一定的内涝风险，建议加强监测，做好区内低洼和易受淹地区的排水防涝准备工作
Ⅲ级	上海中心气象台×年×月×日×时×分发布杨浦区暴雨内涝风险Ⅲ级预警：受强降水影响，未来 2 h 内××××区块内涝风险较高，建议加强监测，做好区内低洼和易受淹地区的排水防涝工作
Ⅱ级	上海中心气象台×年×月×日×时×分发布杨浦区暴雨内涝风险Ⅱ级预警：受强降水影响，未来 2 h 内××××区块内涝风险高，建议密切监测汛情和灾情，组织辖区内抢险力量，第一时间完成抢排积水、道路清障、应急抢险等工作
Ⅰ级	上海中心气象台×年×月×日×时×分发布杨浦区暴雨内涝风险Ⅰ级预警：受强降水影响，未来 2 h 内×××区块内涝风险很高，建议密切监测汛情和灾情，组织辖区内抢险力量，第一时间完成抢排积水、道路清障、应急抢险等工作，妥善转移安置受灾住户

注：××××区块，10 个以内详细列举区块；10 个以上用"大部分区块"代替；23 个用"全区"代替。

区别于传统的天气预警，暴雨内涝风险预警是以杨浦区暴雨内涝风险为导向，向杨浦区应急联动部门发送预警服务产品，其蓝（Ⅳ级）、黄（Ⅲ级）、橙（Ⅱ级）、红（Ⅰ级）等级分别对应具体的联动措施，并将联动措施作为风险预警信息的防范指引内容。

4.5　大风气象灾害影响预报和风险预警业务流程及产品

大型户外广告牌风灾风险评估系统可提供户外广告牌风灾风险的实时评估、预评估、后评估等数据的平台，实现了大风灾害天气过程中广告牌安全性的实时监控、历史灾情的检索及回看等功能。

大型户外广告牌风灾风险评估系统主要产品功能如下：

（1）实时评估：提供对上海市中环以外主要高速路两侧的立柱式广告牌的风灾风险实况、风速实况等信息进行实时监测和综合显示的功能。监测的广告牌包括双面式和三面式两种类型,可在检索条件中自行选取。风速实况是采用局部地表粗糙度对自动站资料修正后的高速路沿线 10 m 高度风速,可与风险实况显示进行切换。GIS 地图可实现多层底图叠加显示效果,如自动气象站、区县点、各高速路段、上海行政区等,可自行选择显示。地图上可点击查看到监测点所属的高速路段、经纬度坐标、风速值、风险值、风速等级、风险等级等详细信息。系统默认显示最新实况评估结果,同时提供时间选择和上下时次选择功能,支持历史数据回看。

(2)预评估:提供基于 ECWMF 再分析资料的立柱式广告牌风灾风险预评估及风速预评估信息的综合显示功能。预评估结果每天更新两次,每次可提供未来 10 天广告牌的风灾风险、风速预报结果,其中前 3 天的时间间隔为 3 h,后 7 天为 6 h。其他查询功能与实时评估部分的功能基本一致。

(3)后评估:提供灾害性天气历史个例的检索及回看功能。可查看一次灾害性天气过程中,最大风险值出现时所对应的时间、风速值、风险值、风速等级以及风险等级。其他查询功能与实时评估部分的功能基本一致。

4.6 海洋气象影响预报和风险预警业务流程及产品

波浪是影响船舶安全的重要海洋气象因素之一。传统的波高、波向等要素不能反映波浪多方面的致灾特性:长江口浅滩地形及半日潮造成的浅滩效应影响船舶安全航行;陡度在当波高不大时,也可造成船舶大幅倾斜及沉船事故;组成成分不同的波浪对船舶的影响也不同,混合浪及长浪对停靠在港口的船舶影响最大,可以造成船体摇摆甚至缆绳断裂,进而倾覆;船舶自身的特点及航速、航向也会使得相同的波浪造成不同的影响。为此,2015 年起上海海洋气象台开始研发海洋气象影响预报和风险预警产品,针对波浪影响船舶的不同途径,设计并业务化运行了多个指数,涵盖了波浪对船舶影响的多方面因素,包括浅滩效应指数、波浪陡度指数、涌浪占比指数以及谐摇指数,从而为船舶做出针对性的波浪影响预警预报,减少事故的发生。以波浪对船舶影响预报为例,介绍海洋气象影响预报业务流程及产品。

波浪对船舶影响预报主要分为三个部分:船舶海洋气象实况及模式资料采集及分析、指数的计算和订正以及船舶风险指数的查询显示。谐摇指数与浅滩效应指数预警所需输入数据来自浮标站及潮位站实时资料,陡度指数与涌浪能量占比指数预报所需的海洋气象要素来自海洋模式资料,另外针对特定预报船只的谐摇指数预报所需的海洋气象要素也来自海洋模式资料。浅滩效应指数与谐摇指数监测预警,每日整点计算并输出,针对特定船只的谐摇指数预报,以及陡度指数预报与涌浪能量占比指数预报每日进行一次计算并输出,指数预报时效取决于模式,通常为 7～10 d。在计算涌浪能量占比指数过程中,对于总波高小于或等于 3 m 的,其涌浪能量占比指数增加了总波高 1/3 的系数,以更为合理地表征其实际影响。谐摇指数及浅滩效应指数在海洋台本地业务平台上显示,陡度指数和涌浪能量占比指数在"上海多灾种早期预警系统"以及"海洋台的监测预报预警服务系统"中显示;另外,把陡度指数和涌浪占比指数纳入海上传真图的产品,通过传真发送到船舶。

值班人员基于以上船舶影响预警预报产品,针对用户船舶关注时段及所在海域修正影响等级,制作波浪对船舶影响的预报产品,并提供决策支撑。

浅滩效应指数的设计中,把复杂的波浪计算合理简化,在理论研究的基础上结合实时观测资料,研发了浅滩效应的监测预警方法——利用海上波浪、海流及潮位观测数据实时计算波高与初始波高之比以监测浅滩效应。浅滩效应指数综合考虑了浅滩地区地形与潮汐的影响,逆流低潮位且波周期较大时浅滩效应显著,浅滩效应值可达 1.5,即波高由于浅滩效应增大到初始波高的 1.5 倍,通常浅滩效应时的波周期大于 8 s。相对于冷空气而言,偏南大风及台风的风区大且风时长,因而波周期较大,更容易出现浅滩效应。图 4-26 为 2015 年 7 月 9 日到 19 日的一次多台风(201509 灿鸿、201510 莲花及 201511 浪卡)影响过程中浅滩效应指数随时间的变化,浅滩效应显著,波高与初始波高比值最大达到或超过 1.5。

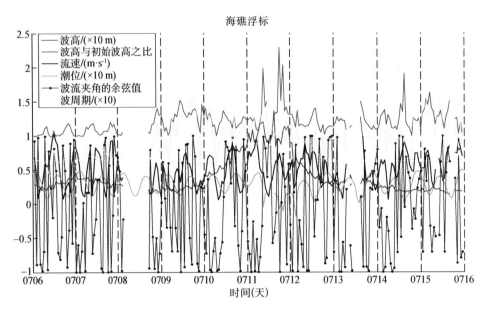

图 4-26　2015 年 7 月 9 日到 19 日的一次多台风(201509 灿鸿、201510 莲花及 201511 浪卡)影响过程中浅滩效应指数随时间的变化

陡度指数在陡度定义(波高/波长)基础上得到,不同陡度指数对应的陡度范围如下。

陡度指数为 0:陡度≤0.01;

陡度指数为 1:陡度 0.01~0.02;

陡度指数为 2:陡度 0.02~0.03;

陡度指数为 3:陡度 0.03~0.04;

陡度指数为 4:陡度 0.04~0.05;

陡度指数为 5:陡度>0.05。

涌浪占比指数是在浪涌分离方法基础上,结合波浪理论及船舶运动特征设计得到的。

涌浪指数与陡度指数一起,利用模式数据,进行业务实时监测及预报。预报实践发现,通常冷空气及台风影响后期,陡度逐渐下降,涌浪占比增大。图 4-27 为 2012 年 6 月 19 日到 25 日台风泰利(201205)过程中陡度及涌浪占比指数随时间的变化,在台风后期,陡度下降,风浪波高显著下降,涌浪占比指数增大。

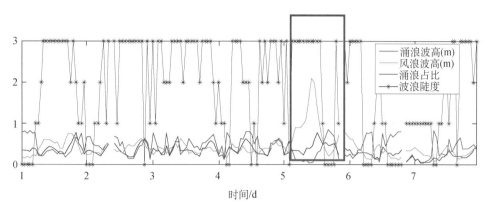

图 4-27　2012 年 6 月 19 日到 25 日台风泰利(201205)过程中陡度及涌浪占比指数随时间的变化

谐摇指数主要通过提取影响船舶的遭遇周期,建立了船舶谐摇监测预警方法。船舶谐摇指数即船舶的谐摇程度:船舶的固有周期(T_0)/遭遇周期(T_e),比值 0.7～1.3 之间易发生谐摇。通过设计谐摇指数极坐标图,实现了波向、波周期以及船舶航向与航速的动态显示,如图 4-28 所示,左图中箭头均表示波向,半径上的 10,20 和 30 表示船舶行驶速度(节),圆周上的 0°,30°,60°……表示船舶行驶方向。结合实测资料的谐摇指数预警用于监测长江口海域的船舶谐摇风险,根据模式波浪预报结果计算的谐摇指数用于辅助服务船只进行航线设计。在船舶行驶时,根据浮标数据的谐摇指数实时分析结果以及基于模式预报的谐摇指数分析结果,指导船只规避谐摇剧烈海域,降低船舶行驶风险。

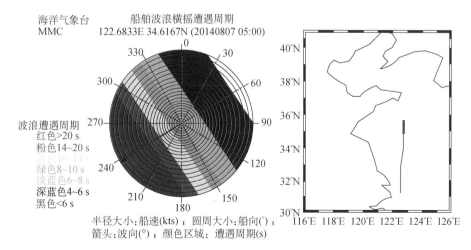

图 4-28　船舶波浪谐摇遭遇周期图

波浪对船舶影响判定的分级标准详见表 4-14。

表 4-14 波浪对船舶影响等级标准

等级标准	一般影响 （Ⅳ级）	较重影响 （Ⅲ级）	严重影响 （Ⅱ级）	特别严重影响 （Ⅰ级）
浅滩效应指数	≥1.3	1.3～1.5	1.5～1.8	>1.8
陡度指数	0,1 或 2	3	4	5
涌浪占比指数	≤70%	70%～80%	80%～90%	>90%
谐摇指数	≥1.3	0.7～1.3	0.8～1.2	0.9～1.1

在多次天气过程中,根据指数产品预报得以更好地发布风险提示。以 2017 年第 18 号台风"泰利"为例,在 9 月 13 日的会商中,预报员分析到:在台风影响期间,16 日 20 时陡度大值区集中在台风中心及附近,17 日 20 时随台风北上之后陡度大值区也随之北上,对东海影响小;16 日 20 时的涌浪能量占比预报显示此时涌浪能量主要在台风以南海域,到 17 日 20 时即台风北上之后,涌浪能量占比大值聚集在东海洋面;从以上分析可见,台风北上后,此时风虽减小,但涌浪波高和涌浪能量占比仍大,涌浪对船舶的影响不可忽视;另外,根据谐摇遭遇周期分布图指导附近船舶规避谐摇风险,如 13 日 12 时黄泽洋灯船对应遭遇周期分布图显示向岸航行时船舶谐摇遭遇周期基本都在 10 s 及以上,因此回港避风船舶在靠岸时应根据自身固有周期采取不同的行进速度及方向——小船固有周期小,可以直接快速向岸航行;大船固有周期大,大至超过了 14 s 的则应该采取"之"字形方式并缓慢靠岸,以避免发生谐摇。预报员在随后的短信及电话中进行了相应提示。

4.7 气象灾害预警信息发布

4.7.1 气象灾害预警信息发布理论

国际上对"预警"的发展十分重视,联合国国际减灾战略（The United Nations International Strategy for Disaster Reduction, UNISDR）将"预警"定义为:由专门的机构提供及时和有效的信息,使得处在危险中的个人或组织迅速采取行动以避免或减少他们的风险,并准备有效的应对。

《国务院关于全面加强应急管理工作的意见》指出:"建设各级人民政府组织协调、有关部门分工负责的各类突发公共事件预警系统,建立预警信息通报与发布制度,充分利用广播、电视、互联网、手机短信息、电话、宣传车等各类媒体和手段,及时发布预警信息。"

《中华人民共和国气象法》规定,国家对公众气象预报和灾害性天气警报实行统一发布制度。各级气象主管机构所属的气象台站应当按照职责向社会发布公众气象预报和灾害性天气警报。广播、电视、报纸、电信等媒体负责向社会传播气象台站发布的气象预报和灾害性天气警报。信息产业部门应当与气象主管机构密切配合,确保气象部门及时准确地发布灾害性天气警报。

气象灾害预警信息发布本着"归口管理、统一发布、快速传播"原则。气象部门负责制作气象灾害预警信号信息,按照发布权限、业务流程和预警级别,充分利用电视、广播、网站、微博、微信、手机短信、电子显示屏、声讯电话等渠道及时向社会广泛发布预警信号。

2011年,国务院办公厅出台《关于加强气象灾害监测预警及信息发布工作的意见》,对于"加强预警信息发布"进行了规范,包括以下内容。

(1)完善预警信息发布制度。各地区要抓紧制定突发事件预警信息发布管理办法,明确气象灾害预警信息发布权限、流程、渠道和工作机制等。建立完善重大气象灾害预警信息紧急发布制度,对于台风、暴雨、暴雪等气象灾害红色预警和局地暴雨、雷雨大风、冰雹、龙卷风、沙尘暴等突发性气象灾害预警,要减少审批环节,建立快速发布的"绿色通道",通过广播、电视、互联网、手机短信等各种手段和渠道第一时间无偿向社会公众发布。

(2)加快预警信息发布系统建设。积极推进国家突发公共事件预警信息发布系统建设,形成国家、省、地、县四级相互衔接、规范统一的气象灾害预警信息发布体系,实现预警信息的多手段综合发布。加快推进国家通信网应急指挥调度系统升级完善,提升公众通信网应急服务能力。各地区、各有关部门要积极适应气象灾害预警信息快捷发布的需要,加快气象灾害预警信息接收传递设备设施建设。

(3)加强预警信息发布规范管理。气象灾害预警信息由各级气象部门负责制作,因气象因素引发的次生、衍生灾害预警信息由有关部门和单位制作,根据政府授权按预警级别分级发布,其他组织和个人不得自行向社会发布。气象部门要会同有关部门细化气象灾害预警信息发布标准,分类别明确灾害预警级别、起始时间、可能影响范围、警示事项等,提高预警信息的科学性和有效性。

(4)充分发挥新闻媒体和手机短信的作用。各级广电、新闻出版、通信主管部门及有关媒体、企业要大力支持预警信息发布工作。广播、电视、报纸、互联网等社会媒体要切实承担社会责任,及时、准确、无偿播发或刊载气象灾害预警信息,紧急情况下要采用滚动字幕、加开视频窗口甚至中断正常播出等方式迅速播报预警信息及有关防范知识。各基础电信运营企业要根据应急需求对手机短信平台进行升级改造,提高预警信息发送效率,按照政府及其授权部门的要求及时向灾害预警区域手机用户免费发布预警信息。

(5)完善预警信息传播手段。地方各级人民政府和相关部门要在充分利用已有资源的基础上,在学校、社区、机场、港口、车站、旅游景点等人员密集区和公共场所建设电子显示屏等畅通、有效的预警信息接收与传播设施。完善和扩充气象频道传播预警信息功能。重点加强农村偏远地区预警信息接收终端建设,因地制宜地利用有线广播、高音喇叭、鸣锣吹哨等多种方式及时将灾害预警信息传递给受影响群众。要加快推进国家应急广播体系建设,实现与气象灾害预警信息发布体系有效衔接,进一步提升预警信息在偏远农村、牧区、山区、渔区的传播能力。

(6)加强基层预警信息接收传递。县、乡级人民政府有关部门,学校、医院、社区、工矿企业、建筑工地等要指定专人负责气象灾害预警信息接收传递工作,重点健全向基层社区传递机制,形成县—乡—村—户直通的气象灾害预警信息传播渠道。居民委员会、村民委员会等基层组织要第一时间传递预警信息,迅速组织群众防灾避险。充分发挥气象信息员、灾害信息员、群测群防员传播预警信息的作用,为其配备必要的装备,给予必要经费补助。

2016年,《中共中央国务院关于推进防灾减灾救灾体制机制改革的意见》规定:要建立健全与灾害特征相适应的预警信息发布制度明确发布流程和责任权限。加强国家突发事件发布系统能力建设,发挥国家突发事件预警信息发布系统作用,完善运行管理办法。充分利用各种传播渠道,通过多种途径将预警信息发送到户到人,显著提高灾害预警信息发布的准确性和时效性,扩大社会公众覆盖面,有效解决信息发布"最后一公里"问题。

4.7.2 国内外气象灾害预警信息发布体系

1. 国外预警信息发布体系

1) 美国预警信息发布体系

美国建立了综合公共警报与预警系统(Integrated Public Alert and Warning System, IPAWS),是以互联网为基础的开放性预警平台,整合全国范围内各种预警系统,通过一切可用手段,以最快速度将预警信息传递给公众,实现"一个入口、多种渠道"。该系统本身并不负责发布预警,只是为预警管理部门提供接入现有各种预警发布系统的服务端口,有公共安全责任的政府部门可以自由选择最适合自身需求的一种软件。只要拥有IPAWS系统账号,并且使用的预警制作系统软件能与IPAWS系统兼容,即可通过系统端口对外发布预警信息。IPAWS系统具有为残疾人和不懂英语者在内的所有美国公民提供预警服务的能力。

IPAWS系统整合的对象是各种类型的预警系统,包括省级应急警报系统(EAS),强化全国预警系统(NAWAS),与公共电视台协会(APTS)等联合建设数字应急警报系统,与美国国家实验室等联合建设预警与传播网络,与美国国家海洋与大气管理局(NOAA)等联合建设地理定位报警系统,整合商业移动警报系统、全国天气服务分发系统、应急电话网络、警报器、数字公路信号、计算机模拟系统、数字信号、警报器系统、互联网搜索引擎、社会分享网站和即时通信等预警系统与渠道。通过制定统一标准,使用CAP格式传输各类应急信息,实现各系统间互联互通。

在发布渠道方面,除了传统的广播、电视、报纸之外,近年来,随着信息技术的进步,美国先后推出了电子邮件订阅预警信息的服务,开通了Twitter、Facebook等社交媒体账号,用于向社会实时发布恶劣天气的预警信息,这大大提高了信息传播的广度和时效性。2012年4月,美国国家气象局推出了天气预警收音机(Weather Radio),这种收音机平时"沉默不语",但一旦收到该局发出的预警后,立刻像闹钟一样报警,在深夜也能把人叫醒。美国还将手机短信作为当前最有效的信息预警渠道,2006年起,美国联邦通信委员会(Federal Communications Commission, FCC)就通过了一系列的法令,要求各个无线通信服务的提供商,必须向用户转发各种政府机构发布的预警信息。这个项目,在全国范围内实施,被称为"商业移动预警系统"(CMAS)。为了确保预警短信不仅要发得快还要发得准,保证在信息过载的时代,预警信息被阅读而不被忽略,2012年6月,美国国家气象局推出"无线紧急预警系统"(WEAS),该系统可以根据暴风或者恶劣天气通过的路径来确定会受影响的人群,从而发送信息,而不是以一个州或一个市为单位盲目群发。具体地说,该系统不是根据手机用户的注册地址来推送预警信息,而是根据用户手机发出的信号,来判别其是否位于灾区之内,再决定是否发送信息,这既提高了预警"准确性",又减少了不必要的信息扰民。

2) 日本预警信息发布体系

日本在突发公共事件应急信息化发展方面,从应急信息化基础设施抓起,建立起覆盖全国、功能完善、技术先进的防灾通信网络。目前,日本政府基本建立起了发达、完善的防灾通信网络体系,包括:以政府各职能部门为主,由固定通信线路(包括影像传输线路)、卫星通信线路和移动通信线路组成的"中央防灾无线网";以全国消防机构为主的"消防防灾无线网";以自治体防灾机构和当地居民为主的都道府县、市町村的"防灾行政无线网";以及在应急过程中实现互联互通的防灾相互通信用无线网;等等。此外,还建立起各种专业类型的通信网,包括水防通信网、紧急联络通信网、警用通信网、防卫用通信网、海上保安用通信网以及气象用通信网等。这些网络纵横交错,形成了一个整体的、覆盖全国的应急对策专用无线通信网,为日本政府收集处理信息提供了高科技支撑。

(1) 中央防灾无线网

中央防灾无线网是日本防灾通信网的"骨架网"。它的建设目的在于:当发生大规模灾害时,或因电信运营商者线路中断,或因民众纷纷拨打查询电话而造成通信线路拥塞,甚至通信瘫痪时,则以这一网络接收与传输紧急灾害对策总部、总理官邸、指定行政机关以及指定公共机关等的灾害数据。中央防灾无线网由固定通信线路(包含影像传输线路)、卫星通信线路、移动通信线路所构成。

(2) 消防防灾无线网

消防防灾无线网属于连接消防署与都道府县的无线网。这一无线网由地面系统与卫星系统所构成。①地面系统。以电话或传真通报全国都道府县之外,也用于收集与传达灾害信息。②卫星系统(地区卫星通信网路)。这是连接消防署及全国约4 200个地方公共团体的卫星通信网路,以电话或传真通报都道府县和市町村及消防总部,还可用于个别通信以收集与传达灾害信息(包括影像信息),并可充实防灾通信体制,以弥补地面系统功能的不足。

(3) 防灾行政无线网

防灾行政无线网分为都道府县和市町村两级,用于连接都道府县和市町村与指定行政机关及其有关防灾当局之间的通信,以收集和传递相关的灾害信息。目前市町村级的防灾行政无线网已延伸到街区一级,通过这一系统,政府可以把各种灾害信息及时传递给家庭、学校、医院等机构,成为灾害发生时重要的通信渠道和手段。由户外扩音器、家庭受信机、车载无线电话移动系统,以及市街区公所、学校、医院等防灾相关机关的防灾网络系统所构成。一旦有灾情,可以在5 min内将灾害信息通知有关居民,避免引起社会恐慌。

（4）防灾相互通信网

为解决出现地震、飓风等大规模灾害的现场通信问题，日本政府专门建成了"防灾相互通信网"，可以在现场迅速让警察署、海上保安厅、国土交通厅、消防厅等各防灾相关机关彼此交换各种现场救灾信息，以更有效、更有针对性地进行灾害的救援和指挥。目前，这一系统已被引至日本的各个地方公共团体、电力公司、铁路公司等。

（5）瞬时警报系统

除了上述四个发布网络外，日本全国瞬时警报系统（J-ALERT）是日本政府将紧急防灾疏散等信息通过卫星向地方政府和居民传达的瞬间报警系统。当以海啸为代表的大规模灾害事件发生时，日本政府将紧急防灾疏散等信息通过通信卫星（SUPERBIRD B2）瞬间向地方政府传达；同时，自动启动与通信卫星连接的市町村防灾行政无线系统等，无须经过人工，通过播出警笛声等方式对居民瞬时传递信息。J-ALERT 于 2007 年 2 月开始正式运行，同年 10 月开始应用到紧急地震速报的播送中，此后，逐渐扩大了所提供的信息范围，现在可发布弹道导弹信息等国民保护信息和海啸、气象等预警信息共 24 种。目前，几乎所有地方政府、下属行政机关及媒体、学校、医院等部门都安装了接收机。从国家发出信息到广播开始所需时间因设备性能不同而有所差异，大致需要几秒到二十几秒的时间。瞬时、自动、直接是 J-ALERT 系统的最大特色。

2. 我国气象灾害预警信息发布体系

根据《"十一五"期间国家突发公共事件应急体系建设规划》的要求，我国建立起国家突发事件预警信息发布系统，并于 2015 年 5 月正式开始业务运行，不仅在纵向上实现了国家、省、地三级平台和县级终端的互联互通、信息实时共享和发布手段共用，而且在横向上实现了国家、省、地、县四级预警信息发布机构与政府应急管理部门、突发事件应急处置部门之间的信息实时共享和快速发布，实现了集中于统一平台的"第一时间，权威发布"。

预警信息传播网络主要由应急广播系统、移动运营系统及社会媒体三部分组成。在广播电视系统方面，各省气象部门已经实现与当地电视台、电台建立专线，实现电视、广播即时插播，尤其是实现了与应急广播网的全面对接。在移动运营系统方面，31 个省（区、市）实现了全网专线接入，建立了预警信息发布绿色通道。在社会媒体方面，与主流媒体均签订了相关服务协议，并覆盖大部分用户，如覆盖腾讯微信 6 亿用户，QQ 弹窗 4 亿用户，覆盖阿里支付宝 4 亿用户，覆盖奇虎 PC 用户约 4.6 亿，手机用户约 3.38 亿，覆盖百度搜索和百度地图约 83% 用户，覆盖新浪微博约 3 亿用户等。各类社会媒体在提高预警信息覆盖面、促进预警信息应用方面发挥着不可或缺的作用。

移动互联网时代下，"互联网+预警发布"模式将成为未来预警发布的发展方向。建设预警发布手机客户端发布系统，向联动部门应急管理人员实时推送各类定制的预警信息，向公众提供语音、文字等形式的预警信息发布。开展基于地理围栏技术的网格化智慧预警发布技术应用。建立预警发布 App 推送接口，与生活类热门 App 和爱奇艺、优酷、乐视等视频 App 对接，开发适用于网站、电子阅读器、平板电脑、汽车电子产品、智能家居等互联网终端的接口和应用，使预警发布与受社会广泛关注的信息发布平台对接,实现信息即时推送,结合其自身信息开发相应的预警服务信息应用或在其软件应用的醒目位置进行实时显示,达到更加快速、广泛传播的效果。

案例 4-1　上海气象灾害预警信息发布工作成效

上海市政府于 2013 年在全国率先成立了"上海市突发公共事件预警信息发布中心",市政府办公厅同步印发了《上海市突发事件预警信息发布管理暂行办法》,预警发布中心设在上海市气象局,由上海市应急办和上海市气象局共同管理。通过几年的努力,上海市突发事件预警发布中心建立了部门协同的预警联动工作机制,建成了"一键式"突发事件预警发布系统,整合了广播、电视、网站、微信、微博、手机短信、电子显示屏等发布渠道,开发建设的突发事件预警发布终端已安装覆盖至全市 40 余家委、办、局和预警传播单位。所有预警发布渠道均能在 10 min以内完成发布。

上海气象部门一直致力于预警信息发布渠道的拓展,推进气象预警信息融入城市信息发布体系,拓宽预警信息发布渠道。依托东方明珠移动电视,建立预警信息移动电视发布系统。与腾讯大申网建立了红色预警快速发布机制,与百视通企业合作开发了公交站牌电子显示屏预警发布系统。推出"上海预警发布"微信公众号,与预警发布系统对接,5 min 之内进行全自动发布,关注人数已达 9 万。开发手机智能终端 App,实现分区、定向发布功能。通过上海中心大厦塔冠巨幅显示屏发布气象灾害预警信息。

上海气象部门高度重视面向基层单元的气象灾害预警信息发布。上海气象灾害预警信息接入虹桥和浦东国际机场、铁路上海站、国际旅游度假区、上海化工区等 10 个市级基层应急管理单元,实现预警信息垂直定点发布服务。还推动预警信息接入城市网格化管理,预警发布中心将预警信息实时传送至市网格化管理平台,并通过市网格化管理平台分发至各区县和街镇网格化管理中心,按照预案做好灾害应对工作。加强中央在沪企业预警服务,组织预警发布终端接入东航集团、中国远洋集团、中国商飞、宝武集团等中央企业。与市住建委合作面向全市3 500 余个建筑工地直通式发布预警信息。与金山局联合开展针对上海石化等重要企业的气象灾害预警服务。在金山廊下试点开展突发事件预警发布向乡镇延伸。

4.8　应急响应和部门联动

4.8.1　气象灾害预警联动

城市应急联动是综合各种城市应急服务资源,统一指挥、联合行动,为市民提供相应的紧急救援服务,为城市的公共安全提供强有力的保障。在发达国家的许多城市中,城市应急联动系统已经变成人民日常生活中一个不可或缺的组成部分,甚至成为显示城市管理水平的标志性工程。

气象预警联动是气象部门发布气象预警信号后,根据气象灾害专项应急预案启动气象灾害应急响应,气象灾害应急响应级别分为四级:Ⅰ级(特别严重)、Ⅱ级(严重)、Ⅲ级(较重)和Ⅳ级(一般),分别对应红色、橙色、黄色和蓝色预警信号。各联动单位根据相关规定和各自职责分工,在应急管理部门统一指挥下,协助做好各项防灾抢险应急处置工作。

4.8.2 国内外城市预警联动工作进展

1. 国外先进城市预警联动工作情况

1) 美国迈阿密的应急管理与预警联动体系

我国正在打造统一指挥、专常兼备、反应灵敏、上下联动、平战结合的中国特色应急管理体制。美国的应急管理体制机制与我国不同,建立的是"自下而上、分级应对"的应急管理体制机制:一旦发生灾害,地方政府首先作出响应,进行自救;地方政府能力不足时请求州政府支援,州政府调动州内资源提供援助;当州政府的能力也不够时,州长可请求总统宣布重大灾害或紧急状态,以获得联邦援助。总统依据相关法律宣布为"联邦灾区"或紧急状态,同时启动联邦应急计划,调动和提供联邦救灾资源。在应急响应过程中,联邦层面以美国联邦紧急事务管理局(FEMA)为指挥核心,在州和地方政府层面也都有相应应急管理署作为指挥核心。

美国迈阿密应急管理办公室负责佛罗里达州迈阿密地区的应急工作的组织、协调,该办公室负责管理的应急指挥中心设有 70 多个专业部门和 6 个下属地区(市)的席位,包括地震、气象、医疗、消防、学校、人力资源部、动物资源部、救援、交通、电力、水务、宣传等,一旦启动应急,各部门立即派员进入座席,应急响应的诸多信息互通、协调指令在短时间内即可完成,并由各有关部门迅速实施。各席位均配备统一的应急系统、通信设备和操作手册等,体现了多灾种综合考虑、多部门联合行动的防灾减灾理念。应急指挥中心强调应急管理的 4 个要素,即"Mitigation—Preparedness—Response—Recovery",将灾害减缓和准备放在非常重要的位置,专门设立风险分析室,常态化开展风险地图的绘制和更新。针对对城市安全运行影响较大的核事故和飓风分别绘制了交通、能源、人员疏散等不同类别的专题风险地图。风险地图对学校、交通枢纽、加油站、卫生急救点、灾民安置地点等地物特征进行了较为详细的刻画。通过对风险事件和风险地域的把握,有助于决策者在危机应对中快速掌握脆弱设施、脆弱地区和弱势群体的分布,可以快速作出正确指挥。基于对风险的分析,从灾害减缓的角度,迈阿密应急管理办公室对应急处置的全过程(灾前、灾中、灾后)制定了相应的应急处置预案,与我国的应急预案以界定各部门职责为主不同,美国的应急处置预案侧重于行动序列。以飓风应对为例,制定了 SALT (Storm Action Lead Time),从飓风影响的前 120 h 起部署各部门应对行动,并可根据事态发展动态。

迈阿密的自然灾害主要是飓风带来的影响,迈阿密应急管理办公室非常重视飓风的预报预警,与美国国家飓风中心的关系非常密切,实时接入飓风中心的业务系统,与飓风中心在风险分析、产品研发等方面具有密切的合作关系。在美国国家飓风中心,美国联邦紧急事务管理局

(FEMA)设有独立的办公室,该办公室由美国联邦紧急事务管理局派专员进驻,负责随时了解飓风的最新动态。

美国的灾害应对高度重视先进技术的采用,强调对各部门信息、资源的协调和整合。迈阿密应急指挥中心建立了集有线、无线、卫星等多种手段的通信工具,保证信息联系的通畅,还特别针对社会公众建立预警收音机和预警电视频道发布系统。在指挥平台还建立了集地理信息、实时交通信息、实时气象信息、重要社会经济信息于一体的应急管理系统,实现了各部门信息的充分共享,有利于统一指挥、科学决策。

部门联动是美国与我国应急管理体系的共同点,美国应急管理非常重视各部门的协同配合,所有单位都强调按照迈阿密应急管理办公室的统一指挥,根据风险等级,及时到达指挥中心参与应急处置。除了应急状态,在常态下,迈阿密应急管理办公室通过组织培训、资料的收集、风险地图的定期完善等方式,加强与各联动单位的沟通协调。

2) 加拿大应急管理与预警联动

加拿大自然灾害管理协调机制采用公共安全与应急管理部牵头、各级政府部门参与的管理模式。加拿大公共安全与应急准备部与各省、各领地政府以及利益相关者一起,通过基于风险防范所有灾害的危险,提升防灾减灾能力;与其他联邦部门、省和领地政府合作,通过制定计划、支持培训、应急演练和测试等方式开展国家应急准备。加拿大还研发了应对各种灾害的系统提供给应急管理组织,并能通过标准的报警功能向将要面临危险或正在面临危险的公众发布警报,信息传送是通过广播、有线电视、卫星电视、电子邮件和短信服务等方式进行。

加拿大的应急响应遵循属地化为主的原则。当发生灾害时,首先是地方政府启动应急管理,最先响应的是医疗人员和医院、消防部门、警察和市级政府;当灾害超过地方当局应急响应能力时,地方政府请求省或领地以及给予援助;如果灾害进一步升级,超出了省或领地一级的应对能力,省或领地一级再寻求联邦政府的援助。加拿大在大范围的严重自然灾害中,通过灾害财政援助安排系统向省和领地以及政府提供财政援助,以支持社区的灾后恢复工作。

加拿大政府行动中心(Government Operations Centre,GOC)在灾害应急管理中起着重要的组织协调作用,实现了灾害应急响应的部门联动,使所有的合作伙伴联合到一起参与行动。GOC每周连续7天24小时工作,并提供展望、预警、分析、制定计划、后勤保障,以及协调联邦政府和合作伙伴之间的运行。

加拿大气象局(Meteorologlcal Services of Canada,MSC)在国家应急管理中担当了极为重要的角色,天气防范气象预报员(Weather Preparedness Meteorologist,WPM)在气象灾害应急联动中发挥了核心作用。WPM是连接气象部门与应急管理部门的信息沟通桥梁。2008年起,GOC为MSC设立了一个永久的天气防范气象预报员(WPM)席位,通过WPM的工作,可以随时提供灾害性天气发生的情况以及未来趋势,为政府决策和指挥防灾备灾提供支持。

2. 国内大城市预警联动工作现状

我国的城市应急联动工作以应急预案为基础,通过应急管理体制、机制、法制规范各部门联动工作职责。以上海为例,上海的应急管理工作以"一案三制"为重点,即应急预案体系、应急管理体制、应急管理机制和应急管理法制。建立"横向到边、纵向到底、辐射到点"的应急预案体系,新制定虹桥综合交通枢纽、上海化工区、国际旅游度假区、洋山深水港等市级基层应急管理单元预案,推动预案向街道、社区、企业、学校等基层单元延伸。建立了"统一领导、综合协调、分类管理、分级负责、属地为主"的应急管理体制。完善了市区两级应急管理机构,依托网格化工作资源,加强基层应急值守,实施单元化应急管理。健全了风险隐患排查和备案制度。建立了由市应急办、市应急联动中心、市应急救援总队牵头的"3+X"应急救援会商机制。实施了《上海市实施〈中华人民共和国突发事件应对法〉办法》,为应急工作提供了法律保障。

在城市应急管理的总体框架下,近年来,各地气象部门逐步建立了以气象预警信息为先导的全社会应急联动机制,推动气象预警由"消息树"提升为"发令枪",发挥气象防灾减灾综合效益。上海市气象局在2010年世博气象服务时建立了极端天气内部通报制度,实现气象灾害早通气、早预警、早联动,2018年建立气象灾害预通报制度,提高了部门联动效率。《上海市气象灾害防御办法》(上海市人民政府令第51号)对于政府、部门、社会从事气象灾害防御活动、开展气象应急联动响应进行了规范。广州市气象局与应急办、教育、水务等相关部门联合制定《广州公众应对主要气象灾害指引》,实现台风、暴雨、高温天气的自动停课停工制度化。杭州市气象局与教育局联合编制极端天气学校停课操作规范,与应急办联合开展应急准备认证工作。武汉市气象局与水务局合作建立《城市排渍应急联动工作机制》,与国土资源局合作制定《开展地质灾害气象预警预报工作的合作机制》,与城管局合作建立《融冰防冻应急联动机制》,与环保局合作建立《人工增雨改善空气质量启动机制》。

4.8.3 气象风险预警联动

通过发布风险预警,用户可以按照预案有针对性采取应急响应措施,最大程度地降低气象灾害造成的不利影响。上海市气象局在杨浦区开展的暴雨内涝风险预警试点,将内涝风险预警等级与用户防御应急响应标准进行了有效衔接,一旦发布风险预警,用户能及时采取对应的响应行动,精细化的风险预警为基层防汛部门争取到了更多的应急准备时间,大大降低了应急成本。2018年,上海市气象局与徐汇区联合开展的风险预警试点,气象灾害风险预警可直通徐汇区63个网格管理单元,双方建立了气象风险预警的网格化联动机制,对接网格化应急处置预案,使得网格化联动响应更加精准、高效。

案例 4-2 上海徐汇区基于气象的城市风险预警系统应用实例

2018年1月7日17时,上海中心气象台发布了冬日首个寒潮蓝色预警信息,1月9日清晨徐家汇气象站监测到最低气温低至零下0.6℃,这是此个冬天徐家汇气象站最低气象首次跌破0℃。此次寒潮天气过程期间,徐汇区居民生活正常,用水、用电、用气无忧,全区安全平稳度过。早在1月7日11时,气象部门发布的寒潮风险提示信息第一时间直通徐汇区网格化管理平台,提醒北方有一股较强冷空气正在南下,当日8时,冷空气前锋已经到达华北中部,预警次日早晨开始影响本市,气温将明显下降,并伴有5～7级西北大风,冷空气影响前后需注意防范呼吸道疾病、心脑血管疾病,建议对易受大风影响的户外设施、室外物品、户外广告牌、简易搭建物等应采取加固措施,对于农作物和行道树等注意防冻保暖,对于水管要及时采取防冻裂措施,对于路面结冰等情况要及时采取交通管控措施。徐汇区网格化中心根据寒潮风险提示信息立即组织做好全区63个网格单元的响应工作,部署全区网格员对网格内户外设施、行道树进行排查,对社区老年人等弱势群体进行重点提醒,对于辖区路面结冰情况进行巡查,并做好市民热线水管防冻防裂等投诉问题的回复处理准备工作,将寒潮天气对徐汇区生产生活的次生衍生灾害影响降到最低。

参考文献

［1］张小娜.城市雨水管网暴雨洪水计算模型研制及应用［D].南京:河海大学,2007.

［2］武晟,汪志荣,张建丰,等.不同下垫面径流系数与雨强及历时关系的实验研究［J].中国农业大学学报,2006,11(5):55-59.

［3］张配亮.天津市区暴雨径流模拟模型的研究［D].天津:天津大学,2007.

［4］尹占娥,许世远,殷杰,等.基于小尺度的城市暴雨内涝灾害情景模拟与风险评估［J].地理学报,2010,65(5):553-562.

［5］景垠娜.自然灾害风险评估——以上海浦东新区暴雨洪涝灾害为例［D].上海:上海师范大学,2010.

［6］任伯帜.城市设计暴雨及雨水径流计算模型研究［D].重庆:重庆大学,2004.

［7］岑国平.城市雨水径流计算方法的研究［D].南京:河海大学,1989.

［8］岑国平,沈晋.城市设计暴雨雨型研究［J].水科学进展,1998,9(1):41-46.

［9］宁静.上海市短历时暴雨强度公式与设计雨型研究［D].上海:同济大学,2006.

［10］王胜波,张兵,孙亮,等.手机报警定位技术在警务中的应用［J].警察技术,2012,3:46-49.

5 城市气象灾害风险信息化平台

城市气象灾害风险防控信息化平台包含"综合预警平台"与"综合管理平台"两大平台,其功能从风险判识、预警发布到分区管理、专项保障环环相扣,而高效集约的信息化管理是对两大平台稳定运行的支撑保障。建立标准的城市气象灾害风险信息化管理体系,能在重大灾害性天气应对中发挥明显作用。国内气象部门在信息化平台建设和管理中也形成了一些好的做法,积累了一些在基层灾害防御、重大活动保障风险全过程管理方面的经验。

以上海为例,城市气象灾害风险防控信息化框架包含智能网格预报系统、多灾种早期预警系统、风险分析和研判系统以及预警信息发布系统。预报服务的信息流始于智能网格预报系统提供的基于格点的预报数据,结合风险分析和研判系统提供城市气象灾害风险评估数据,汇入多灾种早期预警系统,制作内部通报、分区天气预警、行业风险预警等产品,最终通过预警信息发布系统发布(图 5-1)。

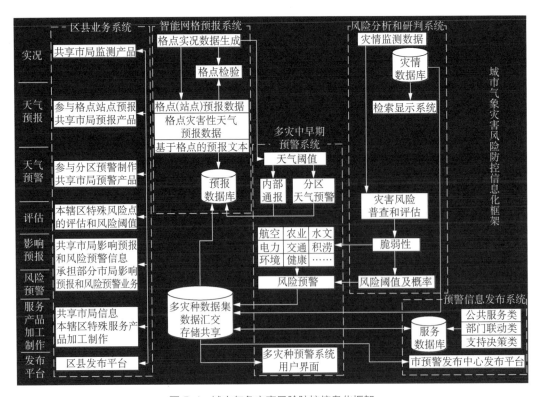

图 5-1 城市气象灾害风险防控信息化框架

5.1 智能网格预报系统

中国气象局 2014 年启动智能网格预报业务建设,2016 年印发《现代气象预报业务发展规划(2016—2020 年)》,明确构建全国精细化气象网格预报一张"网"。上海市气象局认真贯彻落实中国气象局关于智能网格业务试点的工作部署,同时按照《上海市国民经济和社会发展第十三个五年规划纲要》的要求,大力推进数值预报、大数据、云计算、人工智能等现代信息技术在智能网格气象业务中的尝试应用,稳步推进上海智能网格预报业务试验,目前已初步实现了高时空分辨率、自动滚动更新、可预报 0~10 d 的智能网格预报业务试运行(图 5-2)。

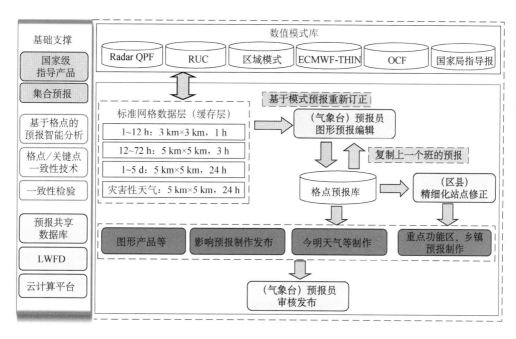

图 5-2 智能网格化预报信息流

上海市气象局智能网格预报系统是城市气象灾害防控信息流的初始端,实现了与国家气象中心格点预报和灾害性格点上行预报对接,与区县一体化业务平台对接,与风险分析和研判系统、多灾种早期预警系统的对接,可以提供给下游工作平台符合模板标准的文字预报、报文预报和图形预报等精细化格点预报产品。

5.2 风险分析和研判系统

上海市社区多灾种三维地图基于三维地图云服务,以杨浦区五角场街道、新江湾城街道、嘉定区街道等社区为试点,构建暴雨、大风和雷电三个社区风险子模块,通过历史灾情调查、模型评估等方法,建立三个试点社区的暴雨、大风和雷电风险分布图,并基于三维地图进行叠加显示和情景展现。

针对城市气象风险,利用智能网格预报系统提供的格点预报产品进行精细化加工,主要针对用户的承受风险能力进行研判,是城市气象灾害防控信息流的加工端。现以上海五角场街道社区风险分析与研判系统为例进行介绍。

5.2.1　气象基础产品分布与要素查询

以五角场街道社区为例,主要查询五角场区域的公共设施分布,分为公共服务、学校分布、医院分布三类。其中公共服务又分为居委会、派出所、社区事务受理中心、疏散点等,学校分布分为幼儿园、小学、中学、大学分布等。气象基础产品窗口如图 5-3 所示。

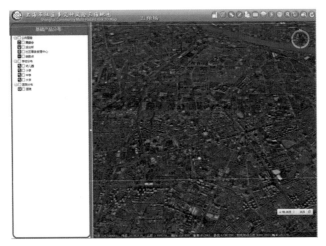

图 5-3　气象基础产品窗口

在三维场景中点击产品图标,会显示该基础产品的详细信息(图 5-4)。

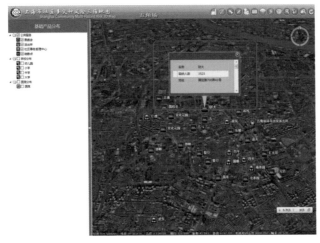

图 5-4　详细信息

点击实时气象要素查询,在属性面板的上方会弹出天气预报,下方会弹出社区综合信息,可得到五角场区域的预警信息,如温度、1 h雨量、风力风向、黄兴路积水站监测值等(图5-5)。

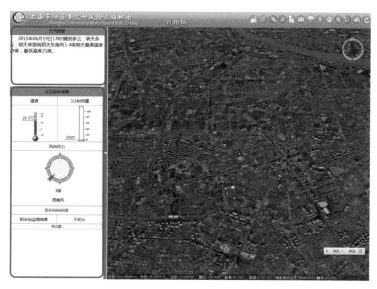

图5-5 实时气象要素窗口

5.2.2 气象风险分析

气象风险分析功能包括五角场区域的积涝风险分析、雷电风险分析、大风风险分析等。

1. 积涝风险分析

点击"积涝风险分析",在界面左侧得到积涝风险分析模块窗口(图5-6)。

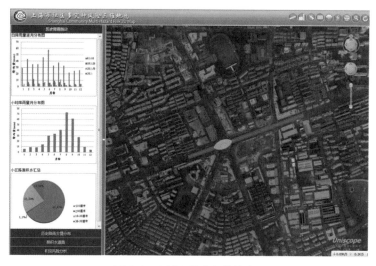

图5-6 积涝风险分析模块窗口

在积涝风险分析模块窗口中,分为历史降雨统计、历史降雨灾情分布、易积水道路、积涝风险分析4个部分。

历史降雨灾情分布对历年来由于降雨而引发的五角场区域灾害分布情况进行了统计(图5-7)。

图5-7　历史降雨灾情分布

当点击三维场景中的降雨图标时,会显示该灾情发生的时间、地点和内容。易积水道路显示出五角场区域容易发生积水的道路,提醒注意。积涝风险分析对五角场区域各个小区积涝的危险等级按照不同的颜色进行了区分(图5-8)。

图5-8　五角场区域积涝危险等级

点击"查看小区内部",可以查看小区内部的积涝情况(图5-9)。

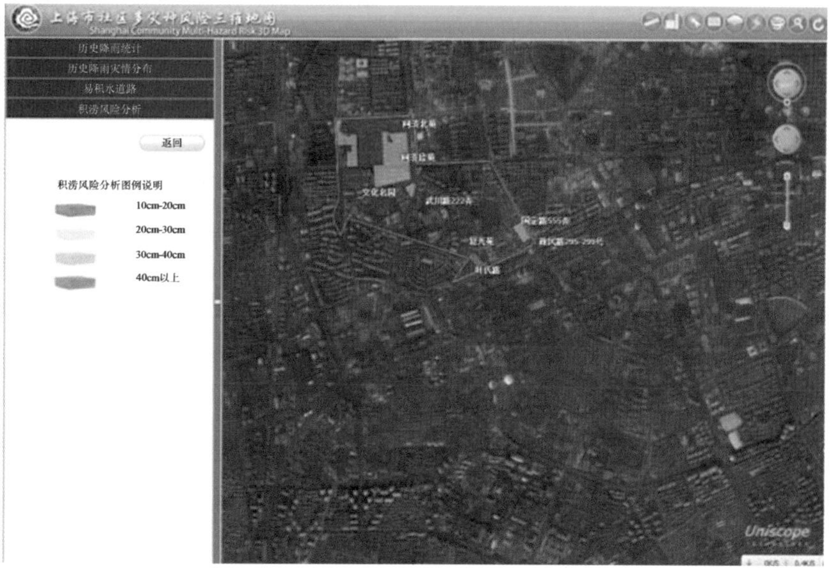

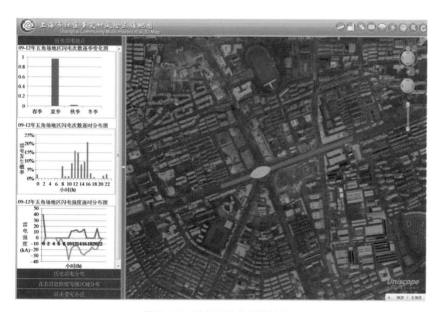

图 5-9　五角场区域小区内部积涝情况

2. 雷电风险分析

点击"雷电风险分析",在界面左侧得到雷电风险分析模块窗口(图5-10)。

图 5-10　雷电风险分析模块窗口

在雷电风险分析模块窗口中,分为历史雷电统计、历史雷电分布、直击雷危险度等级区域分布、雷击受灾小区4个部分。

历史雷电灾情分布对历年来由于雷电而引发五角场区域的灾害分布情况进行了统计(图5-11)。点击选择框可以显示出 2009—2012 年的所有雷电分布,点击蓝色直方体可以显示某一年的雷电分布。

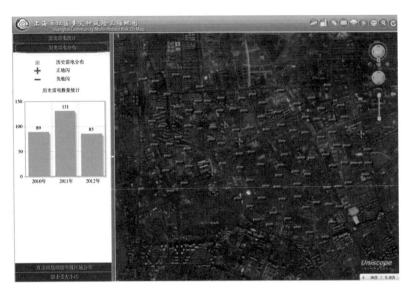

图 5-11　历史雷电灾情分布

直击雷危险度等级区域分布显示出五角场区域售后公房、防雷重点单位、空旷区的危险分布(图 5-12)。

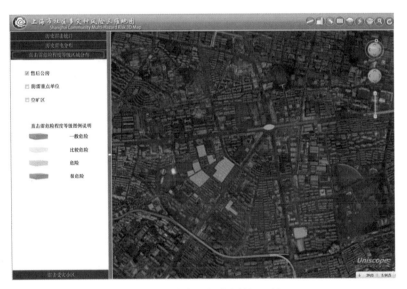

图 5-12　直击雷危险度等级区域

雷击受灾小区是统计出在不同雷击灾害下,如雷击击中建筑、车辆受损、雷击停电、电器受损、雷击人员伤亡、雷击门禁失灵等,五角场区域发生这些灾害的小区分布(图 5-13)。

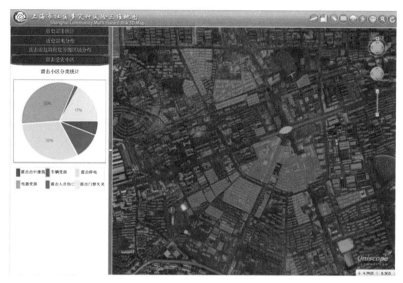

图 5-13 雷击受灾小区

点击饼图的各个部分,三维场景会显示该雷击灾害所对应的小区分布。

3. 大风风险分析

在大风风险分析模块窗口中,分为历史大风统计、历史大风风灾分布、大风居民风险分析、行道树随风速危险分析、广告牌随风速危险分析 5 个部分。

历史大风灾情分布对历年来由于风灾而引发五角场区域的灾害分布情况进行了统计(图 5-14)。

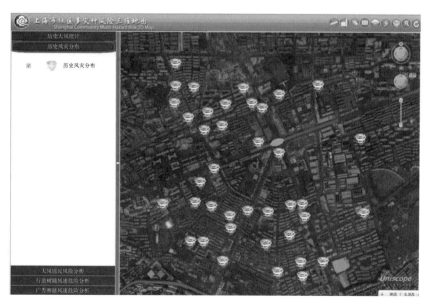

图 5-14 历史大风灾情分布

大风居民风险分析是指对五角场区域各个小区风灾的危险等级按照不同的颜色进行区分（图 5-15）。

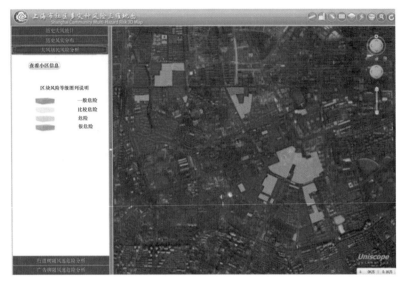

图 5-15　五角场区域居民风灾危险等级

行道树随风速危险分析是指在不同风速下，对五角场区域内的树木危险情况进行分析，并按照图例进行区分（图 5-16）。点击单选框，可以查看在 10 m/s 和 20 m/s 的风速下，行道树危险等级的情况。

图 5-16　五角场区域内行道树危险等级

广告牌随风速危险分析是在不同风速和风向的情况下，对五角场区域内的广告牌危险等级进行分析，并按照图例进行区分（图 5-17）。

图 5-17　五角场区域广告牌危险等级

　　点击风向标中的"东""南""西""北"可以调节风向,并对调节过后的广告牌危险等级进行分析。拖动风速栏中的"10 m/s""20 m/s""0 m/s"可以调节风速,并对调节过后的广告牌危险等级进行分析。

5.3　多灾种早期预警系统

　　来自智能网格预报的网格化预报,以及风险分析和研判系统的灾害风险阈值与概率,汇集至多灾种早期预警系统,进行风险预警的制作。多灾种早期预警系统的设计突出了"多"和"早"的特点,其中系统的"多"表现在以下方面。

　　(1) 多灾种综合:系统涉及 7 类突发灾害,全部是气象灾害或气象次生衍生灾害,主要包括极端天气气候事件、农业气象灾害、航空气象灾害、热浪灾害、火灾潜势、气态危险品扩散等方面。从灾害的相关性出发,首先选择与气象灾害直接相关的 7 种灾害。

　　(2) 多部门会商:系统以气象及次生衍生灾害为重点,实现应急联动、公安、建设交通、农业、环保、海事、水务、文广、消防、药监、太湖流域管理、民航等多部门共同会商。

　　(3) 多环节一体化:突出多灾种早期预警系统在"测、报、防、抗、救、援"应急防灾体系中的首要环节和贯穿始终的作用特点。实现信息充分共享,建立"精细、互动、贴身"的全程跟踪保障机制。

　　多灾种早期预警系统的"早"主要表现为在灾害对经济、社会造成的损失还未出现或者还未造成重大损失前,能采取必要措施,干预灾害的发生与发展,减轻灾害造成的损失,是进行早期预警的目标,可通过技术和管理两个层面来实现。

　　(1) 技术层面:通过部门、区域间联合监测,对灾害发展趋势进行报警,实现"早发现";通过部门间联合制作预警产品,实现"早预警";通过建立上海突发公共事件预警信息发布系统,提高预警信息发布能力,实现"早发布"。

(2)管理层面:通过标准化的部门联动体制,缩短应对灾害的反应和部署时间,实现"早联动、早处置"。

多灾种早期预警系统总体架构图如图 5-18 所示。

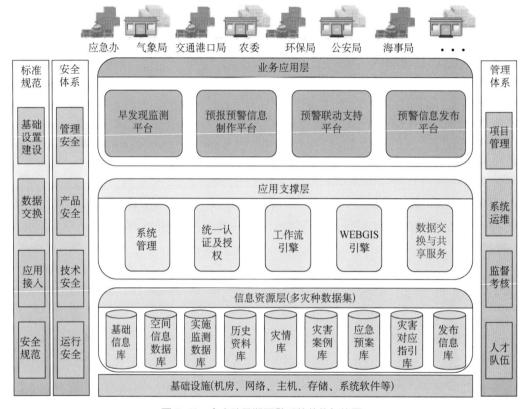

图 5-18 多灾种早期预警系统总体架构图

多灾种早期预警系统(图 5-19)建设贯彻"上海市政府主办、气象局承办、多部门协办"的原则,建设内容主要有 4 个方面:多灾种早发现监测平台(多灾种综合监测、趋势预警)、预报预警信息制作平台(多个预警子系统,涉及气象、农业等多个领域)、预警联动支持平台(启动多部门会商)、预警信息发布平台。各平台的功能和定位如下(图 5-20)。

(1)早发现监测平台 24 h 运行,监测灾害潜势和发生发展趋势并在一定条件下报警,同时为预报预警信息制作平台提供综合监测数据(气象监测数据、跨部门联合监测数据),为预警联动支持平台提供趋势预警产品。

(2)预报预警信息制作平台向预警联动支持平台提供气象及次生衍生灾害的预报预警产品,为多部门联动提供依据,是制作预报预警产品的主要平台。

(3)预警联动支持平台是部门会商的支持平台。

（4）发布平台通过各种发布渠道向公众、专业和决策服务用户发送，实现"发得出、收得到、用得上"的预警信息发布能力。

图 5-19　多灾种早期预警系统首页

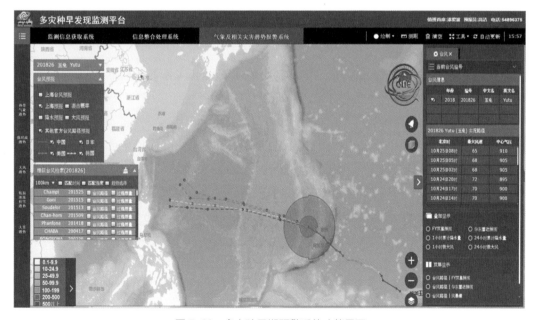

图 5-20　多灾种早期预警系统功能界面

5.4 预警信息发布系统

2013年2月,上海市政府在全国率先成立上海市突发公共事件预警信息发布中心,印发了《上海市突发事件预警信息发布管理暂行办法》(沪府办〔2013〕11号),明确预警信息发布的体制机制、发布流程、预警响应等。依托上海市气象局气象公共服务平台,预警中心共设置8个岗位,实行24 h值守制度。通过市政府总值班室与全市各委办局实时视频互通,实时开展部门内部通报、预警会商及部门联动等工作。

通过突发事件预警信息发布中心建设,构建了涵盖全市30多家预警发布单位、预警传播单位和预警响应单位的联动平台,实现了预警信息发布系统与部门联动机制相融合。预警发布中心已完成气象、农业、水务、环保、民防、食药监6部门预警信息发布细则,接入委办局和新闻媒体共31家,2015年发布灾害性天气预警、黄浦江潮位预警、车站大客流预警、防空预警试鸣、空气重污染预警等全市各类预警信息110余次,通过广播电台、电视台、移动电视、高架情报板等多渠道第一时间发布信息,为全社会抗灾救灾作出贡献。

5.4.1 预警发布工作平台

上海市预警发布中心工作平台依托上海市公共气象服务中心的业务平台,使用预警发布科的部分业务发布人员和资源。预警发布中心依托上海市气象局气象公共服务平台,共设置8个岗位,实行24 h值守制度,建立了由预警启动、身份认证、规范发布、进程监控、效果评估5个部分组成的预警信息发布业务流程。

在业务层面通过发挥气象部门的业务体制优势,形成了由工作管理平台、业务运行平台、信息支持平台和移动备份平台4个部分组成的预警发布共享平台。

工作管理平台负责组织指挥,市应急办明确1名领导为预警发布中心副主任,参加工作管理平台值班,该平台通过上海市政府总值班室与全市各委办局实时视频互通。业务运行平台和信息支持平台充分依托市气象局现有一体化业务平台,开展部门内部通报、预警会商及部门联动等工作,充分发挥气象部门领先的技术优势和成熟的业务体制效益。移动备份平台依托气象应急通信设备,为预警信息发布提供应急备份平台,并可提供突发事件现场实况信息。

5.4.2 预警发布管理系统

上海市突发事件预警信息发布系统2013年进行设计开发,完成后投入业务运行,目前已经安全运行近4年时间,系统运行稳定,其间未发生由于系统原因的重大故障和事故。近几年经过不断的小幅度的稳定性改进和功能开发、调整,目前已经完成了上与国家预警发布系统、下与上海中心气象台分区预警制作系统的底层数据对接,对接的主要预警信息数据参照通用警报协议(Common Alerting Protocol,CAP)进行标准化统一。2014年开发并业务应用了突发事件预警信息接收终端软件，能够快速完成信息点到点发布（平均 5 min 内完成信息发布），并记录信息的到达和确认情况，有效提升信息发布效率。目前已经部署至 40 余家委办局。同年 7 月开发的微信公众号"上海预警发布"（订阅号）和"上海预警"（服务号）正式上线运行，对公众发布信息。2016 年打通与上海文广的电视信息发布绿色通道。2018 年提升了信息发布的精细化，可发布分区预警信息。开发的预警发布信息发布监控平台于 2018 年投入试运行。

5.4.3　预警发布渠道

上海市突发事件预警信息发布系统，包含上海市突发事件预警信息发布管理系统、上海市突发事件预警信息发布导控台、调频副载波信息发布系统、预警信息接收终端软件、预警信息发布监控系统，目前覆盖了全市主要预警管理部门、预警传播单位和预警响应单位，整合了电视、广播、声讯、短信、网站、微博、微信等发布渠道，使得预警信息发布时效大大提高。

1. 预警信息接收终端发布

2014 年设计开发并业务应用了预警接收终端软件（图 5-21），目前业务已应用数年，已部署至全市 40 余家委办局、重点企业和传播单位，为各单位提供最便捷的预警信息接收途径，在 5 min 内可不分内外网接收到预警信息，受到用户一致好评。同时预警中心可通过后台监控预警的到达、查收情况，有效掌握信息发布情况（图 5-22）。

图 5-21　上海市突发事件预警信息接收终端

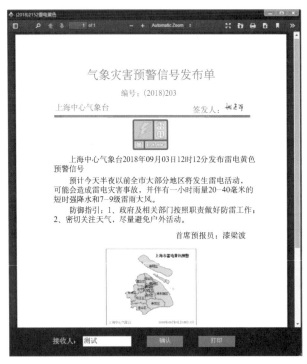

图 5-22　气象灾害预警信号发布单示例

2. 预警信息电视发布

上海市预警中心在与上海文广集团沟通后,经上海市应急办、新闻办审批,于 2016 年发布《上海市突发事件信息电视台发布业务规范》(见《上海市突发事件预警信息发布中心关于印发〈上海市突发事件信息电视台发布业务规范的通知〉(沪预警发〔2016〕8 号)》),明确了突发事件预警信息通过电视台总控室进行电视发布的绿色通道机制,目前以邮件和传真的方式将发布需求发送给电视台总控室,显示分发图标和字幕滚动,覆盖上海 14 个频道(共 32 个频道)。2018年完成了功能升级,从只能发布、显示市级预警信息升级至可发布分区预警信息,预警以轮换的方式每 30 s 更新一次(图 5-23)。

图 5-23　突发事件信息电视台发布示例

3. 预警信息广播发布

2006 年开始租用上海东方明珠信息技术有限公司一套调频副载波(SCA 语音广播)建立上海调频副载波气象信息发布系统,需要进行信息发布时,将录制的预警语音文件通过系统利用调频副载波进行信息发布,用户可通过专用调频接收设备接收相关信息。此发布系统具有控制接收设备自动开机和自动转换到应急广播通道接收节目的功能。

该系统平时提供气象服务,而在灾难事件猝发时,凭借着广播手段的可靠性、及时性、准确性和广泛性,为听众提供应对灾难的指导。同时该系统也是人民躲避灾害、组织自救的必备的通信工具和政府部门指导救灾的必要手段,可以针对不同的灾情、不同的对象,做到分组分区,有针对性地予以信息发布。

基于无线调频广播 SCA 调频附信道技术实现了应急广播,是在我国广播电视机构的现有无线调频发射机的基础上,在基本不需要增加费用的前提下实现的,不需单独设置频率,不影响广播电台的正常播音,成为建设紧急广播的主流方案(图 5-24)。

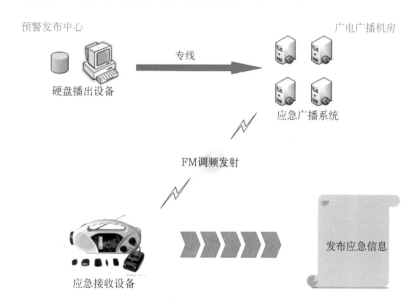

图 5-24 突发事件信息广播发布

4. 预警信息声讯发布

利用上海市气象局 1999 年建成的 969221 声讯服务热线,可对公众提供声讯预警服务。遇预警发布后,工作人员录制相应的预警信息声讯信息,在语音信箱中进行发布。目前已经由人工录制转为自动语音合成的预警语音发布。一般发布时效全程为 10~20 min。

5. 预警信息短信发布

主要依托上海市公共气象服务中心的短信发布平台(建成于 2004 年),通过移动、联通、电信三大运营商的短信通道,对全市的决策和公众用户进行预警信息短信发布,发布速率为移动

20/s,联通60/s,电信60/s。目前平台完成了与预警发布系统对接,在信息发布时可自动读取预警信息,待人工审核后进行信息发布。目前每次发布预警覆盖应急工作人员为7 300人,每次全部发送完毕需5 min左右。2015年国家预警发布系统建成使用后,可通过自带的平台使用12379向指定用户群组发布相应的预警信息。

6. 预警信息微信发布

微信公众号"上海预警发布"在2017年开发完成并投入使用,实时发布各类突发事件预警相关信息和气象数据,预警信息与发布系统进行全自动对接,发布时效约为5 min。目前发布平台部署在腾讯云服务器,每天更新各类信息近8 000条,是用户获取本市预警、天气类信息的最快最全的渠道之一。截至2018年9月底,"上海预警发布"粉丝数为10.5万,单篇最高阅读数为4.5万。在上海发布、市网信办网络新闻信息传播处、新榜联合发布上海政务微信月度报告中,汛期期间稳定排名在重要机构十大榜单的第5~8名。上海预警发布在9月获得上海政务微信平均阅读数排名榜最好成绩,排名第6。

6 城市气象灾害风险防控措施

城市是一个国家或一个地区的政治、经济、文化中心。目前世界上约有60%的人生活在城市里。但是在工业化、城市化进程明显加快的背景下,城市气象灾害的内涵和外延也随之不断扩展,城市气象灾害有其特殊性,事关国民经济和社会发展的方方面面。首先,城市越发展,现代化程度越高,城市安全就越敏感越脆弱。城市化进程的加快还使市政公共设施在某些时候显得非常脆弱,一些普通天气现象就可能导致严重的城市灾害。其次,在全球变化背景下,城市环境中的气象问题越来越成为城市可持续发展所关注的热点问题。再次,气象灾害往往诱发其他灾害,并与之相互作用,加剧城市灾害的严重程度,对国民经济和人类安全产生越来越大的影响。世界气象组织(WMO)提供的数据表明,气象灾害占了各种自然灾害的60%以上,而有近90%的灾害与气象灾害有关。因此,气象灾害防控能力的高低已经成为衡量城市危机管理能力的重要指标。

6.1 气候变化背景下的韧性城市研究

6.1.1 韧性城市的概念和内涵

现代城市气候灾害风险加剧的根源,并非主要源于气候变化,更多是城市过度发展导致城市脆弱性加剧,实际上也是"城市病"的另一种表现。对此,需要将城市气象灾害风险管理的概念深入到城市规划的理念和实践之中,构建韧性城市(Resilient City)。

韧性城市是指以提升城市系统的韧性为目标的城市发展战略。韧性城市也可称为适应型城市,要求通过政策、机制设计和人财物等资源配置,能够更加灵活地应对气候变化、管理气象风险、促进长期可持续性发展。这种灵活应对的能力,不仅包括气象风险的防护能力,也包括快速恢复、可持续发展,以及挖掘新的发展机遇的能力。可见,韧性城市是一个比风险管理、防灾减灾更加综合,更具系统性、战略性和前瞻性的概念,这一理念必须体现在城市规划和发展决策的过程中。

与以传统的防灾减灾为主要目标、针对不同主体和不同资源进行管理风险的应对策略不同,以"韧性"为目标的适应途径强调的是培育系统应对冲击和不利影响的预防、恢复和适应能力。城市适应能力应该包括生态系统多样性、经济和生计选择的多样性、法律制度的包容性(尤其是治理结构、社会资本等方面),对于国家和国际社会而言,适应能力更多表现在建立整体响应的协作机构,有助于构建社会学习能力的公民社会网络。韧性和恢复力是针对系统提出的概念,具有动态视角,适应各种变化、趋利避害是社会—生态系统的本质特征。韧性包括自我组织能力、学习能力、吸收冲击和变化的能力。基于这些特征,系统可以通过渐进地调整过程或实现转型(有意识的、或潜在的不被察觉的),以达到适应目标。

韧性城市的手段是"适应性管理"(Adaptive management)或"适应性规划"(Adaptive planning),其特点是针对未来风险的复杂性、不确定性和不可预见性,对风险的管理转向为提升整个系统的适应能力和可持续性,在治理手段上强调多部门、多主体、多目标的协同管理,分散化和多样化的决策路径,学习和创新能力,评估和反馈机制,等等。

韧性城市的规划路径,包括四大部分的内容:①脆弱性评估,包括风险及影响的不确定性,边缘区域(非正式居住区)及群体(如城市贫民等)的脆弱性特征等;②城市治理结构,包括适应政策的公平性考量,措施、资源和机制的整合,经济效率等问题;③预防和防范,包括实施减排行动、城市更新改造、使用替代性能源等,以便在长远时期降低未来灾害风险;④面向不确定性的规划设计,包括适应行动、空间规划、可持续的城市设计、可持续运输体系、紧凑型城市、混合利用土地、绿化等。

美国加州伯克利大学的城市研究所设计了一套衡量韧性城市的评估指标体系(Resilience Capacity Index,RCI),并以此对美国 361 个城市地区进行了综合评估①。这套韧性城市指标包括 3 个维度、20 多项具体指标,内容如下。

(1) 地区经济能力:包括收入公平性、经济多样化、区域经济负担、商业环境。

(2) 社会人口能力:居民教育程度、有工作能力者比例、脱贫程度、健康保险普及率。

(3) 社区参与能力:公民社会发展程度、城市稳定性、住房拥有率、居民投票率。

综合国内外文献研究,我们认为韧性城市内涵包括经济发展、自然环境和社会文化三方面的韧性。

(1) 发展的韧性。具有应对外部经济动荡的能力,以多元经济结构为新的发展目标,即新知识驱动的发展(Smart Development)、可持续性(Sustainable)、包容性(Inclusive)。

(2) 自然生态环境的韧性。具有应对外部自然灾害的能力,城市空间及城市基础设施规划留有余地,灾害来临后能够自我承受、消化、调整、适应,以实现再造和复苏。

(3) 社会韧性。应对社会变化的能力,社区归属感,通过社会资源整合实现自我振兴的能力。

构建韧性城市的原则和途径有实现经济发展的多元化、鼓励城市功能优化设计、培育社会资本和风险意识、鼓励创新试验、多目标协同的城市管理、信息沟通和反馈机制、生态系统管理、采用不同的政策情景进行城市规划等途径②。

6.1.2　国际社会推进韧性城市的政策与实践

适应气候变化与灾害风险管理,从根本上而言,其目的都是实现可持续发展。达到这一目

---

① 资料来源:http://brr.berkeley.edu/rci.
② 资料来源:http://citiesheart.com/2013/06/a-new-perspective-of-planning-theory/.

标,不仅需要关注城市安全,还需要关注公平议题,例如扶持城市脆弱群体,减少城市贫困人口,通过公共交通、住房、环境、社会保障政策进行城市资源的公平分配等。近年来,国际社会发布了一系列研究报告,对于城市地区的气候变化风险及其适应途径进行了深入分析(表 6-1)。

表 6-1　　　　　　　　　　　　国际社会对城市适应议题的最新认知

机构	报告名称	主要观点
政府间气候变化专门委员会(IPCC)	《气候变化影响和适应:IPCC 第五次气候变化评估报告》(Climate Change 2014: Impacts, Adaptation, and Vulnerability. The Fifth Assessment Report of the Intergovernmental Panel on Climate Change)	1. 气候变化的许多全球性风险都集中在城市地区(中等信度)。提高恢复能力并采取可持续发展的措施可加速全球成功适应气候变化。 2. 改善住房、建设具有恢复能力的基础设施系统,可以显著减低城市地区的脆弱性和暴露度。 3. 有效的多层次的城市风险管理、将政策和激励措施相结合、加强地方政府和社区适应能力、与私营部门的协同合作以及适当的融资和体制发展,有利于城市适应措施的实施(中等信度)。 4. 提高低收入人群和脆弱群体的能力、权利和影响及其与地方政府的合作关系,也有利于城市适应气候变化能力的提高
联合国人居规划署(UN-HABITA)	《全球人类住区报告:城市与气候变化:政策方向》(United Nations Human Settlements Programme,2011)	1. 气候变化影响可能会对城市生活的诸多方面造成涟漪效应。 2. 气候变化对城市内不同居民造成的影响不同:性别、年龄、种族与财富均会影响不同个体与群体应对气候变化的能力。 3. 城市规划并未重点考虑未来区域划分和建筑标准的气候变化增量,这可能会限制基础设施适应气候变化的前景并危及居民的生命与财产。 4. 气候变化影响可能长期持续并波及全球
世界经济合作与发展组织	《城市和气候变化》(Cities and Climate Change,OECD,2010)	1. 城市有能力应对气候变化,而且可以作为研究应对气候变化创新方法的政策实验室。 2. 要将气候变化纳入城市政策制定过程的每个阶段,还可以运用金融工具,资助新的支出,提高城市应对气候变化管理能力。 3. 通过制定制度,提高地方认知,加强行动的执行力,形成多层次管理框架,也是应对气候变化城市管理中的一项重要内容
世界银行	《城市与气候变化:一个亟待解决的议程》(Cities and Climate Change: Responding to an Urgent Agenda, World Bank, 2010)	1. 完善的城市管理是实现可持续发展最重要的先决条件。 2. 目前发展中国家在城市建筑与基础设施中所进行的大量投资方式将决定未来几十年的城市形态与生活方式。 3. 世界上的许多重要城市已经在采取行动来应对气候变化。比如通过技术手段与区域规划来减缓、适应气候变化,并达到提供城市基本服务与减贫的目的
城市气候变化研究网络(UCCRN)	《城市气候变化研究网络第一次气候变化和城市评估报告》(Framework for City Climate Risk Assessment, Urban Climate Change Research Network, 2009)	1. 城市制定气候变化适应性方案需要考虑其所面临的主要气候灾害风险,包括城市热岛、环境污染和气候极端事件等。 2. 报告预估到2050年,雅典、伦敦、纽约、上海和东京等 12 个城市的温度将升高 1~4℃。与以往相比,大多数城市将遭受更多、更长和更强的热浪影响。 3. 气候变化对城市的 4 个主要领域产生影响:区域能源系统、水供需和污水处理、交通和公共健康

资料来源:《气候变化影响和适应:IPCC 第五次气候变化评估报告》《城市与气候变化:政策方向——全球人类住区报告 2011》《城市和气候变化,2010》《城市与气候变化:一个亟待解决的议程》《城市气候变化研究网络第一次气候变化和城市评估报告》和《气候变化绿皮书 2015》。

城市气象灾害风险防控

城市适应规划正在成为推动韧性城市建设的政策和行动指南。英国、美国、澳大利亚等一些发达国家的城市规划学者呼吁将适应气候变化和气候灾害风险管理纳入城市规划之中,其中许多城市已经走在前列。根据美国麻省理工学院的估计,全球约有 1/5 的城市制定了不同形式的适应战略,但是只有很少一部分城市制定了具体详实的行动计划。表 6-2 列举了最有代表性的城市适应规划,例如美国纽约的适应计划、英国伦敦的适应计划、美国芝加哥的气候行动计划、荷兰鹿特丹的气候防护计划、厄瓜多尔基多市的气候变化战略、南非德班的城市气候保护计划等。这些城市适应规划各有特色,大多为专门的城市制定了适应的计划,覆盖的范围和领域更广泛,尤其是针对不同的气候灾害风险,设计了不同的适应目标和重点领域,可以发现,其中一个显著的共性就是强调城市对未来气候灾害风险的综合防护能力,以打造一个安全、韧性、宜居的城市。

表 6-2 全球 6 个最具代表性的城市适应规划

城市	适应规划名称	发布时间	主要气候灾害风险	目标及重点领域	投资/美元	总人口/人
美国纽约	《一个更强大,更有韧性的纽约》(A Stronger, More Resilient New York)	2013 年 6 月	洪水、风暴潮	修复桑迪飓风影响,改造社区住宅、医院、电力、道路、供排水等基础设施,改进沿海防洪设施等	195 亿	820 万
英国伦敦	《管理风险和增强韧性》(Managing Risks and Increasing Resilience)	2011 年 10 月	持续洪水、干旱和极端高温	管理洪水风险,增加公园和绿化,到 2015 年 100 万户居民家庭的水和能源设施更新改造	23 亿(伦敦洪水风险管理计划)	810 万
美国芝加哥	《芝加哥气候行动计划》(Chicago Climate Action Plan)	2008 年 9 月	酷热夏天、浓雾、洪水和暴雨	目标:"人居环境和谐的大城市典范" 特色:用以滞纳雨水的绿色建筑、洪水管理、植树和绿色屋顶项目	—	270 万
荷兰鹿特丹	《鹿特丹气候防护计划》(Rotterdam Climate Proof)	2008 年 12 月	洪水、海平面上升	目标:到 2025 年对气候变化影响具有充分的恢复力,建成世界最安全的港口城市。重点领域:洪水管理,船舶和乘客的可达性,适应性建筑,城市水系统,城市生活质量。特色:应对海平面上升的浮动式防洪闸、浮动房屋等	4 000 万	130 万
厄瓜多尔基多市	《基多气候变化战略》(Quito Climate Change Strategy)	2009 年 10 月	泥石流、洪水、干旱、冰川退缩	重点领域:生态系统和生物多样性、饮用水供给、公共健康、基础设施和电力生产、气候灾害风险管理	3.5 亿	210 万

178

城市	适应规划名称	发布时间	主要气候灾害风险	目标及重点领域	投资/美元	总人口/人
南非德班市	《适应气候变化规划：面向韧性城市》（Climate Change Adaptation Planning：For a Resilient City）	2010 年 11 月	洪水、海平面上升、海岸带侵蚀等	目标：2020 年建成为非洲最富关怀、最宜居城市。重点领域：水资源、健康和灾害管理	3 000 万	370 万

各国在政治文化体制上的差异，导致推进适应气候变化的政策路径有所不同，有的是自上而下由国家适应战略的推动，有的是城市政府和社会各界自下而上的自觉行动。欧盟在国际气候谈判进程中一直比较积极，许多成员国都已制定了国家层面的适应战略。而美国、加拿大及澳大利亚等发达国家作为伞形国家集团的代表，在国家层面的行动却相对消极迟缓。但是随着公众气候变化意识的提高，在企业界和非政府机构的积极倡导下，地方政府成为应对气候变化的主要力量。

英国在全球气候变化政策立法领域中一直积极扮演着先行者和领导者的角色。英国成立了专门的“气候变化和能源部”，使得地方适应行动与国家适应战略得以密切衔接、反哺互动。2002 年又成立了“英国气候影响计划（UKCIP）”以推动适应气候变化研究，拥有哈德利气候预测和研究中心、Tyndall 研究中心等全球领先的气候变化模型、影响评估和政策研究团队，注重研究支持和经验积累，以推动扎实长效的行动设计。早在 2001 年，伦敦市就建立了由政府、企业、媒体广泛参与的“伦敦气候变化伙伴关系”，任命专职官员负责制定伦敦适应计划。

案例 6-1　伦敦城市洪涝灾害管理规划

伦敦目前是在城市适应气候变化和洪水风险管理方面最为先进的全球城市，在过去的几年中，连续出台一系列完善城市基础设施适应气候变化的政策措施。

（1）在市长办公室发布的“伦敦规划”中出现专门的应对气候变化的规划，旨在让伦敦成为在应对气候变化和改善环境方面的世界领先城市。在专门规划中共制定了 22 条政策，分别从策略层面（Strategic）、规划审批条件（Planning decisions）、发展框架准备（LDF preparation）三个层面详细列举了各级区政府所需要进行的准备。

（2）出台重大基础设施和气候变化政策（Climate Resilient Infrastructure，2011）。明确要求已有的基础设施需要把气候变化带来的可能影响加入日常维护的过程中，新的基础设施需要在选址、设计、施工和运营方面保证拥有气候变化韧性。

（3）明确城市建筑物和基础设施适应气候变化增量标准。根据英国气象局未来气候变化情景模型分析，伦敦市依据使用年限定量地给出了城市新建基础设施适应气候变化的四类建设参数增量值。例如：建筑物在 2015 年审批，使用周期为 50 年（即 2065 年达到使用期限）需采用表格中第三类降雨强度增量，即在现有标准上增加 20% 进行设计，才能通过规划审批（《英国气候变化法案》Climatic Act，2008）。

表 6-3 英国城市建设适应气候变化设计参数增量表

参数	1990—2025 年	2025—2055 年	2055—2085 年	2085—2115 年
最大降雨强度	+5％	+10％	+20％	+30％
最大河流流量	+10％	+20％		
近岸风速	+5％		+10％	
极端波浪高度	+5％		+10％	

（4）建立多渠道风险分担和风险管理体系。伦敦充分发挥其全球金融中心优势，拓展了城市基础设施的建设、运营和维护的风险分担机制，绘制了伦敦洪水积涝风险地图，充分发挥保险等相关机制的风险预防和风险分担功能。

6.2 我国气候适应性城市建设

6.2.1 气候适应性城市

为了有效应对气候变化，我国已经发布了一系列适应气候变化政策，2014 年国家发改委发布了《国家应对气候变化规划（2014—2020）》，2015 年，出版了《中国极端天气气候事件和灾害风险管理与适应国家评估报告》。随着适应气候变化的深入开展以及新型城镇化建设的迫切需要，城市作为适应气候变化的重要单元，在适应气候变化工作中扮演着越来越突出的作用。为此，2016 年 2 月国家发展改革委、住房和城乡建设部联合印发了《关于印发〈城市适应气候变化行动方案〉的通知（发改气候〔2016〕245 号）》，2017 年 2 月联合发布《关于印发〈气候适应型城市建设试点工作〉的通知（发改气候〔2017〕343 号）》，将内蒙古自治区呼和浩特市、辽宁省大连市等 28 个地区作为气候适应型城市建设试点，这将使我国城市适应气候变化建设工作进入新的里程。气候适应性城市是指通过城市规划、建设、管理，能够有效应对暴雨、雷电、雾霾、高温、干旱、尘沙、霜冻、积雪、冰雹等恶劣气候，保障城市生命线系统正常运行，居民生命财产安全和城市生态安全相对可靠的城市。建设气候适应性城市包括强化城市适应理念、提高监测预警能力、开展重点适应行动、创建政策试验基地、打造国际合作平台 5 项主要任务。气候适应性城市试点地区将加强气候变化和气象灾害监测预警平台建设和基础信息收集、信息化建设和大数据应用、城市公众预警防护系统建设；针对极端天气气候事件，修改完善城市基础设施设计和建设标准；积极应对热岛效应和城市内涝，增强城市绿地、森林、湖泊、湿地等生态系统在涵养水源、调节气温、保持水土等方面的功能；保留并逐步修复城市河网水系，加强海绵城市建设，构建科学合理的城市防洪排涝体系；加强气候灾害管理，提升城市应急保障服务能力；健全政府、企业、社区和居民等多元主体参与的适应气候变化管理体系。

6.2.2 气候适应性城市规划的目标和原则

气候适应性规划是通过建立规划控制要素与城市气候状况之间的耦合关系，寻找相互影响的内在规律和机制,提高城市韧性,减缓并适应气候变化,为开展与城市环境相适应的城市开发建设活动提供对策和措施指引[1]。气候适应性规划的原则有以下几点:

(1) 城市生态安全性原则。生态安全是韧性城市的基础和核心,是在自然生态系统维系安全的基础上,通过生态服务功能为城市的生存和发展提供安全保障,维护保证城市生态安全的关键性要素,提高城市气候适应性和韧性。

(2) 人体舒适性原则。从人在环境中活动的舒适性和人体的生理限度出发,基于风速、气温、降水及太阳辐射等气候要素进行合理规划,使不同人群在室外环境处于人体温度、风速舒适范围以内。

(3) 物质空间与自然气候协调性原则。城镇物质空间环境应从气候的视角出发考虑人们的日常行为、活动所需,从选址、布局、空间组织、开放空间、建筑密度、容积率、建筑朝向、形体、平面与功能布局、气流组织、建筑色彩、围护结构和设备等方面与自然气候充分协调。

(4) 能源利用高效性原则。通过低碳技术的创新与应用,提高能源使用效率,提倡应用生物能源,转变现代城市高耗能、非循环的运行机制,最大限度地降低城市对常规能源的使用,有效控制温室气体排放,实现城市节能减排的目标。

6.2.3 气候适应性城市规划关键技术

提升城市的气候适应性的关键是建立"监测+模拟+评估"体系,即在监测和分析现有气候变化特点、趋势的基础上,模拟和预测相关规划方案及指标对气候变化的影响,修正和优化城市规划的相关要素与策略,以提高城市适应气候变化的韧性[1]。

(1) 多尺度城市气候监测技术。城市热环境的形成机理和时空特征各不相同,城市气候监测应反映出城市、街区和场地等不同尺度的热环境特征。目前主要包括城市地表温度反演、红外传感摄像监测、城市气温定点监测、车载气温流动监测及车载光学大气遥测等多尺度监测技术。

(2) 多尺度城市气候模拟技术。近年来,计算流体动力学(Computational Fluid Dynamics,CFD)、天气研究与预报模型(Weather Research and Forecasting Model,WRF)等数值模拟技术逐渐应用到城市气候适应性规划中。针对不同的城市空间尺度和规划层次,应采用不同的数值模拟技术,可以解决传统现场实测和风洞实验对于巨大城市空间尺度和复杂影响因素无法模拟的局限,据此可以开展针对各种尺度城市规划方案的气候模拟,为比较规划设计方案创造相对科学的技术条件。

(3) 多尺度城市气候调控技术。城市规模的扩张和地表的改变对温度、湿度、通风等气候因素的影响越来越大。通过对城市形态、建筑密度、容积率和城市人口等规划要素的合理调控,可以促进水蒸气、热量的流通与循环,减缓热岛效应。特别是在不同尺度的城市空间尺度上构建通风廊道将有利于调控城市气候,提高城市韧性。

(4) 城市热环境效应评估技术。通过区域自动气象站实测与卫星遥感"反演"组合,制作气温分布图,分析当前规划建设应对气候变化的实际绩效,进而指导和修正相关气候适应性规划的方法与手段。从自动气象监测网中选取具有代表性的郊区站和市区站作为对比,利用各站点不同时间尺度的平均气温、最高气温、最低气温资料计算 UHI 指数来分析城市热岛的强度变化,分析、对比和评估不同城市形态要素对气候要素的影响,作为进一步调整城市规划措施的技术依据。

6.2.4　气候适应性城市案例

建设气候适应性城市的目标虽然十分明确,但如何实现气候适应性城市建设国内外都没有成熟的模式可用。虽然国外韧性城市建设的措施和理念可供借鉴,但由于国情的差异以及建设的系统性和可用性方面的问题,我国的气候适应型城市建设需要在借鉴欧美国家的经验的基础上,走自主研发和创新之路,形成具有中国特色的气候适应型城市建设体系。

岳阳是我国 2016 年公布的气候适应性城市建设试点之一。岳阳位于湖南东北部,濒临长江、环抱洞庭,是长江中游的一个“金十字架”。自 20 世纪有气象记录以来,岳阳呈现以变暖为主要特征的气候变化,进入 21 世纪后,干旱、暴雨、高温、强雷电等极端天气气候事件发生频率呈显著上升趋势,持续影响着城市生命线系统运行和人们的居住环境质量,同时也制约着经济社会的发展。为此,岳阳市积极加强极端天气监测预报预警服务,分别建设了气象综合业务平台和省—市—县三级高清视频会商系统,依托湖南省气象灾害预警信息发布平台面向决策用户及时发布气象灾害预警信息。岳阳市气象局每年利用世界气象日、防灾减灾日、全国低碳日、全国科技活动周、全国节能宣传周等开展应对气候变化科普宣传。岳阳气象部门未来还将重点完善气象监测网络,增强气候变化影响监测的针对性;通过部门内外科技合作,提高突发灾害性天气预警的准确率和时效性;开展极端天气气候事件风险评估,为政府指导防灾减灾提供决策依据;同时,加强人工影响天气作业能力建设,减轻气象灾害对城市的影响。岳阳市也将加强重点领域适应气候变化的能力建设,构建有利于促进适应气候变化发展的体制机制,建立健全法规标准和政策体系,统筹推进调整产业结构,优化能源结构;建立结构合理、布局适当、功能齐备的气象灾害综合观测系统,提升气象灾害监测预警能力;组织实施包括水利、交通、旅游、生态、能源等高质量适应气候变化示范项目;发挥适应气候变化工作对防灾减灾、生态建设、环境保护、可持续经济发展等工作的引领作用。

6.3　城市气象灾害防御工程案例

6.3.1　中国海绵城市案例

海绵城市是一种城市水系统综合治理模式。其以城市水文及其伴生过程的物理规律为基础,以城市规划建设和管理为载体,将水环境与水生态紧密结合起来,形成完整的“水”生态服务系统。目前全国已在两批共 30 个城市中进行海绵城市试点建设。

海绵城市侧重于城市建设与水文生态系统之间的关系,它强调的是城市应对水文灾害的韧性和低影响开发的综合管理思路,通过科学的规划以及切实可行的建设,使城市可以良好地适应环境变化、应对自然灾害,其结合了自然途径和人工措施,将城市雨洪从源头、过程、末端进行系统治理,并统筹处理降水、地表水、地下水以及人工给排水,得出雨水在城区的积存、渗透、净化和利用的最佳方案,实现城市和水生态环境的紧密结合。其理念的确立和推广,推动了我国城市雨洪管理体系建设以及有效解决城市发展过程中的水生态问题,具有重大意义。

1. 海绵城市的优势

我国城镇化快速发展,城市建设成就显著,因此带来城市开发强度高、硬质铺装多等一系列问题,导致下垫面过度硬化,使得城市原有的自然生态环境和水文特征发生改变。海绵体是指传统的河流、湖泊、池塘等水系以及绿地、可渗透路面等城市设施。雨水通过海绵体渗透、滞留和集蓄,净化后再利用,其余的经管网和泵站向外排出,以此可以缓解城市的内涝危机和压力。而城市开发建设破坏了自然的"海绵体",导致洪涝灾害频发,以及水环境污染、水资源紧缺、水安全缺乏保障等一系列问题的出现,而建设海绵城市可以有效解决这一困境。

海绵城市具有应对自然灾害的韧性,其可以像海绵一样吸收和释放雨水。在集中降水时,海绵城市设施通过园林和绿地等实现降水的渗透、滞留和集蓄;在干旱时期,其可以将储存和净化的雨水释放,以循环使用和排水相结合实现水的补给。海绵城市借助人为措施和自然的结合,并通过"滞、渗、蓄、用"等手段,对水文循环进行调节,减少地表径流,延缓雨峰到来的时间,并将径流处理回用,使得最终进入管渠和行泄通道的径流量达到最小,极大地降低内涝发生的风险。海绵城市相比传统的靠管网收集、末端处理的排水手段更加低碳环保,海绵城市建设也是实现城市发展理念转变和建设方式创新的举措。

2. 海绵城市的核心

海绵城市建设的核心是雨洪管理。在国外,城市雨洪管理代表理念主要有3个:①美国的低影响开发(Low Impact Development,LID)。20世纪90年代马里兰州普润斯·乔治县提出低影响开发,用于实现城市暴雨的最优化管理。采用的是源头削减、过程控制以及末端处理方法进行渗透、过滤、蓄存以及滞留,并融合了基于经济及生态可持续发展的设计策略,减排防涝。其目的是维持区域自然水文机制,通过一系列分布式措施来构建与天然状态下匹配的水文和土地景观,以此减轻区域水文过程畸变带来的生态环境负效应。②英国的可持续发展排水系统(Sustainable Urban Drainage Systems,SUDS)。其侧重"蓄、滞、渗",包含4种途径(蓄水箱、渗水坑、滞留池、人工湿地)处理雨水,以减轻城市排水系统的压力。③澳大利亚的水敏感性城市设计(Water Sensitive Urban Design,WSUD)。其侧重"净、用",是强调城市水循环过程的"拟自然设计"。

其中LID技术是在最佳管理措施(Best Management Practices,BMP)的基础上发展起来的城市雨水管理新概念。它是一种微观尺度的LID理念与技术体系,采用一种生态化、景观化的雨水管理方法,并在场地内利用软件工程技术,通过对植物的特性就地处理和管理降水。其主要提倡采用基于微观尺度景观控制的分散式小规模雨水处理设施,使得区域开发后的水文特性与开发前基本一致,能够最大程度地降低区域开发对于周围生态环境造成的冲击,保留完好的水文功能。目前,典型的 LID 技术体系如表 6-4 所示。

表 6-4 LID 技术体系

保护性设计	限制路面宽度、保护开放空间、集中开发、改造车道等
渗透	绿色道路、渗透性铺装、渗透池(坑)、绿地渗透等
径流蓄存	蓄水池、雨水桶、绿色屋顶、雨水调节池、下凹绿地等
过滤	微型湿地、植被缓冲带、植被滤槽、雨水花园、弃流装置、截污雨水口、土壤渗滤等
生物滞留	植被浅沟、小型蓄水池、下凹绿地、渗透沟渠、树池、生物滞留带等
LID 景观	种植本土植物、土壤改良等

低影响开发的大部分工程设施建设都基于园林景观,具有雨水渗透、储存、净化、控制洪涝、削减峰值流量等功能,根据降水的产汇流过程,可以分为源头控制、中途转输、末端调蓄三个阶段,根据每个阶段不同类型用地的功能、用地构成、土地利用布局和水文地质等特点,可以选用不同的低影响开发设施(表 6-5)。

不透水屋顶与路面构成了城市不透水面的主要部分,绿地则为城市中分布最广泛的自然用地之一。因此选择绿色屋顶、下凹绿地及透水路面作为本书研究的可有效防控内涝的 LID 典型措施。

表 6-5 常见海绵城市措施

阶段	特点	景观工程设施	主要功能	适用范围
源头	多点收集、分散布置	透水性地面铺装	渗透雨水	广场、停车场、人行道以及车流量和荷载量较小的道路
		绿色屋顶	滞留、净化雨水,节能减排	符合屋顶荷载、防水等条件的建筑
		雨水花园	渗透、净化雨水,削减峰值流量	各种绿地和广场
		下沉式绿地	渗透、调节、净化雨水	各种绿地和广场
		渗透塘	滞留、下渗、净化雨水	汇水面积较大且具有一定空间条件的区域
		渗井	滞留、下渗雨水	各种绿地
		植物缓冲带	滞留、下渗、净化雨水	道路周边
		雨水桶	收集建筑屋面雨水	单体建筑,接雨水管,设置于建筑外墙边
中途	缓释慢排	植草沟	收集、输送和排放径流雨水,有一定的雨水净化作用	沿道路线型设置
		渗透沟/渠	渗透雨水	建筑与小区及公共绿地内传输流量较小的区域

（续表）

阶段	特点	景观工程设施	主要功能	适用范围
中途	缓释慢排	调节塘/池	削减峰值流量	建筑与小区及城市绿地等具有一定空间条件的区域
		湿塘	调蓄和净化雨水,补充水源	各种场地,有一定空间条件要求
末端	雨水汇集、调节、储蓄	雨水湿地	有效削减污染物,控制径流总量和峰值流量	各种场地,有一定空间条件要求
		景观水体	调节、储蓄雨水	公园、居住区等开放空间
		河流及滨河绿地	控制洪涝,净化水体	城市水系滨水区
		自然洪泛区	集中调节雨水径流和控制洪涝	洪泛区、滨水区、城市洼地

海绵城市在国内的应用已十分广泛,但缺乏全面、系统的模拟及评价研究。我国幅员辽阔,各个城市的气候条件、地理分布、水文条件差异较大,因此应根据区域的实际情况进行研究、规划,选择适合的LID措施,并针对措施的结构、建造材料、植物选择进行深入研究,结合区域政策及经济状况,制定最合理的方案,确保海绵城市对城市内涝的防控效果。

对于发生频率较高降水的城市,海绵城市措施可有效贮存雨水、调控径流,缓解城市的内涝问题。但随着全球气候变暖以及城市化进程的不断推进,极端降水事件逐渐增多。而以绿色屋顶、下凹绿地等为代表的低影响开发措施发挥的作用随着降雨强度的增大而减小,面对暴雨,低影响开发措施对城市内涝的防控效果甚微。因此,需要根据实际情况进一步发展有关地下深邃、大型调蓄工程等海绵城市的灰色设施将雨水进行蓄滞及排放,更有效地防控城市内涝。

6.3.2 国际应对海平面上升洪涝灾害案例

国外很多沿海城市针对海平面问题开展了相应的对策措施研究,其中一些城市已取得了显著的成绩,制定了具体详实的行动计划予以应对。表6-6列举了具代表性的纽约、伦敦和鹿特丹三个城市的相关措施。

表6-6　　　　　　　　　　全球主要城市应对海平面上升的措施

城市	工程措施	管理措施
美国纽约 A stronger, More Resilient New York, 2013	1. 将所有涉及"国家洪水保险计划"的居民区的设计标准提高到可抵御百年一遇的洪水灾害。 2. 提高桥梁抗冲刷设计标准。 3. 修改建筑物设计标准。 4. 修建防洪墙和防洪堤、挡潮闸以保护脆弱地区和主要建筑。 5. 建立模型模拟分析类似桑迪飓风来袭时候的每条风险减少措施的效果,提高防洪墙和大坝等设计高度。 6. 评估新的水源地	1. 建立城市气候变化适应专责小组,专门维护管理该市的关键基础设施。 2. 积极开展海平面上升及上升阈值和影响评估研究。 3. 将海平面上升预估结果纳入海岸带管理风险地图中,并根据海平面上升或气候变化及时更新风险地图。 4. 所有报批的气候变化适应性项目均应按照最新的气候变化预估结果进行评估。 5. 及时更新100年洪泛区地图。 6. 记录洪泛区的管理战略来为纽约人提供更优惠的洪水保险

(续表)

城市	工程措施	管理措施
英国伦敦 Managing Risks and Increasing Resilience，2011	1. 实施"泰晤士河口 2100"项目计划，维护大坝，保护伦敦受到日益升高的海平面影响，提出各种应对路径。 2. 提高建筑物设计标准	1. 开展气候变化对冰层、冰盖和冰川的影响，对海平面上升的潜在影响及海平面上升的预估研究。 2. 创建包括多个洪水、灾害相关部门的 Drain London Forum。 3. 绘制高分辨率的洪涝风险地图及地表水管理计划。 4. 创建一个在线数据平台让洪水管理合作者有效分享信息和数据分析
荷兰鹿特丹 Rotterdam Climate Change Adaptation Strategies，2013	1. 海堤设计水位考虑为万年一遇标准。 2. 修建巨型浮动闸门，洪水来袭时，空心闸门可旋转关闭。 3. 将 Hilledijk 海堤扩修成超级海堤。 4. 利用城市空间开发大量空旷水广场、人行道及停车场空间，作为潜在蓄水空间。 5. 建立应对海平面上升的浮动房屋等。预计 2040 年将建造 1 200 个漂浮房屋。 6. 利用沙作为海岸养护的主要维护方法，对沙丘海岸采用自然动力保护	1. 建立三角洲城市联盟，包括新奥尔良、墨尔本、胡志明市和哥本哈根。 2. 开展城市洪涝灾害风险研究。 3. 开展国际合作，协助新奥尔良市编写水务综合管理计划。 4. 开展社会成本效益分析。 5. 制作"鹿特丹气候游戏"App(Climate Game App)，让公众参与其中，并理解防洪堤坝网络内外采取的这些多层安全措施

三个代表城市在工程方面的主要措施包括提升防洪设施的设计标准、修建防洪堤坝和挡潮闸、修改建筑设计标准等。而在管理方面主要为建立专门的气候变化应对部门、开展海平面上升预估方面的研究、开展多部门合作、绘制高分辨率的洪灾风险地图、开展公共宣传以增强公众意识等。

但三个城市也各有特点，鹿特丹的特点为利用世界一流的水资源管理技术；纽约则聚焦"软性基础建设"，通过提高自然界自身系统免疫力来减缓海平面上升的影响；伦敦则强调通过有计划、有步骤地逐步动态完成，达到适应海平面上升 4 m 的长远目标。

案例 6-2　英国泰晤士河 2100 应对海平面上升工程措施

泰晤士河的 2100 计划规定了泰晤士河到 21 世纪末及以后将如何管理洪水风险。它还建议环境局和其他机构在短期(接下来的 15 年)，中期(未来 25 年)和长期(到 21 世纪末)需要采取什么行动。该计划基于气候变化的背景，也适用于 21 世纪海平面上升和气候变化的情况。英国分别制定了不同海平面上升情景下可选用的适应对策(图 6-1 中蓝色背景部分所示)，包括加固现有堤坝、洪水调蓄、提高流域防御标准、新建堤坝等，及最优动态适应路径(橙色箭头所示)等措施，提供了一套随着海平面从 1 m 逐渐升至 4 m，防御能力逐级增加的对策组合，从而科学、经济地制定了流域及伦敦市的动态适应预案机制。

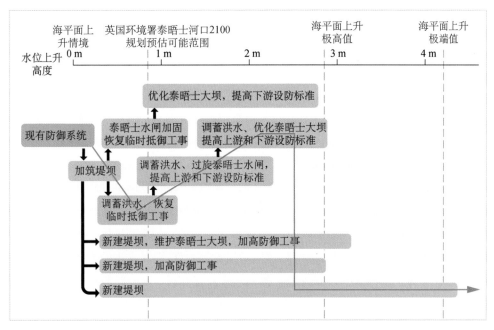

图 6-1 英国应对海平面上升决策路线图

6.4 气象灾害风险转移

气象与保险的关系历来十分密切,世界上最初的保险业务就是为海上航运分散气象灾害风险提供经济补偿。保险、再保险在转移天气灾难事件风险中扮演着重要角色,世界各国也非常注重利用保险手段来转移各类自然灾害风险。保险是按经济规律办事的一种经济手段,它本身面临着占自然灾害 70% 以上的气象灾害带来的风险。随着经济发展规模增长,气象因素导致的经济损失也在持续上升,引起保险业极大关注,而保险业也在寻找减少保险损失的有效途径。在我国,特别在东部沿海经济发达地区,气象灾害更为频繁,保险业面临着更大的气象灾害风险和市场挑战。

2007 年 4 月,中国保险监督管理委员会正式向各财产保险公司、再保险公司以及各保监局下发文件,要求做好极端天气气候事件的防范应对工作,填补国内天气保险空白,尽快开发新产品满足全社会对极端天气气候事件的保险需求。

2018 年 5 月 3 日,中国气象局与中国人民保险集团股份有限公司签署战略合作框架协议,旨在建立常态化、制度化合作机制,促进气象、保险领域协同发展,提升我国气象灾害风险综合管理水平,以全面服务于经济社会和谐稳定发展。双方将以"资源共享、协同创新、合作共赢、效益共享"为原则,强化气象监测预报预警在保险领域的服务,加强跨行业领域合作促进创新发展,推动气象保险领域标准体系建设,探索保险气象服务合作新机制,进一步发挥保险在气象灾害防治中的风险管理和保障作用,提升全社会抵御自然灾害的综合防范能力。

各地气象部门与保险公司合作日益密切,领域不断拓宽,气象信息在风险评估定损预防等方面发挥了重要作用,尤其在农业天气风险管理方面合作深入,通过研发农业气象指数险种,减轻天气风险对农作物生产的影响。安徽省气象局与国元农业保险全面合作,在承保、查勘、定损、理赔、防灾防损等环节开展合作,依托世界粮食计划署的国际合作项目——农业保险天气指数研究,开展了主要农业气象灾害定量化损失评估、作物气象灾害损失评估模型等研究工作,进行了水稻种植天气指数保险产品的研发,在宿州等地开展了小麦种植天气指数保险试点。在上海,上海保监局、上海市农委、上海市气象局合作推出了"露地种植绿叶蔬菜气象指数保险"。这是在全国范围内首次以露地种植绿叶蔬菜作为保险指标的气象指数保险,也是农业保险服务地方特色农业发展的创新举措。该保险产品通过数学建模,找出气象因子和农作物损害结果之间关系,确定指数保险费率、赔付标准、赔付触发值。保险期间内,以绿叶蔬菜整个生长期内的平均气温和累计降水量作为理赔依据,一旦达到保单约定起赔点,即按照相应的赔偿标准进行理赔,克服了原有蔬菜种植保险查勘定损难、理赔时间长等困难,简化了理赔程序。该险种不以实际损失情况作为理赔依据,促使了投保农户提高防灾防损能力、及时参与救灾,有效保障了大城市"菜篮子"工程。

随着气候变化及城市化进程的不断加快,以气象灾害为主的自然灾害防范应对形势更加严峻,更加需要来自金融市场以及社会各方面力量的有效支撑,中国保险行业协会一直在积极倡导和推动建立巨灾风险管理体系,建立"巨灾风险转移机制",分散巨灾风险。国际上,美国、英国、日本等国家已经在巨灾风险转移机制方面取得了一定经验。美国实行政府主导型和巨灾证券化两种巨灾保险制度,政府主导型保险计划是由政府建立巨灾保险基金、设计保险产品,保险公司提供基本理赔服务。巨灾证券化是将巨灾保险市场与资本市场相结合,是巨灾保险风险转移机制的又一大突破。英国政府将洪水保险等巨灾保险交由私营保险公司经营,同时大力推进防御工程,提供气象预报预警及风险评估等公共服务,已使巨灾保险的损失控制在保险公司可以承受的范围内。日本推出的是一种政企合作型巨灾保险,由私营保险公司、商业再保险公司和政府三方共同承担分担风险的模式。近年来,上海、广东等省市气象和保险部门探索开展了台风等气象巨灾保险服务,建立了发挥保险作用有效转移重大气象灾害风险,降低气象灾害对政府和广大人民群众造成的经济损失。

案例 6-3　上海气象巨灾保险创新服务

2016 年,由上海市保监局、上海市气象局、上海市金融办共同发起,上海市气象局、安信农业保险股份有限公司、中国人民财产保险股份有限公司上海分公司、中国太平洋财产保险股份有限公司上海分公司、中国财产再保险股份有限公司上海分公司、瑞士再保险有限公司、大西洋再保险有限公司参与的巨灾保险课题启动,确立了台风巨灾保险启动触发点、暴雨巨灾保险启动触发点以及台风、暴雨、高潮位、洪涝三碰头或四碰头巨灾保险启动出发点。建立了巨灾保险配套气象服务的机制,及保险公司依托气象部门,为政府部门提供精细化的气象影响预报和风险预警服务，降低天气风险带来的影响。

　　2018年，在上海保监局、上海市气象局、黄浦区金融办的组织安排下，巨灾保险制度已在黄浦区先行先试。根据各有关部门联合制定的《黄浦区巨灾保险试点承保方案》的要求，上海市气象局需在台风、暴雨来临之时，向黄浦区防汛部门等提供分时段的台风、暴雨专属预警服务，以实现减损增效。为此，上海市气象局专门开发了针对黄浦区的巨灾保险配套气象服务系统，为黄浦区相关部门提供专属台风暴雨预警服务。

6.5　城市气象风险应对应急能力建设

　　围绕风险防控，加强针对气象预报预警信息的科学解析、标准的宣贯和防灾避险知识的宣传，提升全民防灾避灾救灾的意识和能力。积极普及应对气候变化、生态文明建设、可再生气候资源开发利用知识，提高全民建设美丽中国的自主意识和能力。建立由多部门专家组成的气象风险防控高端智库，完善专家咨询制度，提高重大气象灾害防范的科学决策水平和应急能力。完善产学研协同创新机制和科技成果转化机制，强化气象风险防控科技成果认定、登记、评价，推动气象防灾减灾科研成果的集成转化、示范和推广应用。引导高校加强气象风险防控学科建设，培养既了解气象、又懂得气象相关领域学科知识的复合型人才。培养和壮大气象志愿者队伍，用好气象信息员，搭建社会组织、志愿者等社会力量参与的气象风险防控信息服务平台，发挥社会力量在气象防灾减灾救灾中的作用。加强与国外先进国家开展气象防灾减灾技术、风险转移技术的交流和合作研发，借鉴其他国家在气象防灾减灾产业发展、基层气象防灾减灾能力创新等方面的经验，共享防灾减灾成果。

参考文献

[1] 蔡云楠,温钊鹏.提升城市韧性的气候适应性规划技术探索[J].规划师,2017(8):18-24.

7　城市气象灾害风险全过程管理典型案例

目前,国内外都非常重视对城市气象灾害风险管理的研究和应用,尤其一些欧美国家都相继设立了与气象灾害防御减灾相关的法律,注重科技对风险防御的支撑,大力开展灾害风险防御的宣传和教育,建立较为完整的城市气象灾害风险管理体系,在重大灾害性天气应对中发挥了明显作用。国内在城市气象灾害风险管理中也形成了一些好的做法,积累了一些在基层灾害防御、重大活动保障风险全过程管理方面的经验。

7.1　国外城市气象灾害风险全过程管理案例

7.1.1　美国风暴准备计划①

在美国,灾害涵盖了由于极端的自然、人为因素或二者的共同作用,演变成为的超过当地承受能力的各种灾害。其中风暴(storm)是主要的灾害之一,包含了对美国产生频繁影响的雷暴、暴洪、龙卷风、飓风、冬季风暴等灾害性天气。根据美国国家气象局官方统计数据,每年全美受到风暴天气影响大概为雷暴 10 万次、强雷暴 1 万次、洪水及暴洪 5 000 次、龙卷风 1 000 次、登陆强飓风 2 次,每年造成约 500 人死亡,接近 150 亿美元的损失。美国的居住布局以社区为主要形式,无论在大城市还是在中心城区之外,社区都是灾害防范的主体。这也决定了加强社区应对风暴灾害的应急能力,直接影响全民防御灾害的实际成效。

为加强气象灾害的风险管理,提高全社会气象灾害的防御能力,美国国家气象局(NWS)近年制定了"建设随时准备应对风暴的社区"计划,主要目的是通过制定和执行该计划,鼓励各个社区、单位采取积极的措施,来提高局地灾害性天气的科学防御能力和广大公众的防御意识,提高全社会接收灾害性天气预警服务的实时性和有效性,以进一步减少灾害天气的危害。同时,为实施国家洪水保险计划(The National Flood Insurance Program,NFIP)提供社区保费等级的评估信息,对通过认证的社区将会享有缴纳相对较低的洪水保险费的权利,对已达到风暴准备计划标准的社区、乡镇、市县给予荣誉证书。这一计划,还专门设立了风暴准备社区英雄奖和表扬奖,以正式表彰在应对气象灾害中的个人,通过他们直接有效的行动保护公民生命及财产安全。

"风暴准备社区计划"是一个建立在全社会气象灾害预警应急响应体系的系统性计划,它对

---

① 上海市气象局赴美国迈阿密考察应急管理工作总结。

提高全社会气象灾害防御意识,提高全社会气象灾害应急响应能力,促进全社会共同进行灾害防御有着明显的作用。其核心是由国家天气局会同紧急事件应急管理等部门组织的评估认证委员会,对社区是否达到风暴准备条件进行评估认证。到 2014 年 3 月为止,美国 49 个州、863 个社区的 2 294 个站点已获得风暴准备计划认证。

"风暴准备计划"评估内容主要包括 5 个方面:一,社区是否建立了 24 h 警报接收点和应急中心;二,是否建立了与国家气象部门的通信联系,以便利用多种手段接收灾害警报和相关信息;三,是否在公共场所配备了必要的能自动报警的 NOAA 天气广播接收机和警报装置;四,是否建立了本地区的气象条件监测系统,包括通过网络获取当地的天气监视信息(雷达、卫星、地面、水文探测资料、当地观测站等);五是是否制定了灾害响应方案,并面向公众经常性开展灾害应急、天气与安全等知识培训和演示。

在该计划的基础上,2011 年 6 月,美国国家气象局又发布了未来 10 年战略发展计划,即建设一个时刻准备应对灾害天气的国家(Building a Weather-Ready Nation,WRN)。美国在 20 世纪 80—90 年代实施了大规模的业务现代化建设,重点部署先进的观测系统,提升运算性能和数值预报模式能力,并对业务机构进行相应调整,其成果是使得美国气象局业务科技水平处于世界领先地位,所提供的预报警报信息在保护人身和财产方面发挥着越来越重要的作用。WRN 战略计划重点不在硬件和基础设施的建设上,而是提出一个愿景:将美国打造成为一个时刻做好准备能够应对各类灾害天气事件的国家。该战略计划将引领美国气象局未来 10 年的业务发展的方向,明确提出从现有预报预警服务方式转变为基于影响性分析的决策支持服务模式(IDSS),有效支撑了风暴准备社区的建设。

7.1.2　纽约"暴风雪"预警服务案例①

2015 年 1 月 26—27 日,美国东北部遭受暴风雪袭击,预报显示纽约等地可能遭遇史上最强冬季暴风雪(JUNO),纽约、新泽西、康涅狄格、罗德岛、马萨诸塞、新罕布什尔州等 7 个州为此宣布进入紧急状态,纽约市还发布了"封城"禁令。但纽约等地并未出现"历史性暴风雪",让严阵以待应对雪灾的纽约虚惊一场。对于各方这么大动干戈地应对这场看似没那么严重的暴风雪,国家、媒体、业界和公众评论不一。尽管从预报技术上看,此次天气预报存在一定的不确定性,但美国的灾害应对管理还是给我们留下了深刻的印象。

1. 天气预报和实况对比

据美国国家气象局(NWS)和多家地方气象台(WFOs)预测,26—27 日,在纽约、新泽西的部分地区将出现 2~3 ft(约 61~91.5 cm)的降雪,最大降雪可达 3 ft(约 91.5 cm),可能为当地历史上最大的暴风雪天气。27 日早晨,纽约市全城白雪覆盖,但未出现预报中的"历史性暴风雪",同样的情况也出现在新泽西、费城等地。监测显示,至 27 日凌晨 5 时,纽约中央

① 中国气象局纽约"暴风雪"预警服务案例分析材料。

公园降雪量为 6.2 in(约 15.7 cm)；到 27 日上午 9 时,纽约州马蒂塔克地区最大降雪量为 24.8 in(约 63 cm)。至 28 日积雪深度预报图如图 7-1 所示。1 月 25—28 日总积雪深分布图如图 7-2 所示。

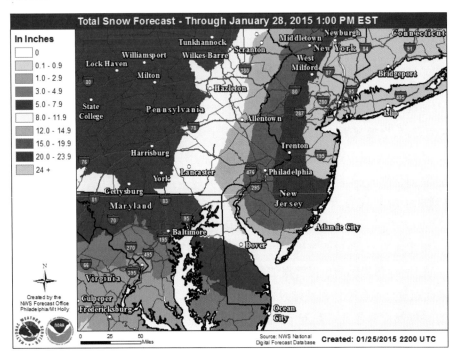

图 7-1　1 月 25 日 5:00 PM EST，NWS Mount Holly 气象台发布的截至 28 日 1:00 PM 的累积雪深预报图（图片来源：中国气象局）

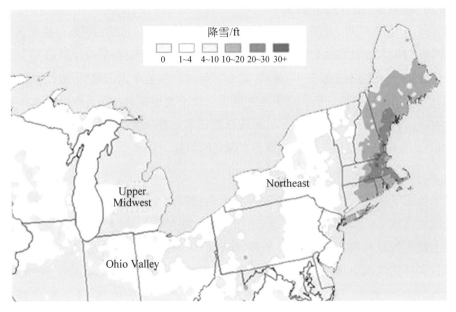

图 7-2　2015 年 1 月 25—28 日累积雪深分布图（图片来源：中国气象局）

2. 预报服务情况

针对重大灾害性天气的影响时效和程度不同,美国天气预警分为展望(Outlook,即未来有可能出现灾害趋势)、建议关注(Advisory,即可能出现灾害,应预先知道如灾害发生应采取何种措施)、密切关注(Watch,即很可能出现灾害,需密切关注下一步动向采取应对措施)和警告(Warning,即应立即采取有效应对措施)4个级别,2015年的纽约冬季暴风雪预警从冬季风暴(Winter Storm)升级为暴风雪(Blizzard),级别包含Watch和Warning,均上升到了最高级别。

例如,美国东部当地时间1月25日凌晨5时,位于新泽西的Mount Holly(WFO)发布冬季风暴警戒(Winter Storm Watch),指出:"冬季最大的雪暴之一可能在星期一到星期二影响我们的地区。"该区域将出现雪暴,一些地方从星期一晚上到星期二早上有暴雪的可能。降雪时伴有强风和严重吹雪,积雪深度为4～16 in(约10.16～40.64 cm),强风一般为15～25 mile/h的北风,阵风可达45 mile/h。温度最低可降到20°F(约−6.67℃)。一些地方能见度将小于1/4 mile(约402.336 m)。在防御指南中指出降雪可能造成严重影响,冻雨或积冰都可能会对交通造成影响。预报精细到城市。

25日下午开始,NWS下属的一些WFOs发布了从新泽西州海岸到缅因州东南部的暴风雪警报(Blizzard Warning,Blizzard一般指伴随着强风的大范围降雪天气,其中能见度小于等于1/4 mile,风速持续在35 mile/h以上,且以上两个条件持续3 h以上)。警报涉及纽约(New York City)、波士顿(Boston)、普罗文斯(Province)和波特兰(Portland)等城市。预报暴风雪最早从26日中午开始,到27日早上上述地区大多有暴风雪,大多数警报持续到27日晚上。例如,25日下午4时,Mount Holly(WFO)开始对部分地区发布暴风雪警报(图7-3),有效时间为星期一中午到星期二下午6时。指出暴雪将伴有强风和严重的吹雪,积雪深度为18～28 in(约

图7-3　Mount Holly(WFO)于26日10:49 PM EST更新的预警图（图片来源: 中国气象局）

45.72～71.12 cm），局部地区可能更大。暴雪和强风将使得旅行极为危险，也会对输电线路造成危害。

在 NWS 的网站上，可以查看随时更新的预警图及相应的文字描述，文字描述的内容包括最新的预警对哪些地方发布暴风雪警报、对哪些地方发布冬季风暴警报及警报有效时间、灾害类型、雪深、天气演变情况描述、风速和温度以及能见度预报、对策建议等。

同时，美国国家气象局网站也及时发布各类最新气象分析图和城市天气预报。在网站的天气预报页面，首先可以看到 2 张图：一张是全国天气图，另一张是全国气温图。打开全国天气图，可以看到各个城市地区的雨雪分布，以及风速、气压、天气是否接近警戒线等信息。此外，该页面还公布了 13 张气象图，包括短期、中期预测、地面分析、风速风向、降水量分布等。另外，在美国国家气象局网站首页，可查询到该城市未来 7 d 内的气象信息，内容图文结合，并用红色的文字标注着："暴风雪仍将持续至 1 月 28 日"。

3. 应急联动情况

1）重大灾害应对：地方政府负主责

虽然"暴风雪"使美国东北地区几乎处于瘫痪，估计可能多达 6 000 万人口受到影响，但美国联邦政府好像无动于衷，白宫发言人只是说已经通报奥巴马，美国联邦应急管理局只是说做好了帮助的准备，谁也没有马上出手帮助的意思。

地方政府却不敢懈怠，包括纽约州在内的美国东北部地区 7 个州宣布进入紧急状态，州长都亲自上阵指挥。纽约州长科莫召开多次新闻发布会，有的发布会直到记者没有问题了才结束。纽约市长德布拉西奥把市政府主要负责官员都拉进了新闻发布会现场，回答记者的问题，颇有点现场办公的味道。

除了保证电力等基础设施正常运行，及时清除积雪维持道路畅通等例行保障外，地方政府为了应对这场"史上可能最严重的暴风雪"，也推出了特别措施。纽约市为了应对这场暴风雪，关闭了全市公园，并宣布 27 日全市所有中小学校停课，部分市政工作暂停。为了尽量减少意外，纽约市还宣布 26 日晚 11 时后，所有非紧急车辆禁止上路，否则将受到处罚。纽约州则关闭了州内部分公路、渡口、公交线路，并集结了国民卫队严阵以待。

同时，美国政府通过媒体，反复向居民提出应对这场暴风雪的最佳策略：留在家中，避免外出。纽约州长科莫警告说，面对暴风雪不能有侥幸心理。他要求居民在暴风雪来临时甚至不要临时外出，即使只到街边商店买点东西也不行。

2）紧急警报快速发布："无线紧急警报"系统显身手

纽约当地时间 1 月 27 日晚上 8 时多，纽约所有市民的手机几乎同时发出巨大的声响，屏幕上弹出一则内容相同的文字信息："All non-emergency vehicles must be off all roads in NYC by 11PM until further notice（除非另有通知，直到当日晚上 11 时之前，纽约市所有非紧急车辆禁止上路）。"这是一种特殊的无线紧急警报，用来提醒居民即将到来的、此前被预言为"可能突破 1872 年纽约历史纪录"的特大暴风雪"JUNO"。用户若不进行触屏操作，该文字信息不会自行消失。此外,只要能连接上 WiFi 信号的智能手机,即使机身内没有电话卡,也同样可以收到这则警报。"声响如此之大,而且是强制推送,你几乎不可能错过这个预警提示。餐馆里所有的手机都同时响起来,大家都在谈论着即将到来的暴风雪。"

这种强制推送的警报由"无线紧急警报"(Wireless Emergency Alerts,WEA)系统发布,是美国联邦通信委员会(FCC)、联邦应急管理署(FEMA)和无线运营商共同推出的一种针对"紧急情况"设置的预警系统。"紧急情况"的范畴包括暴风雪、飓风等极端天气,需要疏散或立即采取措施的地方紧急事件,针对儿童失踪绑架等情形的安珀警戒(AMBER Alert),以及总统宣布的国家安全危机等 4 种情况。当发生以上紧急情况时,允许总统、美国国家气象局(NWS)和紧急行动中心(Emergency Operations Centers)等专门机构,将当前市民即将面临的重大问题和安全须知,授权无线运营商,以文字形式将警报强制推送给手机用户。

与传统预警方式相比,它具有如下特点:

第一,通过手机蜂窝基站,直接向指定区域范围内的所有可接收无线信号的设备(主要是智能手机)推送预警信息。也就是说,纽约暴风雪封路的信息,一方面只有身处纽约市的用户才会收到;另一方面手机用户只要在基站确定的地理范围内,就会自动接收这条警报。

第二,预警的优先级别高于手机通话和普通短信,大部分采用独立的短信通道。即使在极端情况下,通信网络发生拥堵,手机无法正常接打电话或收发短信时,该安全警报仍可推送到市民手上。

第三,预警的推送非常快速。如 2015 年纽约的暴风雪警报,当局决定发出警报后,30 s 内手机用户即可收到指令(根据市民反馈,Verizon,AT&T 和 T-Mobile 等运营商的用户收到警报只花了几秒钟或不到一分钟,但 Sprint 的用户大多是在半小时内收到)。

第四,相比于我们所熟知的拉响防空警报等方式,该警报因含有文字信息,包含的信息量更大更清晰,可以对居民应对当前安全问题所需要遵循的具体要求和采取的具体措施做出明确指令。

第五,相比于中国国内现有的台风预警短信等方式,该警报在技术上无法被屏蔽软件过滤,且考虑到听力和视觉障碍人群的需求,预警伴随振动和提示声,让市民对当前的紧急安全情况几乎无法忽视。

第六,这种预警系统作为城市安全警报系统的一个分支存在,需要市民的手机在硬件或软件层面支持 WEA 推送。不过,即使市民没有可以接收 WEA 无线紧急警报的手机,也可以通过美国国家海洋和大气管理局(NOAA)气象广播、电视新闻、社交媒体和城市警报等方式接收预警信息。

3) 媒体快速跟进报道:把消息传给每个人

美国气象部门的预报发布后,各媒体即迅速跟进报道。纽约地区的电视频道中,美国主要的新闻电视频道,如国家广播公司、福克斯新闻网、哥伦比亚广播公司的新闻频道,都将它作为重点内容,不断报道天气变化情况及最新预报动态。有线新闻网更是以突发新闻的方式,进行了集中报道。纽约地方性电视台,不但是新闻频道全天不停实时报道,其他频道也变更部分正常节目,播出关于暴风雪的相关消息。纽约新闻广播、交通广播等广播电台,也都全天不断进行报道。网络媒体不仅都把它放在网站首条位置,新闻推送网站也不断发布着相关动态。

美国媒体的报道主要集中于三项内容:一是此次暴风雪的预计情况,如覆盖范围、持续时间及严重程度;二是政府采取的措施,其中包括政府部门的准备情况,以及可能会影响居民生活的措施,如纽约州宣布当晚封闭州内高速公路,纽约市宣布23时以后非紧急车辆不许上街;三是居民需注意的事项,如准备充足生活用品、避免所有不必要的外出等。

4)各级政府网站:及时发布信息向民众提供灾情和交通出行状况

(1)纽约市政府官网:垃圾回收、停车服务暂停,非紧急救护车辆禁止出行

每当遇到极端天气等灾情,纽约市政府网站是最忙的。暴风雪来袭后,纽约市政府网站发布信息说:"为了纽约民众安全考虑,以及清理道路因素,从1月26日起,将对非紧急救护车辆关闭道路。"同时,提醒人们"停车服务暂停,垃圾回收服务暂停,学校暂停上学","想咨询灾情,请打311(纽约公共服务热线);若碰到生命危险,拨打911"。纽约市政府在其网站说:"学校开课时间将在1月29日安排;政府将关闭所有图书馆、学校、法院等公共部门。"

从26日23时起,纽约市等13个县市禁止居民驾车出现在道路上,违者被视作"犯罪"并处以数百美元罚款。康涅狄格州、马萨诸塞州也实行类似的出行禁令。纽约州州长科莫说:"事关生死,绝非小题大做。(民众)务必小心谨慎。"随后,纽约市政府网站又发布一条最新消息:纽约市将在1月27日7时30分解除出行禁令。

(2)纽约大都会运输署官网:地铁全线调整服务,所有巴士延迟发车

26日晚,纽约当局关闭进入纽约的部分桥梁隧道。当晚,纽约地铁、长岛铁路和北方铁路陆续停止运营,纽约和新泽西公交系统全面停驶。27日,美国全国铁路客运公司暂停纽约与波士顿之间以及纽约、佛蒙特、马萨诸塞、缅因等州的铁路运输。

地铁、公交车什么时候恢复正常?查看纽约大都会运输署网站就一目了然。

27日9时,大都会运输署(MTA)网站显示:纽约地铁全线调整服务(即无正常运行,之前显示全部停运);长岛铁路和北方铁路仍继续停运;所有巴士服务全部延迟。

大都会运输署说:"目前所有9座桥梁和隧道设施已恢复开放,MTA将确保纽约巴士、地铁27日逐渐恢复运营,具体时间请等待进一步通知。所有公共交通将在1月28日安排新班次。"

大都会运输署还在网站上提醒人们:"小心行走,注意黑冰(一种硬而滑的透明薄冰),乘车时紧握扶手。"

(3)纽约教育局官网:公共学校全面停课,考试时间重新调整

26日20时,纽约教育局通过微博在其网站发布通告,援引市长办公室的话提醒学生:"别低估这次暴风雪,这是纽约有史以来经历的最严重的暴风雪之一。"

26日21时,纽约教育局说:"1月27日,公共学校将全面停课,考试时间将在周四制定。"

5）积极应对预报失误

美国国家气象局 27 日承认,先前错误预报了纽约可能遭遇史上最强暴风雪,让严阵以待应对雪灾的纽约虚惊一场。针对一些纽约民众认为当局反应过度,纽约市长辩称,必须采取预防措施,保证民众安全。

美国国家气象局先前预计,纽约的降雪量可能达到 90 cm,超过 2006 年创下的 68 cm 最高降雪量纪录。但事实上,纽约暴风雪危害程度远低于预警,纽约市降雪只有不足 20 cm。对此,美国国家气象局在其"Facebook"上解释说:"急速变化的冬季暴风雪难以预测……这场暴风雪已经进一步向东部移动,移动速度比过去两天预测的更快,因此,降雪量要低于先前的预报。"

美国国家气象局主管路易斯·乌切利尼还为此次错误预报道歉,表示将反思整个预警过程,"我们意识到需要更加努力和有效地做出预报,更好地交流预报中的不确定因素"。

"封城"是应对极端状况的最高级别,纽约市只在 2001 年"9·11"恐怖袭击和 2012 年桑迪飓风期间采取过类似措施。在最强暴风雪并未"如约而至"后,纽约 27 日解除禁令,交通陆续恢复,民众生活回归正常。然而,对于当局是否反应过度,纽约民众却看法不一。为此,纽约市长比尔·德布拉西奥(白思豪)辩称,他只是根据现有的信息做出反应。"假如暴风雪到来,没有关闭交通可能会威胁居民人身安全……面临危险时,我们将对市民传达有力的信息。"他说。纽约州州长科莫同样表示,他更倾向于"安全"。"我见过准备不足产生的后果。我宁愿我们事后说'这一次我们很幸运'。"

4. 案例总结

进一步推动建立完善的应急机制和应急预案,加强协作互助。美国自然灾害和突发事件频发,已经在实际应对中形成了一套快速、有效的应急处理机制与体系,尤其是美国国家气象局(NWS)通过设定危机类别和等级提示建立气象灾害风险的预警机制发挥了重要作用。气象防灾减灾是一项复杂的社会行为,涉及国家的各级政府、企业、社团、个人,因此,要有完善的相关法规,才能规范社会行为;同时,制定完善具有高度可操作性的应急预案,才能提升灾害应对能力。基于影响的预报和基于风险的预警服务产品有利于决策用户和社会公众的快速理解和响应。基于智能手机的预警信息发布系统具备推送极其快速、定位地理位置精准的特点,可以在城市防灾预警决策支持与应急指挥系统中发挥重要作用。

7.2　国内城市气象灾害风险全过程管理案例

7.2.1　上海多灾种早期预警系统[①]

近年来,上海市气象局以世界气象组织在中国设立的多灾种早期预警示范项目为抓手,逐步建立起"政府主导、部门联动、社会参与"的多灾种早期预警机制,紧密围绕"早发现、早通气、早预警、早发布、早处置"夯实基础系统和平台,开展基层气象灾害风险管理,提高社会基层气象

---

① 上海多灾种早期预警系统建设总结报告。

灾害防御能力。

1. "政府主导、部门联动、社会参与"的气象防灾减灾机制是多灾种早期预警的核心理念与工作机制

1）政府主导方面

推动市政府出台《上海市实施〈中华人民共和国气象法〉办法》《上海市人民政府办公厅关于加强本市气象灾害监测预警及信息发布工作的意见》（沪府办发〔2011〕81号）、《上海市突发公共事件总体应急预案》《上海市防汛防台专项应急预案》《上海市处置气象灾害应急预案》和高温、大雾、雨雪冰冻、雷电、大风5个专项预案，分别对构建完善服务上海特大型城市特点和需要的气象灾害监测预警、信息传播和预警联动的工作体系，全面提高气象灾害监测预警能力做了工作要求，对灾害的应急处置进行了操作层面的规定。

气象防灾减灾机制相关法律法规文件

（1）《中华人民共和国突发事件应对法》：标志着我国突发事件应对工作全面纳入法制化轨道，也标志着依法行政进入更广阔的领域。为了预防和减少突发事件的发生，控制、减轻和消除突发事件引起的严重社会危害，规范自然灾害、事故灾难、公共卫生和社会安全4类突发事件应对活动。《中华人民共和国突发事件应对法》可以说是一部"兜底"性的应急管理法。这主要体现在《中华人民共和国突发事件应对法》与单项应急法的关系上。我国已经有诸多涉及突发事件的法律法规——如《防洪法》《防震减灾法》《核电厂核设施应急救援条例》《传染病防治法》《公共卫生事件应急条例》等。出现相关突发公共事件时，应当首先运用单项立法规定的措施，如果单项立法规定的措施不能克服危机，再考虑使用本法规定的应急措施。《中华人民共和国突发事件应对法》同时也是一部应急管理的"龙头"法。当代突发公共事件会引起一系列社会问题，需要及时动员各类行政应急资源。为了正确运用应急权力，法律必须规定应急管理的一般原则和程序，各种应急措施也应当有一些共同性原则。这些都是《突发事件应对法》规定的事项。《中华人民共和国突发事件应对法》不可能穷尽所有应急法律问题，但是它应当规定基本的应急管理法律规则和法律程序。

（2）《中华人民共和国气象法》：对在中华人民共和国领域和中华人民共和国管辖的其他海域从事气象探测、预报、服务和气象灾害防御、气候资源利用、气象科学技术研究等活动做了法律规定。

（3）《气象灾害防御条例》：国务院发布的条例，对各级政府、气象部门以及其他政府部门有关气象灾害防御工作的职责分工进行了明确。

（4）《中华人民共和国防洪法》：为了防治洪水，防御、减轻洪涝灾害，维护人民的生命和财产安全。

（5）上海市实施《中华人民共和国气象法》办法：作为气象法在上海的具体实施要求，对构

建综合气象探测体系,完善气象预报、预警系统,不断提高气象预报和灾害性天气警报的准确性、及时性和服务水平等方面做了具体要求和操作规定。

(6)《上海市人民政府办公厅关于加强本市气象灾害监测预警及信息发布工作的意见》(沪府办发〔2011〕81号):作为国办33号文件在上海的贯彻落实,从15个方面对构建服务上海特大型城市特点和需要的气象灾害监测预警、信息传播和预警联动的工作体系,全面提高气象灾害监测预警能力,加强和扩大气象灾害预警信息发布的实效性和覆盖面做了工作要求。

在操作层面,对灾害的应急处置工作从组织指挥、部门职责、应急响应流程以及灾后恢复进行了规定。

(1)《国家突发公共事件总体应急预案》:全国应急预案体系的总纲,明确了各类突发公共事件分级分类和预案框架体系,规定了国务院应对特别重大突发公共事件的组织体系、工作机制等内容,是指导预防和处置各类突发公共事件的规范性文件。

(2)《上海市突发公共事件总体应急预案》:适应上海特大城市特点和未来发展需要,明确处置原则和组织体系,提高政府应对突发公共事件的能力。

(3)《上海市防汛防台专项应急预案》:应对发生在本市的台风、暴雨、高潮、洪水、灾害性海浪和风暴潮灾害以及损害防汛设施等突发事件。

(4)《上海市处置气象灾害应急预案》和高温、大雾、雨雪冰冻、雷电、大风5个专项预案:建立规范、高效的气象灾害应急体系,形成信息畅通、反应迅速、处置高效的应急处置机制,提高气象灾害应急处置能力,最大限度地减轻气象灾害及其造成的人员伤亡和财产损失,保障经济持续稳定发展和城市安全运行。

2)部门联动方面

在上海市25个部门间形成标准化的部门联动机制。建立完善极端天气内部通报机制,开展分区通报。建立重大气象灾害预警时气象专家派驻应急联动中心现场服务制度。市防汛指挥部建立了与四色气象灾害预警信号一一对应的上海市防汛防台四级响应机制。建立多部门早通气及联动会商制度,充分发挥气象部门在全市"测、报、防、抗、救、援"的首要环节作用。

3)社会参与方面

制定实施以社区为单元的应急预案,组建社区联防队伍,开展定期演练,提高公众的自救意识。通过与民政部门合作,开展全市防灾减灾模范社区创建,在中心城区杨浦区和9个郊区县开展气象灾害应急准备认证,建立了基于风险地图的社区应急预案。通过与建设交通部门合作,将气象防灾减灾纳入城市网格化管理体系,实现气象信息发布与反馈精细覆盖全市每个万米网格。

2. 系统、平台建设是多灾种早期预警工作的基础与支撑

多灾种早期预警的基础系统和平台包括气象监测、预报和服务平台、多灾种风险分析与研判评估管理系统、突发事件预警信息发布中心,为"早发现、早通气、早预警、早发布、早处置"提供技术平台支撑(图7-4)。

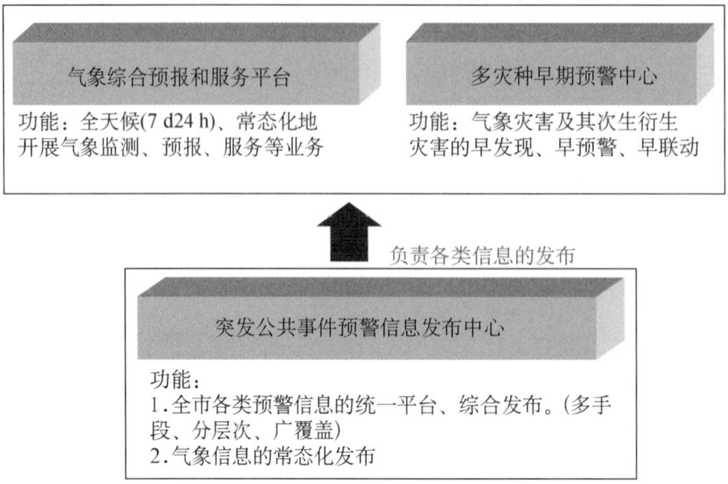

气象综合预报和服务平台	多灾种早期预警中心
功能：全天候(7 d24 h)、常态化地开展气象监测、预报、服务等业务	功能：气象灾害及其次生衍生灾害的早发现、早预警、早联动

负责各类信息的发布

突发公共事件预警信息发布中心
功能： 1.全市各类预警信息的统一平台、综合发布。(多手段、分层次、广覆盖) 2.气象信息的常态化发布

图 7-4　多灾种早期预警的基础平台

监测平台通过建立高影响天气对高关注地点的局地警戒网和气象多灾种的早期预警网,做好气象灾害"早发现"。预报平台在数值预报、短临预报系统基础上,集成了环境、健康等影响预报系统。在影响预报的支持下,服务平台与联动部门开展"早通气"会商。多灾种数据集与风险分析评估管理系统,通过与多部门合作,共享灾害资料数据。通过绘制大雾、高温、台风等风险地图,上海地势示意图,上海市排水设施和堤防设施分布图,叠加数据形成特定区域的风险等级开展"早预警"。

上海市政府发布《上海市突发事件预警信息发布管理暂行办法》,明确上海市气象局承担全市自然灾害、公共卫生、事故灾难三类预警信息综合发布职能。信息发布平台目前已接入细菌性食物中毒、环保等五部门 20 余种预警信息,通过包括电视、广播、电话、短信、网站、电子显示屏、信号塔、智能终端等手段在内的预警信息发布综合平台向社会公众开展"早发布"。

3. 基层气象灾害风险管理是多灾种早期预警服务的重要目标

上海市气象局以 IPCC 于 2011 年发布的"管理极端气候事件和灾害风险促进气候变化特别报告决策者摘要(SREX)"为依据,根据其中"极端气候事件＋脆弱性＋暴露度"的结论,确定了以暴露度和脆弱性为关键要素来开展气象灾害风险分析,建立了多灾种风险分析与研判业务。基于高影响天气、承灾体暴露度和脆弱性的分析,对高影响天气灾害风险进行预研判。

在高影响天气精细化预报产品基础上,叠加区域脆弱性基础设施分布和区域脆弱性用户分布,输入风险评估模型得到基于脆弱性的风险预警产品。在灾害性天气早发现和预警升级环节启动后,开始风险分析与研判工作,制作相应的产品,在预警发布环节启动后,进行产品提交与发布。在预警解除及应急响应结束后,进一步开展灾情调查和收集上报和灾后评估等工作,并不断形成积累(图 7-5)。建立针对社区气象灾害防御点对点的服务体系,为社区安全责任人提供基于脆弱性的精细化风险预警产品,与社区共同制定风险规避标准,不断提升社区的气象灾害防御能力,加强城市基层单元的气象灾害风险管理。

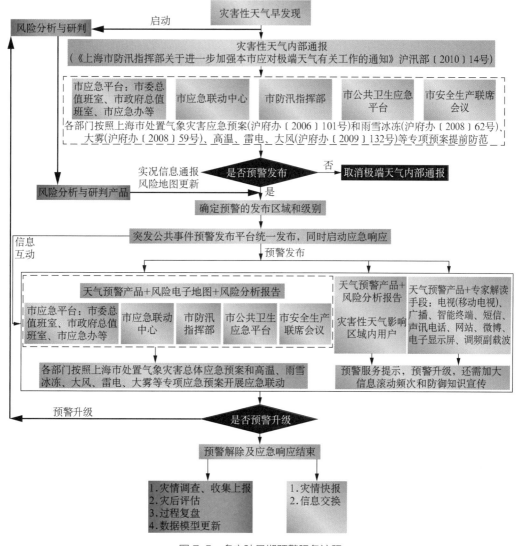

图 7-5　多灾种早期预警服务流程

7.2.2　重庆永川模式①

重庆市永川区在突发事件预警信息发布平台建设中,按照政府组织、整体规划、部门联合、集约共享、科技支撑、注重实效的原则,遵循应急管理的科学内涵,创建了"一个工作体系、两个主干网络、五个功能平台"的自然灾害应急联动预警体系。2011 年 3 月,重庆市政府在永川召开全市应急管理工作会议,充分肯定这一做法,时任副市长刘学普将其称为"永川模式"。2011 年 11 月,中国气象局在永川召开全国气象为农服务"两个体系"建设交流研讨会暨国家突发公共事件预警信息发布系统建设交流会指出,重庆市推进的"永川模式"建设,为气象为农服务"两

———————
① 重庆市气象局"永川模式"预警体系介绍。

个体系"和国家突发公共事件预警信息发布系统赋予了新的内容。2014年9月《重庆市人民政府办公厅关于印发〈重庆市市级突发事件预警信息发布平台运行管理制度（试行）〉的通知》中明确指出，突发事件预警信息发布平台是政府应急管理平台的重要组成部分，承担可以预警的自然灾害、事故灾难、公共卫生事件和部分社会安全事件的预警信息发布以及自然灾害信息共享、研判会商和预警联动评估评估服务职能。"永川模式"突发事件预警信息发布平台的建设推动了重庆市气象防灾减灾与政府应急管理工作的深度融合，形成了较为完备的气象灾害预警联动工作体系，发挥了显著的效益。

1. "永川模式"预警体系建设情况

1）预警工作体系充分发挥作用

区政府成立"自然灾害预警预防办公室（区突发事件预警信息发布中心）"，核定全额财政拨款的事业编制5名。农业、林业、水利、国土、民政等主要涉灾部门以及镇街（乡）、村（社区）、灾害敏感单位，明确负责预警工作的机构和人员，全区落实预警员587名。制定了涵盖信息汇交共享、协同分析研判、预警信息发布接收、预警联动响应处置、灾情速报汇总等管理机制、标准、流程和制度。

2）2个主干网络信息进出通畅

完善了自然灾害监测网络，将全区32个自动气象监测站和新一代天气雷达站、10个农业及生物灾害监测点、12个地质灾害监测点、32个水库水文监测点、6个林业灾害监测点、23个镇街灾情速报点的监测信息，通过GPRS、网页、手机客户端、电话语音等方式，及时汇交于"自然灾害监测平台"，并实现了与各涉灾部门和镇街（乡）的实时共享。拓展了预警信息传播网络，建立和完善以移动终端、多媒体信息电话、电子显示屏、手机短信、专用预警终端、网站、传真、报纸、电视、电台、语音电话、农村大喇叭等为主要发布手段的全覆盖的预警信息发布网络，实现预警信息多渠道广覆盖快速传播。

3）5个平台有效支撑预警工作各项服务功能

建立了多灾种灾害监测平台，实现了各类监测数据、重大危险源、历史灾情、主要自然灾害区划、发区渠道、重点单位信息共享，实现了强降雨、强降温、水库临界水位、地质灾害、森林火险等主要灾害风险自动监测报警。建立了多专业协同研判平台，搭建了应急办、农业、国土、水利、林业、气象等部门之间的可视会商系统，建立了会商协同研判的流程和机制，实现各部门相关专家经常开展常态、非常态的会商，提高自然灾害风险分析的针对性。建立了多渠道预警信息发布平台，初步接入平台的各级各部门利用预警信息发布平台，根据各自职责快捷发布预警信息，实现暴雨、火险、地灾风险等超风险阈值自动生成预警并发送到责任人。建立了多部门联动响应平台，实现了预警责任单位响应预警、发布预警的状态汇总分析，实现了发布渠道设备运行状况的实时监控和报警。建立了多类别灾情速报平台，针对不同类别的灾害，建立了灾前、灾中、灾后不同阶段的灾情调查收集和及时报送的流程与制度，实现了信息员利用手机平台快速上报灾情信息，实现了灾情自动快速统计汇总。

2. 全市推广永川模式情况

2011 年 7 月,重庆市人民政府办公厅印发《关于按照永川模式进一步加强区县(自治县)突发事件预警信息发布平台建设的通知》,要求全市按照"永川模式"统一建设重庆市突发事件预警信息发布平台。截至 2014 年 11 月,全市累计投入近 1.6 亿元,预警体系建设取得了阶段性建设成果。

1) 预警工作体系基本形成

建成 37 个区县突发事件预警信息发布平台、1 359 个部门和街镇(乡)工作站,37 个区县政府成立自然灾害预警预防办公室(突发事件预警信息发布中心),落实全额财政拨款的事业编制158 人,落实街镇(乡)气象协理员 1 013 名,村(社区)预警信息员 24 330 名,气象、防汛抗旱、地质灾害防治、森林防火、农业技术推广等领域 10 万余名防灾应急处置人员纳入预警发布体系,实现了有编制的突发事件预警信息发布机构区县全覆盖、预警工作站和协理员街镇(乡)全覆盖、信息员村(社区)全覆盖。

2) 预警信息发布传播网络覆盖城乡

截至 2014 年 11 月,市级平台实现了与国家突发事件预警信息发布平台的对接,实现了与市国土局、市农委等 26 个市级部门以及 27 个区县平台、839 个工作站互联互通;全市实现通过6.6 万只农村大喇叭、1.1 万台公交移动电视屏、2 647 台预警显示屏、国家 12379 预警网站、市政府公众信息网站、应急管理网站、微博、微信、手机客户端、电视、广播及时向公众发布预警信息,公众预警发布能力进一步提升。

3) 预警信息发布和预警联动工作基本规范化

2011 年以来,重庆市政府印发了《重庆市突发事件预警信息发布管理办法》《关于加强气象灾害监测预警及信息发布工作的意见》《重庆市突发事件预警短信息发送实施细则(暂行)》《重庆市自然灾害会商制度(试行)》《重庆市市级突发事件预警信息发布平台运行管理制度(试行)》,基本建立了突发事件预警信息发布、自然灾害监测分析会商和预警响应机制,30 个区县政府印发了《自然灾害预警预防管理暂行办法》及其配套的《自然灾害监测汇交共享制度》《自然灾害协同研判制度》《突发事件预警信息发布制度》《自然灾害联动响应制度》以及《自然灾害灾情速报制度》,逐步实现自然灾害预警预防管理工作制度化。各区县将预警体系规范运行纳入应急管理考核或农业农村工作考核,在每次重大灾害性天气过程来临时,各级政府及相关部门充分利用平台开展会商、及时通过系统下发防灾措施文件、发布预警信息、开展预警响应检查和隐患排查,使自然灾害预警预防工作逐步走向规范化。

3. "永川模式"预警体系建设推广取得的主要成效

1) 彰显防灾减灾效益

2011 年以来,"永川模式"预警体系边建设边应用,在应对暴雨洪涝、山洪地灾、森林火灾、农业灾害等自然灾害中,发挥了重要的基础性作用。

一是有力支撑了政府和多部门灾害风险研判。2014 年重庆市遭遇 13 场区域性暴雨袭击,在暴雨灾害应对工作中,市、区县政府应急办以及气象、国土、水利、林业、农业、交通、市政、民政等部门提早通过平台开展研判会商 273 县次,较准确地分析了各次暴雨过程的灾害影响区域和防范重点领域,形成 627 份《灾害趋势会商信息》,为政府和部门制定应急减灾方案奠定了基础,得到各级各部门好评。

二是为公众防灾提供了及时有效预警信息。在 2014 年暴雨灾害应对中,市、区县政府和相关部门下发紧急通知或工作部署 2 230 次,多部门联合发布预警信息 3 089 条,全市通过预警平台向防灾应急处置人员发布预警短信 5 911 万人次,其中,相关部门通过平台发送 142 万人次,街镇(乡)工作站向村社干部发送预警处置信息 583 万人次,上报预警预防工作信息 2 185 条。通过农村大喇叭、电视、电台、预警显示屏等各种渠道向公众发布预警信息 14 993 条,预警信息基本实现了城乡全覆盖。

三是预警体系在抢险救灾中发挥了重要的生力军作用。在 2014 年"8·10"暴雨应对中,开县岳溪镇预警工作站根据县气象局发布的暴雨及地质灾害风险预警信息,8 月 11 日凌晨开始,多次电话通知村社干部加强巡查,该镇龙王村村干部在巡查中发现许家坪出现滑坡征兆,果断组织 48 户 190 名群众撤离到安全地带,11 日中午近 400 万立方米的滑坡将 459 间房屋完全淹埋,避免了重大人员伤亡,重庆电视台、开县电视台以"一则预警信息挽救了千百人生命"为题作了深度的报道。在"9·1"大暴雨应对中,奉节县大树镇石堰社区的支部书记预警员苏诗勇在 8 月 31 日到 9 月 1 日凌晨 2 时,多次接到暴雨预警后组织干部通宵巡查,及时组织撤离社区 650 名居民,凌晨 3 时,该社区 183 栋民房被 300 多万方滑坡体所吞没,群众无不感激地说:"要不是及时转移,我们恐怕没命了!"同日,巫溪县蒲莲乡预警工作站多次及时发布预警,各级干部及时组织撤离群众 1 100 多人,出现 200 多处滑坡,损毁房屋 217 户,避免了重大人员伤亡,党委书记刘远东说:"如果没有及时预警、及时研判、果断转移群众,后果将不堪设想。"由于各级政府和基层干部有效联动预防,群众对预警信息的普遍知晓,2014 年重庆市成功避免了诸如开县岳溪镇"8·10"暴雨滑坡等 20 多起可能导致数十人伤亡的重大损失。9 月 15 日,重庆市市长黄奇帆视察市气象局时指出:突发事件预警信息发布平台的作用得到了发挥,最直接地把抗暴雨救灾的信息发送至应急处置人员的手机,起到了很好的防灾减灾调度作用。在重庆市气象局上报的《关于"9·1"大暴雨气象工作情况的报告》上批示:"在 9 月 1 日—9 月 3 日渝东北和 9 月 12 日—9 月 15 日的长江北面的暴雨中气象局预报准确,预警信息发布及时,为各区县救灾减灾提供了准确、实时的信息,避免了人民群众生命财产有可能蒙受的巨大损失。"

2)充分发挥了综合信息服务效益

2011 年以来,各级预警信息发布平台按照"平时服务、灾时应急"的要求,积极发挥日常服务作用。一是做好农业农村气象综合信息服务,及时向广大农村发布指导农民选购良种、春耕春播、夏收夏种、秋收秋种气象信息、农业气象灾害预警信息和技术服务信息,为农民趋利避害提供了保障。如 2011 年 4 月中旬,预警平台发布了将出现持续低温连阴雨的消息,此时正值永川区黄瓜山万亩黄花梨和西瓜授粉的前期,广大梨农和瓜农获知连阴雨消息后,迅速开展了大规模的人工突击授粉工作,由此增加了上亿元的直接经济效益。二是及时发布政府公益服务信息。如发布招工、征兵、环保、消防、党风廉政等综合信息,获得了社会公众的充分肯定。在2011年3月17日的碘盐抢购突发事件中,政府通过预警平台及时发布信息辟谣,降低了社会风险,迅速有效地稳定了局面。

7.2.3 天津以预警信息为先导的气象灾害应急体系

天津市坚持党委和政府在气象防灾减灾工作中的领导和主导地位,加强气象部门与防灾减灾救灾各部门的联动,"政府主导、部门联动、社会参与"的气象灾害防御机制日益健全,形成了全社会的气象防灾减灾救灾合力。

天津市人大常委会颁布了《天津市气象灾害防御条例》,市政府组织编制《天津市气象灾害应急预案》,批准发布《天津市气象灾害防御规划(2016—2020年)》。2016年将气象防灾减灾工作纳入市政府对各区政府的绩效考评。市级—区级—乡镇(街道)均印发本级气象灾害应急预案,成立气象灾害防御领导机构,明确气象灾害防御办事机构。市—区两级成立气象灾害应急指挥部,政府分管领导为同级气象灾害应急指挥部的总指挥,气象局主要负责同志为副总指挥,指挥部办公室挂靠在同级气象局。

市—区两级气象灾害应急指挥部各成员单位制定了气象灾害应急保障预案,明确了成员单位分管负责人。成立了以各区应急办负责人、各成员单位有关处室和部门负责人、乡镇(街道)分管负责人组成了500多人的气象灾害应急联络员队伍。气象灾害应急指挥部办公室建立了气象灾害应急联络员会议制度,每年会同应急管理部门召开联络员会议,总结并安排部署年度气象灾害应急联动工作。

气象、水务两部门建立了预报服务会商机制,共同开展台风、暴雨、洪涝、干旱等灾害的监测预警。气象、农业部门联合开展农业气象灾害会商,建立了农业气象专家数据库,联合开展重大灾情调查和评估。民政与气象部门建立灾情信息共享机制,并将台风、暴雨、寒潮等灾害性天气预警作为救助工作应急预案的启动条件,保障流浪乞讨人员及时得到救助服务。国土与气象部门联合开展地质灾害气象风险预警。环保与气象部门建立重污染天气预警会商联动机制,共同对重污染天气过程进行研判。

《天津市气象灾害应急预案》明确了气象灾害预警信号签发权限,并将不同灾种的气象灾害预警等级与各相关部门应启动的应急响应级别一一对应。气象灾害应急指挥部(或指挥部办公室)发布气象灾害预警信号的同时,也要求相关部门和受影响地区启动气象灾害响应,气象灾害预警信号切实起到"发令枪"的作用。

《天津市除雪工作预案》明确市气象局局长为清雪指挥部"指挥"之一,并建立了以气象灾害预警信息为先导的除雪工作应急机制。灾害性降雪预警分级指标按照《天津市气象灾害应急预案》确定。根据降雪预警和降雪程度,启动相应级别应急相应。2015年11月21日20时至23日07时,天津普降大到暴雪,全市平均降雪量为8.0 mm,最大为10.5 mm;最大积雪深度出现在市区,为 9.4 cm。天津市气象台提前做出准确预报,于 11 月 21 日 10 时 40 分发布暴雪蓝色预警信号,预计 21 日后半夜到 22 日夜间,天津地区将出现降雪,降雪量可达 5~10 mm。这是天津当年第一场降雪,初雪日较常年(近 30 年)提前了 7 d,较近 10 年提前了近 20 d。接到暴雪蓝色预警后,市容环卫系统以雪为令,迅速反应,及时启动应急预案。从 21 日晚 8 时至 22 日晚,市清雪指挥部指挥办公室先后发布 5 道作业令,坚持雪中清、雪中融、边融边清,至 23 日上午 8 时,城市道路清融雪基本完成。市民出行未受明显影响,舆情反映良好。

2016 年 7 月 19—20 日,天津市普降大暴雨,全市平均降雨量 154.3 mm,市内六区平均降雨量 219.9 mm。最大雨量点达 358.6 mm,最大小时雨强 77.7 mm。全市 287 个自动雨量站中累计雨量 250 mm 以上(特大暴雨)6 站,100 mm 以上(大暴雨)249 站。24 h 全市日平均降雨量为 1951 年以来最大的一天。强降雨期间,洪、涝、潮再次"三碰头",潮白新河和青龙湾减河发生洪水,里自沽闸最大洪峰流量 1 105 m³/s,天津市区平均降雨达 20 年一遇,下游强潮顶托下泄不畅,海河二道闸达建站以来历史最高水位 5.17 m,中心城区一度出现 59 处积水,28 座交通地道采取断交措施。气象部门提早准确预警,发布 2 期重要天气报告,先后发布海上大风黄色预警信号,暴雨蓝色、黄色、橙色预警信号,并会同国土部门联合发布地质灾害Ⅲ级风险预警。各区政府和有关部门根据暴雨灾害预警信号,及时启动应急响应,采取措施,有效减轻了暴雨灾害给社会经济和人民生活带来的损失。

暴雨预警信号升级为橙色后,及时通过"绿色通道"将预警信息在移动、联通、电信等全网发布,天津卫视、新闻频道挂角标提示,武清、静海、宁河、宝坻、蓟州区的预警大喇叭进行全网广播。为确保海河防汛行洪安全,天津海事局连夜排查海河下游船舶情况,对 27 艘船舶进行了安全移除。天津市卫生计生委接到预警后,第一时间向全市各级医疗机构进行了转发,做好伤员救治准备。天津市教委要求各区教育局和学校执行 24 h 值班和每日报告制度,严阵以待。天津市水务局密切与气象部门沟通联系,会同全市防汛各有关部门连续召开会商会议,迅速提请启动防汛、排水三级、四级应急响应,防潮二级应急响应,统筹城乡防汛排水调度,通过上游分泄洪水,中游错峰排涝,下游赶潮放水多措并举,联合调度蓟运河、青龙湾减河、潮白新河、永定新河和海河,合理控制运用于桥水库,紧急启用新建海河口泵站昼夜排水。排水职工全员上岗,固定泵站全力开行,临时排水设施紧急强排。专家组奔赴抢险前线,相关区上堤查险,加高加固堤防,及时转移群众 13 000 余人。全市上下坚持属地负责、部门联动、军民合力、全社会协同作战,实现了北系洪水安全下泄,城区积水及时排除,人员无伤亡,工程无事故,最大限度减少了灾害损失。

名 词 索 引